建设工程质量政府监督管理评价理论与实践

Jianshe Gongcheng
Zhiliang Zhengfu
Jiandu Guanli Pingjia
Lilun Yu Shijian

郭汉丁　房志勇　张印贤　著

中国建材工业出版社

图书在版编目（CIP）数据

建设工程质量政府监督管理评价理论与实践/郭汉丁，房志勇，张印贤著.—北京：中国建材工业出版社，2010.9

ISBN 978-7-80227-812-7

Ⅰ.①建… Ⅱ.①郭… ②房… ③张… Ⅲ.①建筑工程—工程质量—行政管理：监督管理—评价—中国 Ⅳ.①TU712

中国版本图书馆 CIP 数据核字（2010）第 135606 号

内 容 简 介

本书根据我国建设工程质量政府监督管理的实际需要，在分析国内外建设工程质量政府监督管理特征的基础上，以建设工程质量政府监督管理评价为主线，运用现代管理理论、政府管制理论、行为学与管理科学理论方法，从行业管理评价和监督业务实施评价两大层次，构建了较为完整的质量监督机构绩效考核评价、质量监督人员业绩考核评价和监督项目委托招标评价，工程项目质量实施能力评价、主要分部工程质量监督评价和竣工备案综合评价的政府质量监督管理评价体系，以及科学、有效的量化评价方法。

本书是关于建设工程质量政府监督管理评价的系统著作，适合于政府主管部门、质量监督机构、建设监理、施工企业、建设单位等从业人员阅读使用，也可供高等院校、科研机构研究人员，以及质量监督管理者从事相关研究时借鉴。

建设工程质量政府监督管理评价理论与实践
郭汉丁　房志勇　张印贤　著

出版发行：	中国建材工业出版社
地　　址：	北京市西城区车公庄大街6号
邮　　编：	100044
经　　销：	全国各地新华书店
印　　刷：	北京鑫正大印刷有限公司
开　　本：	710mm×1000mm　1/16
印　　张：	16
字　　数：	295 千字
版　　次：	2010 年 9 月第 1 版
印　　次：	2010 年 9 月第 1 次
书　　号：	ISBN 978-7-80227-812-7
定　　价：	40.00 元

本社网址：www.jccbs.com.cn
本书如出现印装质量问题，由我社发行部负责调换。联系电话：(010) 88386906

前　言

建设部建质【2007】184 号文件颁布实施《建设工程质量监督机构和人员考核管理办法》，明确了对质量监督机构和人员实施考核的内容和要求；建质【2009】55 号"关于进一步加强建设工程质量监督管理的通知"，再次提出了"完善政府质量监督体系，加强监管队伍建设，提高监管效能"的目标，强调对监督机构和人员的考核，实行执证上岗；2000 年以来，建设工程质量政府监督管理深化改革，监督内容、方式、方法等都发生了深刻变革，政府质量监督的执法权威性和决策科学性面临新的挑战。在新形势下，如何提高建设工程质量政府监督的有效性已成为政府质量监督理论与实践迫切需要解决的关键问题。

政府质量监督的有效性离不开监督决策的科学性，政府质量监督管理科学性的基础是监管评价。正基于此，我们以 2003 年完成建设工程质量政府监督管理基本理论研究成果为平台，进一步深化了政府质量监管体制、监督机制、行为监督、阶段监督和主要分部工程质量监督等方面相关研究，发表了一批相关成果；针对政府质量监督管理实践改革的需要，我们于 2007 年又申报获批建设部软科学研究项目（2007 - R3 - 12）"建设工程质量政府监督评价理论与实践研究"，于 2008 年 6 月完成研究报告，相继发表了建设工程质量政府监督管理评价直接相关学术论文 15 篇。本书是在研究报告基础上，融入学术论文成果，修改完善形成的。

本书共 9 章，第 1 章工程质量政府监督评价研究导论；第 2 章国内外工程质量政府监管特征与评价体系构想；第 3 章工程质量政府监管机制改革与监管职能；第 4 章工程质量政府监督行业管理评价；第 5 章建设主体群体行为分析与阶段质量监督；第 6 章施工前政府质量监督与质量实施能力评价；第 7 章施工中政府质量监督与分部工程质量评价；第 8 章竣工后政府质量监督管理与竣工备案综合评价；第 9 章总结与展望。

全书基于建设工程质量政府监督管理改革实践需求，在分析国内外建设工程质量政府监督管理特征的基础上，以建设工程质量政府监督管理评价为主线，构建较为完整的质量监督管理评价体系。将建设工程质量政府监督管理评价分为行业管理评价和监督业务实施评价两大层次。监督行业管理评价主要包括质量监督机构绩效考核评价、质量监督人员业绩考核评价和监督项目委托招标评价三个方面；监督业务实施评价按照施工前、施工中和竣工后的工程质量形成三阶段划分为工程项目质量实施能力评价、主要分部工程质量监督评价和竣工备案综合评价三大部分。本书研究的主要内容可概括为如下六点：

1. 以监督行为、监督工作业绩、监督人员、监督团队、监督装备和外部监督六个方面为主要指标，采用灰色评价方法对政府质量监督机构的绩效进行综合评价，提出质量监督机构实施奖励与惩罚的构想，以评促改，全面提高建设工程质量政府监督水平和效能。

2. 从知识结构与培训、品德素质与能力、监督工作行为、工作态度与业绩、外部认可与评价等五个方面，对质量监督人员的业绩进行全面综合考核评价，采用模糊综合评价方法对其业绩考核实施量化，构建科学、有效的质量监督人员激励与约束机制，进一步强化对质量监督人员的管理，以不断增强质量监督人员的整体素质，提高政府质量监督工作的执法权威性和有效性。

3. 基于监督社会化改革需要，对大型或超大型建设工程项目质量监督，提出实施委托招标的设想，建设工程质量政府监督实施项目委托招标投标制度，是利用市场机制优化监督资源配置的重要措施，其成功的关键在于招标评价，建立了以质量监督行为、监督报价、监督小组、监督团队、监督装备、外部监督为主要指标的评价体系，采用基于群体决策的改进层次法对其进行量化评价，提高委托招标评价的科学性，促进监督市场行为规范，监督行业管理有序，充分调动与发挥质量监督优质资源的作用，持续提高建设工程质量整体水平。

4. 基于工程质量事前控制思想，提出了建设工程质量实施能力评价构想，把建设项目本身特征、项目设计保证能力、建设主体能力和建设项目所在地环境因素全面纳入评价指标体系，综合考察项目质量实施过程的保证条件与能力水平，并采用二级模糊综合评价方法实施量化评价，通过评价可以全面认识建设主体，进一步规范主体质量行为，强化设计质量监管，有的放矢地制定质量监管规划，增强施工过程质量监督的预先性，实施对工程质量监督的预控。

5. 基于工程质量事中过程控制原理，结合政府质量监督重点内容的要求，构建了施工阶段主要分部工程质量政府监督评价体系，主要针对地基基础、主体结构和环境质量的形成过程开展评价，以建设主体质量行为、质量保障实际投入监督、质量实施过程监督、质量产出结果监督和现场监督检查等五个方面为综合评价的主要内容，形成三个层次的评价指标体系，采用专家打分法与层次分析法相结合的量化评价方法，全面、科学地评价主要分部工程质量形成过程，强化质量过程监督控制。

6. 维护国家与公众建设工程质量利益，保证建设工程安全使用，是建设工程质量政府监督的基本目标，加强对工程竣工验收把关是政府质量监督的重要环节。我国实施建设工程竣工备案制度，要实现竣工备案决策科学有效，就必须进行竣工备案综合评价。竣工备案评价应将工程产品质量评价、物质基础质量评价和监督过程评价结合起来，实施全面综合评判。综合考察设计质量、施工质量、材料设备物资质量、主体质量行为监督和现场实体质量监督五大方面，形成完整的评价指标体系，采用二级二次模糊综合评价方法实施量化评价，即以项目监督工程师为主的监督小组评价和质量监督机构专家评价，充分体现建设工程质量监督工程师负责制和监督机构执法人负责制的有效落实，确保竣工备案登记基础依据的科学性和准确性，从根本上保证建设工程安全使用。

全书由郭汉丁统稿，郭汉丁、张印贤、房志勇共同审定。第1章、第5章由郭汉丁、张印贤、房志勇共同起草撰写；第2章、第3章由郭汉丁、房志勇起草撰写；第4章、第6章、第7章由郭汉丁、张印贤起草撰写；第8章、第9章由郭汉丁起草撰写。项目组全体成员参与研究。

由于作者水平有限，不妥与错误在所难免，恳请读者批评指正。

作者

2010年6月

目 录

第1章 工程质量政府监管评价研究导论 …… 1

1.1 研究目的与意义 …… 1
1.1.1 研究目的 …… 1
1.1.2 研究意义 …… 1

1.2 国内外研究综述 …… 2
1.2.1 国外工程质量政府监督管理研究特征 …… 2
1.2.2 国外工程质量政府监督管理研究动态 …… 3
1.2.3 发达国家工程质量政府监管发展趋势 …… 4
1.2.4 国内工程质量政府监督管理研究现状 …… 5
1.2.5 值得深化探讨的问题 …… 7

1.3 研究目标、特点与内容 …… 8
1.3.1 研究目标 …… 8
1.3.2 主要观点与特点 …… 8
1.3.3 研究需解决的关键技术 …… 9
1.3.4 研究主要内容与实现途径 …… 9

1.4 技术路线与研究思路 …… 10
1.4.1 技术路线 …… 10
1.4.2 研究思路 …… 11

第2章 国内外工程质量政府监管特征与评价体系构想 …… 12

2.1 我国建设工程质量管理体系 …… 12
2.2 发达国家建设工程质量政府监督管理特征 …… 13
2.2.1 工程质量管理的思想特征 …… 14
2.2.2 工程质量管理的体制特征 …… 14
2.2.3 工程质量管理的法制特征 …… 16
2.2.4 建筑业管理运行机制特征 …… 17
2.2.5 工程质量管理的范围和内容特征 …… 18

  2.2.6 工程质量监督管理的方式与方法特征 …………………… 20
 2.3 发达国家工程质量政府监督管理有效性与发展趋势 ………… 21
  2.3.1 积极有效的强制性工程担保与保险制度 ………………… 21
  2.3.2 规范、发达的工程咨询业专业化服务 …………………… 22
  2.3.3 提高政府服务职能 ………………………………………… 24
  2.3.4 强化系统教育培训 ………………………………………… 25
  2.3.5 发达国家工程质量政府监督管理发展趋势 ……………… 26
 2.4 我国工程质量政府监督管理改革 ……………………………… 27
  2.4.1 政府工程质量监督制度存在的问题 ……………………… 27
  2.4.2 工程质量政府监督体制深化改革意义 …………………… 29
  2.4.3 我国工程质量政府监督管理改革启示 …………………… 30
  2.4.4 新时期工程质量政府监督管理主要内容及特征 ………… 32
  2.4.5 工程质量政府监督管理工作方式特征 …………………… 34
  2.4.6 工程质量政府监督管理工作方法特征 …………………… 36
 2.5 构建工程质量政府监督管理评价体系 ………………………… 37
  2.5.1 工程质量政府监督管理评价的意义 ……………………… 37
  2.5.2 国内外政府质量监督管理评价研究现状 ………………… 38
  2.5.3 工程质量政府监督管理评价研究构想 …………………… 39
  2.5.4 工程质量政府监督管理多层互动评价体系构建 ………… 40
  2.5.5 工程质量政府监督管理评价研究概述 …………………… 40

第3章 工程质量政府监管机制改革与监管职能 …………………… 41

 3.1 工程质量政府监督管理体系变革 ……………………………… 41
  3.1.1 组织机构建设基本构想 …………………………………… 41
  3.1.2 设立省、市、自治区工程质量监督管理总站的意义 …… 42
  3.1.3 新时期组织机构的设立 …………………………………… 44
 3.2 工程质量政府监督管理机制 …………………………………… 46
  3.2.1 工程质量政府监督管理法制体系 ………………………… 47
  3.2.2 工程质量监督信息管理 …………………………………… 47
  3.2.3 工程质量政府监督管理制度建设 ………………………… 50
  3.2.4 工程质量政府监督管理运行机制 ………………………… 51
  3.2.5 工程质量政府监督管理内部机制 ………………………… 52
  3.2.6 工程质量监督机构的监督约束循环机制 ………………… 54
 3.3 工程质量政府监督管理职能与职责 …………………………… 55

  3.3.1 政府质量监督的一般职能 ……………………………………… 55
  3.3.2 工程质量政府监督机构的监督管理职能 ………………………… 56
  3.3.3 工程质量政府监督机构的监督管理职责 ………………………… 57
  3.3.4 工程质量政府监督管理总站的管理职能 ………………………… 58

第4章 工程质量政府监督行业管理评价 ……………………………………… 61

 4.1 工程质量政府监督机构绩效考核评价 ……………………………………… 61
  4.1.1 工程质量监督机构绩效考核评价的意义 ………………………… 61
  4.1.2 政府质量监督机构绩效评价内容和指标体系 …………………… 62
  4.1.3 灰色评价方法在监督机构绩效评价中的应用 …………………… 65
  4.1.4 评价结果处理及激励与约束机制构想 …………………………… 69
 4.2 政府质量监督机构绩效评价实例分析 …………………………………… 70
  4.2.1 实例背景 …………………………………………………………… 70
  4.2.2 绩效评价过程 ……………………………………………………… 70
  4.2.3 评价等级确定与分析应用 ………………………………………… 83
 4.3 政府质量监督行业市场管理——监督项目委托招标评价 ……………… 83
  4.3.1 工程质量政府监督项目实施招标投标的必要性 ………………… 84
  4.3.2 工程项目承发包招标投标评标方法借鉴 ………………………… 84
  4.3.3 工程质量政府监督实施项目招标的特征 ………………………… 85
  4.3.4 工程项目政府质量监督招标评标指标体系建立 ………………… 87
  4.3.5 基于群体决策招标评标层次分析法 ……………………………… 90
  4.3.6 群体决策层次分析法评标过程的计算机化 ……………………… 94
 4.4 工程项目政府质量监督委托招标评标实例分析 ………………………… 97
  4.4.1 实例背景 …………………………………………………………… 97
  4.4.2 评标实施过程 ……………………………………………………… 97
  4.4.3 评标结果与应用 ………………………………………………… 109
 4.5 政府工程质量监督人员绩效考核评价 …………………………………… 109
  4.5.1 工程质量政府监督人员绩效考核评价的意义 ………………… 110
  4.5.2 工程质量政府监督人员绩效考核评价内容与指标体系 ……… 110
  4.5.3 工程质量政府监督人员绩效考核多级模糊评价方法 ………… 112
  4.5.4 评价组织与评价运行机制 ……………………………………… 116
 4.6 政府质量监督人员绩效考核评价实践 …………………………………… 117
  4.6.1 案例背景 ………………………………………………………… 117
  4.6.2 评价过程 ………………………………………………………… 118

  4.6.3 评价等级确定及评价结果 …………………………………… 122

第5章 建设主体群体行为分析与阶段质量监督 ………………… 123

 5.1 政府监督下建设主体群体行为特征 ……………………………… 123
  5.1.1 政府质量监督机构与建设各主体利益分析 …………………… 123
  5.1.2 建设主体群体学习行为的马尔可夫过程 ……………………… 125
  5.1.3 建设主体群体行为规律 ………………………………………… 126
 5.2 工程质量政府阶段监督构想 ……………………………………… 126
  5.2.1 质量形成的阶段特性与政府质量监督阶段划分 ……………… 126
  5.2.2 工程质量政府阶段监督管理构想 ……………………………… 127
 5.3 基于政府质量阶段监管的监督业务实施评价构想 ……………… 130

第6章 施工前政府质量监督与质量实施能力评价 ……………… 131

 6.1 施工前工程质量政府监督管理 …………………………………… 131
  6.1.1 施工前工程质量政府监督管理的目的 ………………………… 131
  6.1.2 施工前工程质量政府监督管理的意义 ………………………… 131
  6.1.3 施工图审查质量监督管理 ……………………………………… 132
  6.1.4 招投标质量监督管理 …………………………………………… 133
  6.1.5 施工合同文件监督管理 ………………………………………… 140
  6.1.6 其他准备活动监督管理 ………………………………………… 142
 6.2 工程质量实施能力分析与评价 …………………………………… 143
  6.2.1 工程项目质量能力评价的意义和作用 ………………………… 144
  6.2.2 工程质量实施能力评价的主要内容及评价体系 ……………… 146
  6.2.3 工程质量实施能力多级模糊综合评价方法 …………………… 148
  6.2.4 工程质量实施能力综合评价的功能及特点 …………………… 152
  6.2.5 评价组织及机制 ………………………………………………… 154
 6.3 工程质量实施能力评价实例应用 ………………………………… 155
  6.3.1 实例背景 ………………………………………………………… 155
  6.3.2 评价过程 ………………………………………………………… 155
  6.3.3 评价结论与应用 ………………………………………………… 165

第7章 施工中政府质量监督与分部工程质量监督评价 ………… 166

 7.1 施工中工程质量与主体质量行为 ………………………………… 166
  7.1.1 工程施工质量目标特性 ………………………………………… 166

- 7.1.2 工程施工质量目标控制的特点 …… 167
- 7.1.3 工程施工质量影响因素的控制 …… 169
- 7.1.4 施工中主体质量行为监督管理 …… 170

7.2 施工阶段工程质量政府监督工作 …… 181
- 7.2.1 对工程参建各方主体质量行为的监督管理 …… 181
- 7.2.2 对施工阶段实体质量监督管理 …… 181
- 7.2.3 对工程质量资料监督管理 …… 182
- 7.2.4 工程质量监督机构进入施工现场监督检查的内容 …… 182
- 7.2.5 工程质量监督的抽查检查 …… 182
- 7.2.6 对工程质量问题的处理 …… 182

7.3 施工阶段主要分部工程质量政府监督评价 …… 183
- 7.3.1 施工阶段主要分部工程质量政府监督评价的意义 …… 183
- 7.3.2 施工阶段主要分部工程质量政府监督评价的内容与指标体系 …… 184
- 7.3.3 打分法与层次分析法相结合的分部工程质量政府监督评价法 …… 185

7.4 分部工程质量政府监督实施评价实践 …… 191
- 7.4.1 评价实践案例背景 …… 191
- 7.4.2 评价实施过程 …… 191
- 7.4.3 评价结果判断与处理 …… 198

第8章 竣工后政府质量监督管理与竣工备案综合评价 …… 199

8.1 竣工后工程质量政府监督管理 …… 199
- 8.1.1 竣工验收政府监督管理要点 …… 199
- 8.1.2 各建设主体竣工验收质量职责 …… 199
- 8.1.3 工程竣工验收备案 …… 200
- 8.1.4 工程质量保修和使用监督管理 …… 201

8.2 工程质量竣工验收备案综合评价 …… 201
- 8.2.1 实施工程质量竣工备案评价的目的 …… 202
- 8.2.2 工程质量竣工备案评价的意义和作用 …… 203
- 8.2.3 工程质量竣工备案评价的主要内容和指标体系 …… 204
- 8.2.4 工程质量竣工备案评价方法 …… 206
- 8.2.5 工程质量竣工备案评价的功能及特点 …… 212
- 8.2.6 评价组织与评价运行机制 …… 215

8.3 工程质量竣工备案综合评价案例应用分析 …… 217
- 8.3.1 案例背景 …… 217

8.3.2 评价实施过程 ………………………………………………… 218
8.3.3 评价结论 …………………………………………………… 220

第9章 总结与展望 ………………………………………………… 221
9.1 工程质量政府监督管理评价必要性再认识 ……………………… 221
9.2 政府质量监督管理评价研究内容总结 …………………………… 221
9.2.1 监督行业管理评价 ……………………………………………… 221
9.2.2 监督业务实施评价 ……………………………………………… 222
9.3 有待完善研究的内容 ……………………………………………… 223
9.4 工程质量政府监督管理发展展望 ………………………………… 223

后记 ………………………………………………………………… 225

参考文献 …………………………………………………………… 227

第1章 工程质量政府监管评价研究导论

"百年大计，质量第一"是我国工程建设基本方针之一。工程质量关系到工程项目投资效益、社会效益和环境效益。工程质量问题危及国家和人民生命和财产安全，影响国民经济发展质量。高度重视、严格控制工程质量，不仅是从事工程建设者义不容辞的职责，而且是工程建设中政府维护国家和公众利益质量职能的主要体现。因此，加强建设工程质量政府监督管理是极其必要的。

建设工程质量政府监督管理，是建设工程质量监督机构受建设行政主管部门委托，依据建设工程质量相关法律、法规和强制性技术标准，发挥监督管理激励与约束机制作用，使用经济、法律和市场手段，以技术进步为支撑，通过培养有素质的专业技术监督人员，在完善的质量监督管理体系保证下的高效服务，对所有建设工程质量实施强制性执法监督管理。其目的就是维护公众和国家的建设工程质量利益，确保建设工程使用安全和环境质量。

1.1 研究目的与意义

1.1.1 研究目的

建设工程质量政府监督评价研究，旨在通过建立多层次系统的建设工程质量政府监督与管理评价体系，选择科学实用的评价方法，健全建设工程质量政府监督管理有效评价机制，为建设工程质量政府监督的行业管理和监督工作实践提供一整套系统完善的管理方法和手段，推动建设工程质量政府监督管理行业健康发展，提高建设工程质量政府监督管理的科学性和有效性，从根本上保证建设工程使用安全和环境质量，维护建设工程质量的国家与公众利益。

1.1.2 研究意义

实施建设工程质量政府监督管理是国际惯例，政府质量监督社会化要求加强政府监督行业和监督业务管理，提高政府质量监督的有效性，这就需要系统地建立健全建设工程质量政府监督管理评价体系，尤其在国际经济一体化的大环境下，加强政府质量监督管理评价体系的理论研究和实践探索，对于高效维护国家和公众建设工程质量利益，提高建设工程质量整体水平具有重大现实意义。

我国建设工程质量政府监督管理已进入深化改革阶段，政府建设工程质量监督工作实现了根本转变（详见，刘应宗，郭汉丁．建设工程质量政府监督工作的转变［J］．建筑经济，2002，(2)：17~19.），监督的内容、方法和手段应该适应新形势下监督工作的要求，需要把以建设主体的质量行为为主要内容的监督落到实处，也就是对建设主体质量活动的全部过程纳入政府质量监督的范围，这就必须以科学的方法对质量行为能力和行为过程实施评价和管理。

由于政府质量体制改革的需要，建设工程质量政府监督管理应该实行监督与管理职能分开，由履行政府质量管理职能的监督管理总站负责对政府质量监督机构和对监督执业人员实行行业管理，规范化行业管理的基本手段离不开对监督机构和监督执业人员的业绩考核，考核业绩的科学方法就是对其进行有效评价，建设工程质量监督管理评价是推动行业健康发展的有效措施。

建设工程质量政府监督需要实施监督决策，要使对建设工程项目是否同意监督登记、判断建设工程实施阶段质量行为和结果是否符合要求、建设工程是否具备竣工备案的条件的决策科学化，需要对建设工程项目质量实施能力、建设工程实施过程和竣工备案进行分析与评价，建立完善的评价体系，采用科学的评价方法是建设工程质量政府监督机构有效开展监督活动的基础。

构架系统、多层次建设工程质量政府监督管理评价体系是政府质量监督法制化、社会化、专业化改革的需要。监督市场评价有利于监督市场健康有序发展，提高建设工程质量政府监督管理整体水平；监督人员评价有利于监督从业的行业管理，增强监督市场要素的素质，促进监督人员有效履行监督执法职责，提高监督执法水平；考虑主体质量行为和质量体系运作的监督业务评价，有利于规范政府质量监督的行为，提高建设工程质量政府监督活动的科学性，保证建设工程质量政府监督管理的有效性。

1.2 国内外研究综述

建设工程质量实施政府监督管理是国际惯例。市场经济发展较成熟的国家，随着它们经济体制的不断发育完善，积累了建设工程质量政府监督管理丰富的经验，在理论研究和监督管理实践方面取得了较为丰富的成果，基本形成了与市场经济体制相适应的相关法律、法规和监督管理制度，建立了较为完善的建设工程质量监督管理三大体系，符合其国情的建设工程质量政府监督管理体制和运作有效的管理机制，有效地维护了建设工程质量的公众和国家利益。我国建设工程质量政府监督管理自1984年以来，经历了建立、法制化和深化改革三个阶段，尤其是进入21世纪，适应市场经济需要的符合我国国情的政府质量监督和相关研究都取得了很大的进展。

1.2.1 国外工程质量政府监督管理研究特征

从发达国家建设工程质量政府监督管理实践发展看其研究特征，可归纳为如下几点：

一是行业协会、专业组织、专业人士积极服务于行业发展，主动承担起建设工程质量政府监督管理研究的重任，对于规范行业行为，加强行业自律，提高行业社会地位，推动政府监督管理体制改革起着不可替代的作用。

二是以体系完整、制度健全实现建设工程质量政府监督管理的有效性。发达国家大部分都有完整的法律、法规体系，完善的建设工程质量监督管理体系和良性运行机制是建设工程质量政府监督管理有效性的基础，健全的规章制度不断推动建设工程质量政府监督管理行为的规范化、制度化和法制化。

三是有效地利用市场手段和经济手段提高建设主体质量意识，增强建设主体质量责任心，强化建设主体和社会监督机构的质量监督保证能力，创造公开、公平的良性竞争环境，对于保证建设工程质量起着决定性作用。

四是坚持实用性原则，注重可操作性研究，遵循实践第一，寻求实践规律，然后使其规范化、制度化、法制化，充分发挥一线人员的积极性和创造性，使法律、法规的形成来源于实践，服务于实践，推动实践。

五是强化国际市场研究，不断提高行业的国际地位和国际市场竞争能力。主要表现在积极宣传学习国外相关法律、法规，努力开拓国际市场；广泛开展国际学术交流，增强交往，相互渗透；注重法律、法规的国际互认和广泛的适用性，增强法律、法规的国际市场约束力。

1.2.2 国外工程质量政府监督管理研究动态

（1）基于质量行为研究的质量激励观

Rosert P. Elliott 提出了高质量建设工程的获得需要最高监督管理者的激励承诺，基于建设工程质量形成过程中的主体生产力作用和质量需求的目标作用，揭示了"激励是质量之源"，这是研究建设主体质量行为活动特征的总结。质量不是检查、抽样、测试出来的，是生产建设活动的结果，是由质量需求所决定的。通过有效的激励措施激发建设主体保证质量的能动性，使建设主体和社会监督机构建立健全质量保证和质量监督管理体系，规范他们的质量行为、质量转化过程，实现建设工程产品质量目标。Jim Ernzen 和 Tom Feeney 提出以承包商为主导的质量控制和质量保证体系，科学地回答了谁在关注质量的问题，对承包商进行质量激励措施，可以增强提高质量的动力。

（2）基于质量人员研究揭示"以人为本"的质量监督管理方针

Robert K. Hughes 和 Samir A. Ahmed 提出建设过程中主体和监督人员的素质是实现质量的核心，把对各层次人员培训评价作为有效落实 QA-QC（Quality Assurance-Quality Control）体系的重要环节。他们认为，对质量人员的评价是最有价值的评价，详细地阐述了有效地实现建设工程质量政府监督管理的各类质量人员培养计划和统计评价模型，并进行了实验研究。Rosert P. Elliott 提出质量保证体系不断发展和合理有效利用的前提就是高度重视建设主体和监督主体质量人员培训。Donme E. Hancher 和 Seane E. Lamberl 提出基于质量的建设主体认证问题，把建设主体建设活动中的质量安全行为纳入认证评价中，这些都揭示了"以人为本"的质量监督管理思想。

（3）基于价值工程理论研究建设工程质量政府监督改革

减员增效是政府监督机构改革的必然趋势，建设工程质量政府监督管理如何降低成本、提高效益、保证监督管理的有效性，是建设工程质量政府监督改革研究的重要内容。Briam M. Killingsworth 和 Chuck S. Hughes 提出了以体系和过程保证为前提，基于承包商检测数据的二次分析评价法，可以减少政府监督人员、监督测试，降低监督成本，他们认为这是站在纳税人的立场上，更有效地服务于纳税人，政府监督并不是对承包商等建设主体的起诉，采用承包商的检测数据的程度取决于政府质量监督愿意承担风险的水平。美国研究委员会交通分会在国家交通合作研究报告中指出，激励与惩罚要与所接受的价值量相称。

（4）基于统计方法的评价研究

Briam M. Killingsworth 和 Chuck S. Hughes 提出了基于承包商质量检验数据的统计评价方法，介绍了假设检验、显著性检验、t 检验、F 检验在建设工程质量政府监督管理评价中的应用，并且指出，为了减少对承包商检验数据偏见的风险，政府监督机构对其检验结果进行有效性处理是必要的。

（5）基于风险分担的建设工程质量政府监督管理研究

Briam M. Killingsworth 和 Chuck S. Hughes，在研究建设工程质量政府监督管理使用许可评价时，提出了风险分担的观点，揭示了使用承包商质量检验数据进行二次评价的风险问题，这是从另一视角研究建设工程质量政府监督管理改革中的经济性问题，把风险和监督成本有机地联系起来，政府监督管理愿意承担风险的程度决定着监督管理的深度和投入，提高建设主体和社会监督的质量保证能力是降低政府监督管理风险的有效途径。

（6）基于信息化提高政府监督管理效率的监督管理手段研究

基于计算机网络的政府建设工程质量监督管理信息系统研究是近几年来的热门课题，各国政府非常重视建设工程质量政府监督管理的信息化，从研究开发到推广使用都投入了很大的人力、财力，对于推动建设工程质量政府监督管理现代化起着极其重要的作用。

1.2.3 发达国家工程质量政府监管发展趋势

（1）工程质量政府监督管理研究趋势

建设工程质量政府监督管理的研究从实践研究向理论研究发展，从定性制度研究向量化研究发展，主要是研究建设工程质量政府监督管理评价体系、行为特征、风险分担和经济性，重在揭示建设工程质量政府监督管理的内在规律性。

（2）工程质量政府监督管理的发展趋势

市场经济发达国家的建设工程质量监督管理的发展趋势可以归纳为七句话：一是质量、安全、健康目标综合治理；二是坚持建设工程产品质量"谁设计谁负责，谁施工谁负责"的指导思想；三是民营化是改善政府职能、增强服务意识、推动行业发展的有效途径；四是优化和完善工程建设的社会监督、服务、保证体系；五是完善建设工程质量保险制度，提高建设工程管理过程抵抗风险的能力；六是政府管理现代化是提高政府建设工程质量管理工作效能的根本手段；七是加强合同管理是政府依法规范建筑市场的重要手段。

1.2.4 国内工程质量政府监督管理研究现状

从整体看，国内建设工程质量政府监督管理理论研究还处于起步阶段，从2000年以来，各界人士开始重视这方面的研究，其研究的特点可归纳为以下五点：

一是基于发达国家建设工程质量政府监督管理的实践经验研究。政府主管部门、企业代表、学者、专业人士到国外考察学习，通过文件、会议、论文形式向国内介绍发达国家和地区建设工程质量政府监督管理的经验，主要包括美国、英国、法国、德国、加拿大、日本、新加坡等国家的成功经验。

二是以政府推动为主要形式。首先是课题研究受政府委托，建设部曾委托清华大学、同济大学对国外建设工程质量政府监督管理体制进行专题研究，并多次组织专家、教授去国外考察。其次是政府工作会议在推动建设工程质量政府监督改革中起主导作用。2000年11月中旬建设部在贵州召开了全国工程质量监督工作会议；2001年1月中旬召开了全国建筑管理工作会议；2000年10月下旬在上海召开提高住宅工程质量现场会；以及每年一次的建设工程质量政府监督管理年会，等等。时任建设部领导俞正声、汪光焘、郑一军、金德钧、王素卿、徐波等在讲话中，都把建设工程质量政府监督机构改革作为主题，为推动全国范围的建设工程质量政府监督工作深化改革起到了决定性的作用。再就是行业期刊发表工程质量监督方面的论文中，领导讲话把握着行业动态，指引着行业改革发展的方向。

三是关于建设工程质量政府监督管理的研究主要体现在实践工作方面的研究。《建筑》、《工程质量》、《中国建设报》三年发表的关于建设工程质量政府监督方面的论文，主要是监督工作的实践研究，是以实务工作和技术工作为主导的，系统的理论性研究还很少。2002年2月23日时任建设部副部长郑一军同志在全国工程质量安全监督工作会议上指出："影响我国提高工程质量、确保安全的一些深层次的矛盾，主要是在法制、体制和制度上的一些问题还远远没有得到解决。"因此，加强建设工程质量政府监督管理体制和运行机制的理论研究，自然是我国迫切需要解决的行业理论课题。何伯洲、周显峰、谭大璐（2002）在"转变工程质量监督机构工作机制的研究"一文中提出监督机构应摆脱行政隶属关系成为独立法人；陈勇、朱宏亮（2006）在"建设工程质量管理中的市场手段和行政手段"一文中，探讨了我国建设工程质量政府监督的模式、体制和运行机制；陆军（2007）则提出工程质量监督机构应当成为法律、法规授权的行政管理类事业单位；赵桂君（2005）在"工程质量监督机构改革的趋势与对策"一文中，表明工程质量政府监督是专业化、技术化，而非社会化；郭汉丁、刘应宗（2002）在"建设工程质量政府监督机构改革"一文中，提出建设工程质量政府监督社会化是提高监督有效性的重要措施；李世蓉、田妮（2004）对中英工程质量监督管理体制进行了对比分析。

四是关于建设工程质量政府监督管理的研究还停留在定性研究阶段，缺乏综合性的评价指标体系研究和评价方法的探讨。2002年2月28日在全国工程质量安全监督工作会议和2003年2月20日在全国工程质量安全管理与建设市场工作会议上，时任建设部副部长郑一军同志和工程质量安全监督与行业发展司司长王素卿同志，都谈到工程质量评价工作比较薄弱的问题。王素卿同志指出："存在的主要问题是工程质量安全监督与行业发展的基础性工作比较薄弱，对工程质量、施工安全、行业发展缺乏科学评价体系和及时的信息来源，难以把握行业发展趋势，难以提出前瞻性的政策导向，导致宏观指导和有效监督不足。"科学客观的工程质量评价指标体系是建设行政主管部门科学决策的基础，因此，缺乏评价体系，执法的准则和尺度就难以把握，难以保证执法监督的有效性和权威性，直接影响建设工程质量政府监督管理执法工作的科学可靠性，构架建设工程质量政府监督管理系统评价体系和科学评价方法，是政府监督管理研究尚待解决的重要问题。郭舰（2005）在"对工程质量监督方式的一些思考"一文中，提出应加强科学的绩效管理，建立健全工程质量的监督评估体系；2003年以来，郭汉丁、刘应宗、张印贤、郝海等对建设工程质量政府监督管理评价进行了较为全面的研究，包括政府质量监督机构绩效考核灰色评价方法、建设工程质量政府监督项目招标评价体系研究、建设工程项目竣工备案评价机制研究、政府质量监督机构绩效评价体系的探讨、建设工程项目实施能力评价研究、建设工程质量实施能力模糊综合评价方法、建设工程项目竣工备案评价体系研究、基于群体决策监督项目招标评价改进层次分析法等。

五是建设工程质量政府监督管理的行为研究和经济特性研究不足。没有深入探究质量违规行为的深层次根源所在，使监督工作的改革仅停留在事务性工作的形式变化，不利于建设工程质量政府监督管理的法制化、社会化、专业化、市场化发展。时任建设部总工程师金德钧同志在全国建设工程质量安全与行业发展工作会议上讲道："要解决工程质量问题，工程质量既有内在的技术上的，或者自然方面的规律，同时又与经济体制紧密相连。"因此，应积极探索工程质量监督管理的经济特征和行为特征，使建设工程质量监督管理活动运行在一个更完善、更健全的新的体制和机制之中，符合市场经济规律和时代发展的要求。孟宪旺（2006）在"论工程质量监督的经济效果"一文中，讨论了质量监督与工程质量确认、经济效果的关系；2004年以来，郭汉丁、刘应宗、郑丕谔、郝海等用管理博弈理论对建设工程质量政府监督管理行为进行了初步研究，主要包括现行监督费率确定机制的博弈分析、政府质量监督机构与建设主体行为博弈分析、质量监督机构与承包商施工阶段博弈分析、政府部门与质量监督机构之间委托代理行为、确定监督费率下监督行为博弈分析与激励对策等。

1.2.5 值得深化探讨的问题

由于建筑行业具有基于实践经验的管理特征，国内国外，尤其在国内，对建设工程质量政府监督管理系统的理论研究远远不够。全面系统地开展理论研究，应该说还有很多问题需要进一步探讨。比如，定性与定量相结合开展监督和管理两个层面的评价研究，从指标体系的建立、评价方法的改善、评标过程的有序运行都有待于实践中不断摸索、改进、完善；多阶段、多目标、多主体、多因素的监督管理激励与约束机制设计还只是停留在机制模式的探讨阶段，科学有效的激励与约束机制的设计要随着社会发展、主体需求的改变而不断输入新的时代内容，有效激发各个阶层建设工程质量政府监督管理的积极性；监督管理体制、制度和运行机制在不同技术条件、不同社会环境下都会有特殊的要求，揭示其本质特征还需进一步深化认识的过程；监督市场管理，尤其我国，发育不完善，市场要素、市场机制、市场环境都不健全，对市场管理的探讨当然就存在不完全性；区别于建设监理的政府质量监督，已经步入过程和体系监督阶段，如何有效及时地发现建设工程质量问题，还需要在监督工作实践基础上不断积累总结，使其理论方法得到实践的检验和完善。

纵观国内外建设工程质量政府监督管理实践，建设工程质量政府监督机构社会化、专业化是必然趋势，有效的市场竞争机制是优化监督市场资源的根本途径，科学的激励与约束机制是调动各个阶层建设工程质量监督管理工作积极性和能动性重要措施，包括建设主体保证建设工程质量管理的积极性，质量监督执法从业机构和从业人员监督管理的积极性。科学的评价是实现政府质量监督有效性的基础，既包括监督市场管理评价，以提高监督效率；也包括监督业务实施评价，提高监督决策的科学性和质量监督的执法水平。完善的法制体系和制度建设是规范各阶层质量行为和监督管理行为的基础,随着建设市场国际化、建设主体多元化,我国建设工程质量政府监督管理,要根据知识经济时代的要求,不断进行深化改革,有效地保证我国建设工程质量国家和公众的根本利益,促进建设工程质量整体水平不断提高。

1.3 研究目标、特点与内容

1.3.1 研究目标

在分析国内外建设工程质量政府监督管理评价体系理论研究与实践应用现状的基础上,用系统的观点,把监督市场管理、质量行为和质量体系评价有机地结合起来,建立多层互动的建设工程质量政府监督管理评价指标体系,研究科学适用的评价方法,进行建设工程质量政府监督管理实证研究,形成系统完善的建设工程政府质量监督管理评价理论体系、评价运行机制和便于监督管理实践工作的评价方法和手段。

1.3.2 主要观点与特点

(1) 主要研究观点

基于系统工程理论分析建设工程质量政府监督管理评价的体质特征,把监督市场管理、质量行为与质量体系监督有机结合起来,建立系统完整、多层互动的监督管理评价体系。

结合我国政府质量监督管理发展阶段,把规范建设主体质量行为和促进质量体系良性运转作为评价的主要内容,以体系质量保证行为质量,以行为质量保证工作质量,以工作质量保证过程产出和最终产出的质量。以质量行为评价为核心,建立完整的监督业务评价体系,加强对建设主体质量行为的监督。

根据不同的评价内容和评价目的,选择科学的评价方法和评价机制,准确反映评价客体的本质特征,实现评价过程的可操作性和评价结果的科学性。

(2) 主要研究特点

通过监督机构绩效评价,优化监督市场划分和监督资源配置;实施监督项目委托招投标评价,推动政府质量监督市场化;加强监督小组监督效果评价,规范监督执法行为,保证政府监督的有效性;监督人员能力评价,激励监督从业人员提高自身素质,改善监督市场要素,提高政府监督管理水平;强化工程项目实施能力评价,实现突出行为和体系监督的政府质量监督预控;开展竣工备案综合评价,落实监督机构法人负责制与监督工程师监督项目负责制,科学评价建设工程质量水平,有效把住工程质量准入使用关,高效维护建设工程质量国家与公众利益。

1.3.3 研究需解决的关键技术

根据建设工程质量政府监督管理实践工作的需要，分析建设工程质量形成的特征和建设主体质量行为活动规律，建立反映不同层次监督管理目标的科学评价指标体系。

对不同量纲的指标体系进行量化，选择便于操作科学系统的评价方法。

建立有效评价运作机制，实现行业管理评价与监督业务实施评价互动机制。

1.3.4 研究主要内容与实现途径

建设工程质量政府监督评价研究，主要体现我国建设工程质量政府监督管理改革发展的基本要求和建设工程质量政府监督管理实践的基本规律，开展以质量行为和质量体系监督评价为主要内容理论与实践研究。按照监督管理评价的对象不同分为监督市场管理评价和监督业务实施评价两大部分。监督行业管理评价包括行业机构管理评价、行业市场活动管理评价和行业监督人员评价三部分；监督业务实施评价包括监督前实施能力评价、监督中主要分部监督评价和竣工备案评价三部分。对它们的研究都要从评价理论体系、评价方法和评价机制三个方面进行。项目研究内容和实施途径如图1-1所示。

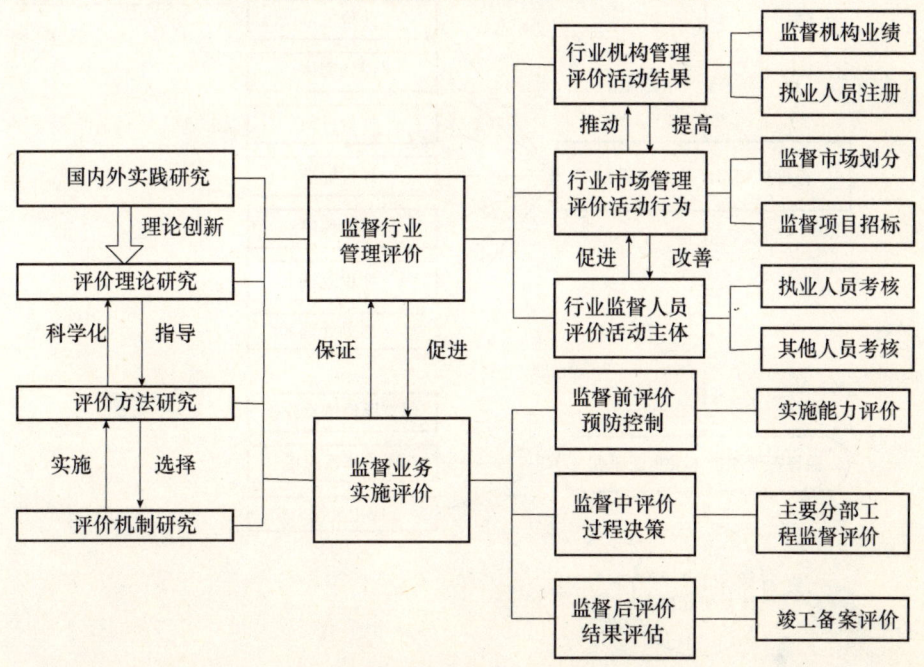

图1-1 建设工程质量政府监督管理评价体系与互动关系

1.4 技术路线与研究思路

1.4.1 技术路线

建设工程质量管理是基于工程实践体验的理论研究和应用总结的一门学科，政府质量监督管理评价体系研究应该遵循学科发展特征进行探讨。项目研究的技术实现过程应充分发挥理论与实践互动的作用，既要注重理论的系统性和科学性，又要加强监督管理评价实践的可操作性。项目研究的技术路线如图1-2 所示。

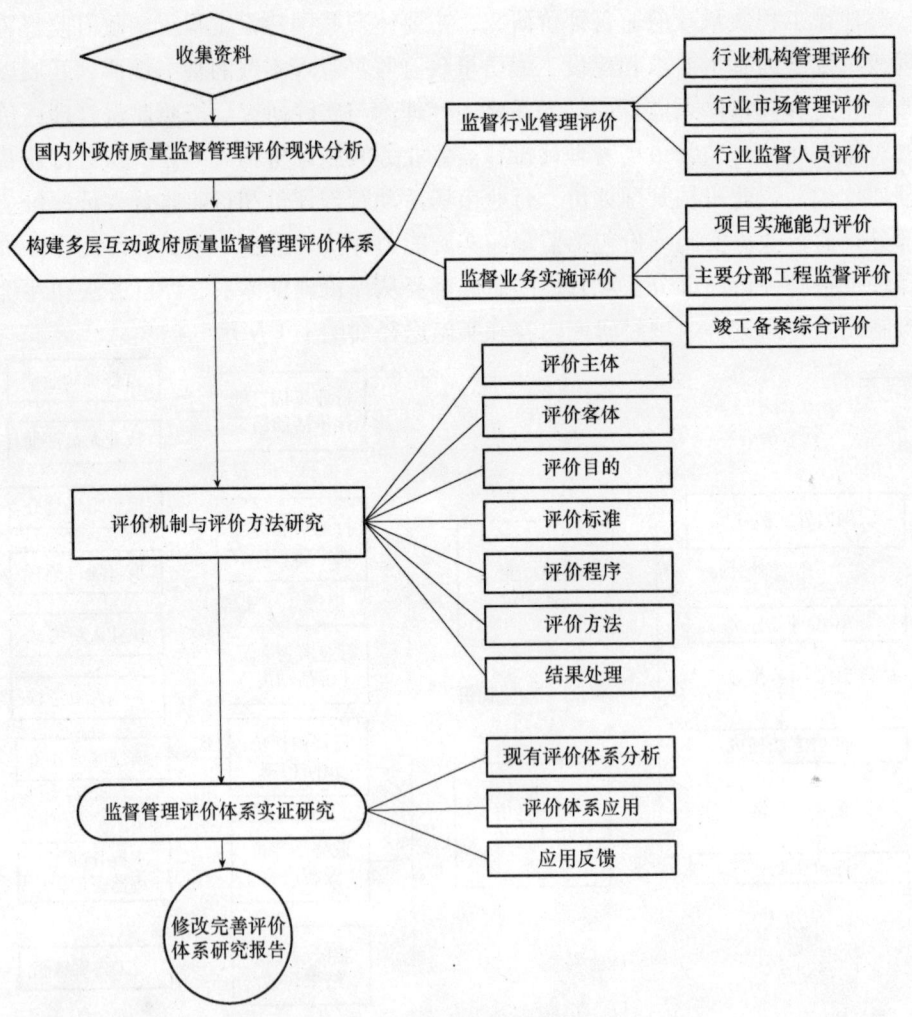

图 1-2 工程质量政府监督管理评价研究技术路线

1.4.2 研究思路

通过政府质量监督管理实践分析，应用系统工程、价值工程、管理学、行为学、政府管制等理论构架系统的多层次监督管理评价体系，通过评价体系的实践应用，广泛与一线监督工程师讨论，不断完善监督管理评价体系；在从理论上探索政府质量监督管理评价的本质和规律，形成全面系统的评价指标体系的基础上，用数理统计方法、数据包络法、灰色评价法、基于群体决策的层次分析法、模糊综合评价法等对评价指标和评价结果进行量化，提高监督管理评价的科学性；学习借鉴多学科理论和方法以及国外先进成果与经验，结合我国政府质量监督行业实际、建设市场管理环境和建设主体行为特征，进行理论方法和实践应用的创新，建立适合我国国情的政府质量监督管理评价体系。

第 2 章 国内外工程质量政府监管特征与评价体系构想

工程质量问题危及国家和人民生命和财产安全,影响国民经济发展质量。高度重视、严格控制工程质量,不仅是从事工程建设者义不容辞的职责,而且是工程建设中政府维护国家和公众利益质量职能的主要体现。因此,为了提高建设工程质量,必须统筹规划,整体启动,全面系统地建立健全建设工程的质量保证体系、质量管理体系和质量监督体系,围绕工程项目和建设主体,多层次、全方位实施监督管理,有效维护建筑市场秩序,规范建设行为,保证建设工程使用安全和环境质量,推进建筑行业技术进步,促进国民经济整体发展质量的提高。

2.1 我国建设工程质量管理体系

在建设工程质量的监督管理过程中,要实行整体优化的目标,保证建设工程质量长期、全面、稳定的提高,就必须建立健全三个质量管理体系,即质量监督体系、质量保证体系和质量评价体系。

质量监督体系是指建设工程中各参加主体和管理主体对建设工程质量的监督控制的组织实施方式。也就是建筑市场中,政府主管部门、业主、承包商、勘察设计单位、检测单位、工程监理咨询单位、材料、构配件、设备供应单位在建设工程质量监督控制中各自的控制职能和作用。它包括直接参建主体的质量审核监督,业主及其代表业主利益的监理单位等中介组织对参建主体质量行为和活动的督促监督,以及代表政府和公众利益的政府质量监督三个层次。建设工程质量的政府监督是监督体系的最高层次,其监督的内容涵盖建设工程所有参建主体的质量行为和实体质量,是整体全面的监督控制。建设工程质量监督体系如图2-1所示。

建设工程质量保证体系是指建设工程各参建主体或监督管理机构内部组织系统为保证建设工程产品质量、活动质量和服务质量达到顾客需求和期望的标准所建立并规范实施的具体细化的质量职能和措施。国际建筑行业普遍推行ISO9000系列质量认证和ISO14000环境质量体系认证,对于保证建设工程质量起到了非常重要的作用,各主体以ISO9000和ISO14000为基础建立质量管理系统，有利于体系认证和质量保证的国际化。质量保证体系建设与完善情况，是参与建筑市场竞争能力的一个重要方面，这已经引起参建主体和监管主体的高度重视，对于建设工程质量不断改进，推动全行业发展起到内在动力作用。

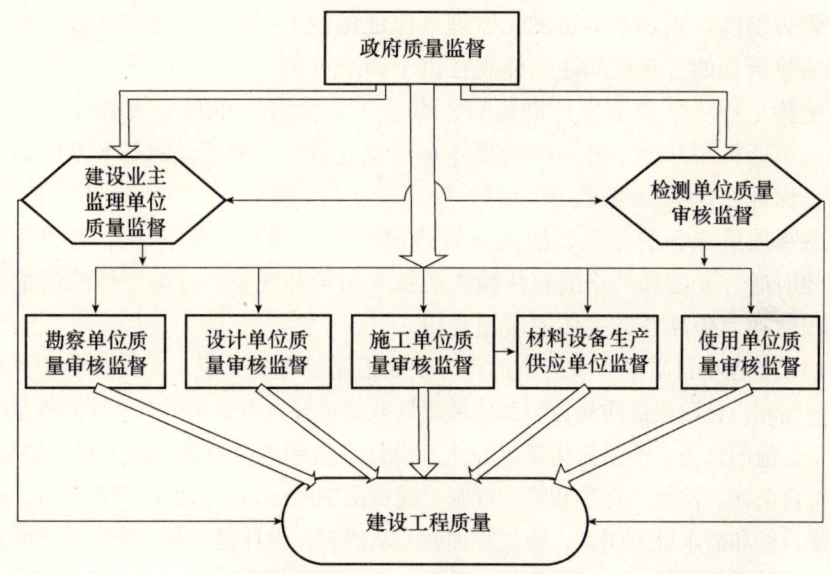

图 2-1　建设工程质量监督体系

质量评价体系主要是指质量的标准化和认证体系。质量评价包括产品质量评价、活动质量评价和服务质量评价。不同主体不同的质量目标需要建立与之相适应的评价体系，评价标准是评价的关键，评价标准是随着质量需求的变化而不断发展变化的，是质量需求的具体化和度量化，评价体系是基于评价标准的质量评定过程。通过有效的评价体系良性运作，一是促进主体提高质量意识，保证建设工程质量；二是对建设工程质量给予形象的可识别的描述。

2.2　发达国家建设工程质量政府监督管理特征

我国已成功地加入WTO，建筑业作为首批开放行业，无可非议将面临国际市场的新的机遇和挑战，政府对建设工程质量的管理也不例外，必须遵照国际惯例实施有效的调控和监督管理，以更好地保证国家和公众的建设工程质量利益。作者通过对美国、英国、德国、法国、日本、新加坡、香港等国家和地区政府建设工程质量监督管理实践的分析，归结了他们在监督管理思想、体制、运行机制、法制体系、监管范围及方式方法六个方面有效运作的共同特点。

2.2.1 工程质量管理的思想特征

国外政府对建设工程质量的监督管理，是基于建设工程质量形成的本质规律性和工程质量管理的内在特征，建立和完善一整套运作高效的建设工程质量监督管理制度，以规范的法制化管理来保证建设工程质量，他们实施政府建设工程质量管理的思想实质主要体现在以下四个方面：

坚持工程质量"谁设计谁负责，谁施工谁负责"的质量责任思想，通过有效的市场机制和健全的法律法规体系，规范参与工程建设的各方主体的质量行为，保证建设工程质量。

重视质量观念的建立，使质量管理成为参与项目建设各方主体的自觉行为，政府通过立法和严格的执法检查监督来引导和规范各行为主体的质量行为和工程活动，提高各方主体的质量意识。

建设工程项目质量管理的全过程、全面控制管理的思想，尤其强调和注重对投资前期和设计阶段的质量控制和质量规划监督管理，力争从根本上杜绝质量事故的发生。他们认为，质量是指满足业主、设计人员和承包商在合同中规定的要求，同时符合法律、法规、标准和管理规则。投资前期的项目可行性研究不充分，项目的质量目标和需求就不明确，质量管理就无从谈起；设计是对业主质量需求的具体体现，设计质量直接影响工程项目的质量，是工程项目质量控制的关键。因此，建设工程质量的监督管理强调前期和设计质量的监督和控制。

强调建立健全建设工程质量管理的三大体系：质量监督体系、质量保证体系和质量评价体系。以规范、完整的质量管理体系，保证各项工程质量的法律、法规和技术标准等的贯彻落实，保证工程质量。

2.2.2 工程质量管理的体制特征

（1）政府建设主管部门对建筑业管理的主要任务

工作内容和任务决定管理体制。政府建设主管部门对建筑业管理的主要任务可概括为："三个建立，两种许可，两个重点"。"三个建立"即建立和完善建筑业的法规体系及严格的执法体系，依法规范建筑市场；建立统一开放、竞争有序的建筑市场，提高行业的整体服务质量，促进建筑生产活动的安全与健康，推进行业整体发展；建章立法，调整行业发展政策和市场准入标准，实现对建筑市场的宏观调控。"两种许可"指的是对专业组织和专业人才的注册许可以及工程项目管理的许可制度。通过对专业人士的注册制度，对承包商、供应商的市场准入制度或资质管理制度，实现政府对建筑行业服务质量的控制和管理；工程项目管理许可制度主要是通过实行项目的申报建设许可、施工许可和使用许可制度，以及生产过程中的检查检测、质量认证制度，实现政府对行业服务质量的管理。"两个重点"是对住宅建设的管理和对政府投资的公共建设的管理。工业发达国家政府始终把保障住房，促进住宅建设，繁荣住宅市场作为政府建设主管部门的重要工作任务，以提高社会各阶层民众的生活质量，促进社会稳定和增强社会凝聚力。把关系到国计民生的大型工程项目及公款投资项目建设作为政府建设主管部门管理工作的重点，维护公众和国家整体利益。

(2) 政府建设主管部门的组织特征

尽管在工业发达国家，政府建设主管部门的组织机构设置因其国情各不相同，但是集中管理，精简机构，建立环境、交通、建筑集成化的政府建设主管部门是机构改革的方向，这与建筑业管理的最终目的——保证和改善人类生活质量相吻合，因为决定人类生活质量的三个要素就是住房、交通和环境。

从事建筑法规工作的职能部门在机构中占有相当大的比重是工业发达国家组织机构设置的又一个共同特征，这是由政府重视法制建设，依法规范建筑市场的工作任务所决定的。

工业发达国家和香港特别行政区始终把保障住房，促进住宅建设、繁荣住宅市场列为建设主管部门工作的首要任务，因此其组织机构设置中都设有专门的分支机构负责住宅统一规划和管理。

(3) 专业人士组织及行业协会是政府管理的基础和得力助手

国外发达国家建筑市场主体的一个共同的主要特点就是有相当发达的专业人士组织和行业协会。他们为政府建设工作工程质量的控制、监督和管理做出了突出的贡献，发挥这些组织的积极性和能动性，这也是国外政府建设工程质量监督管理体制的特征之一。

专业人士组织（学会）的主要职能有，参与政府的立法工作；受政府委托，组织制定专业技术标准、规范及合同标准文本；组织专业人士的资格考试，认证专业人士的从业资格，管理专业人士的从业行为；制定颁布专业人士工作条例、职业道德规范；组织专业人士进行科学研究，举办学术会议，进行学术交流；建立、组织与完善专业人士培训体系，为专业人士的发展提供机会；制定大学相关专业的教育标准并负责专业教育评估；为专业人士提供职业技术帮助及专业技术服务；组织国际同行之间的学术交流等。

行业协会在建筑业管理中的主要职能有：参与政府的立法工作；受政府委托，组织制定行业工作条例、标准、规范和合同标准文本等，并监督执行；受政府委托，承担对建筑行业进行专业管理的职能；为成员企业提供信息咨询、教育培训等服务；监督和协调成员企业在建筑市场中的行为和利益关系等。

建筑市场各主体依法从事建筑产品的生产、经营和管理活动，政府建设主管部门依法对他们的建设行为进行监督管理，政府建设主管部门的管理体制方式，以依法管理为主，以政策引导、市场调节、行业自律及专业组织管理为辅，在市场经济机制下，经济手段和法律手段成为首选的方式。政府充分依靠专业人士实现对建筑产品生产过程的直接管理，重视发挥专业人士组织及行业协会在市场管理中的重要作用，专业人士组织及专业协会依靠专业人士所拥有的工程建设所需要的技术、经济、管理方面的专业知识、技能和经验，在建设工程项目管理中做出了突出贡献，以专业人士为核心的工程咨询业对建筑市场机制的有效运行以及项目建设的成败起着非常重要的作用。

2.2.3 工程质量管理的法制特征

工业发达国家的建筑业管理体制和机制是建立在严格、完善的法制基础上的。建设工程质量管理的法制是指国家制定保证建设工程质量监督管理秩序的法律制度及其法规体系。建立健全建设工程质量管理法规体系是政府实施建设工程质量监督管理的主要工作和主要依据，是建筑市场机制有序运行的基本保证。法规对政府建设主管部门的行政行为，对建筑市场中各主体方的建设行为，对建筑产品生产的组织、管理、技术、经济、质量和安全都做出了详细、全面且具有可操作性的规定，使建设工程质量监督管理做到了有法可依。

(1) 法律、细则、技术规范构成质量监督管理法规体系

建设工程质量监督管理的法律是法规体系的最高层次，具有最高法律效力。法律一般是对建筑管理活动的宏观规定，大多侧重于对政府机关、社会团体、企事业单位的组织、职能、权利、义务等，以及建筑产品生产的组织管理和生产的基本程序进行规定。它一般由议会制定或由议会授权政府建设主管部门制定，最后由议会审议通过。

条例和实施细则一般是对法律条款的进一步细化，以便于法律的实施。它一般是依据法律中的某些授权条款，由政府建设主管部门制定，或由政府建设主管部门委托专业人士组织或行业协会制定，并经议会通过。政府建设主管部门中一般设有专门的法规管理部门，专门负责编制和组织编制有关的法规。

建设工程质量监督管理法规体系的第三层次是技术规范和标准。规范和标准侧重于对工程技术和管理的实施程序及细节做出规定。它们大多由政府委托专业人士组织或行业协会制定，或由专业人士组织或行业协会自行组织制定，技术规范和标准一般可分为三类：一类是必须遵守的，指那些被法律、条例和细则引用的规范和标准；另一类是可选择遵守的；还有一类则是指南性的。

(2) 法规体系具有完整性、科学性和国际性的特征

法规体系的完整性。工程质量法律、法规条例、细则、标准的全面性，执

法监督检查的严格性是建筑市场经济机制良性运行的前提。制定完善的法规体系，严格执法监督管理，规范行业市场行为，使工程建设各个环节，所有各方的建设行为都纳入法律规定的轨道，通过法制手段、经济手段、财政货币手段和政策手段依法干预市场，保证市场健康、有序地良性运行和发展，做到"有法可依，有法必依，执法必严"。

法律法规的科学性。发达国家非常注重立法的科学性，注重法律、法规制定中专业人士组织和行业协会的积极参与作用，充分发挥专业人士在法律、法规制定中的能动性和实践性，积极采用先进技术，有计划地及时进行法律、法规的修订和调整，以适应建筑业技术进步的需要。

法律法规的国际性。发达国家建筑法规的制定都立足于开拓国际市场，为本国企业提供有效的服务，因此，他们在制定法律、法规过程中，努力为保证国际竞争的法律环境，为开创国际市场提供法律依据，积极采纳和推进国际惯例和国际标准，促进法律法规的国际化。

2.2.4 建筑业管理运行机制特征

（1）国际建筑市场运行机制的主要内容

建筑业管理机制是指建筑市场的运行机制。建筑市场运行机制是指通过建筑市场建立起来的，在建筑产品生产过程中形成的，经济活动的每个组成部分之间内在的有机联系。国际建筑市场运行机制的主要内容包括：围绕建筑产品生产的全过程，建筑市场各方主体之间的相互关系；建筑产品生产的设计、施工、咨询等任务的委托方式；工程合同管理及风险管理；建筑产品生产的组织管理方式；建筑产品的质量及其控制；建筑产品的投资、费用及其控制；建筑产品的安全与管理；建筑市场和建筑产品管理的信息系统等。

（2）国际建筑市场运行机制的基本模式

在管理法规的约束下，围绕建筑产品的生产，建筑市场的各方主体，包括业主方、工程咨询方（含勘察、设计单位、项目管理单位、其他工程技术与管理咨询单位等）、承包商及供应商等，通过市场竞争机制的作用，构成相互制约的合同关系及监督管理关系。在这种市场机制的运作中，以专业人士为核心的工程咨询方对市场机制的有效运行及项目建设的成败起着非常重要的作用，因为他们掌握着工程建设所需的技术、经济、管理方面的知识、技能和经验，具有组织、监督、管理工程项目建设全过程的能力，拥有一批高水平的工程咨询队伍，是成功市场机制良性运行的基本保证。

（3）国际建筑市场运行机制建立的原则

以市场经济为主体的工业发达国家，建筑市场运行机制的建立始终遵循

"统一、开放、竞争"的原则,并使这一符合市场经济运行特征要求的基本原则,以制度化、法制化的形式保证确实有效地实施。这样的市场经济机制的建立,反映了建筑市场的各种经济活动中的各个组成部分的主体之间的内在的有机联系,保证了公平、公正、竞争、有序的建筑市场的良性发展。建筑市场机制"统一、开放、竞争"的原则包括以下内容:统一是指统一的法规、条例、标准、规范,统一的市场竞争平台;开放是指不受地域限制,打破区域封锁,为跨区域竞争提供开放的市场;竞争是指建筑市场运行中各个委托环节,引入竞争机制,通过市场竞争,促进市场健康有序发展。

2.2.5 工程质量管理的范围和内容特征

(1) 工业发达国家投资主体特征

在这些工业发达国家,个人建设投资占70%左右,他们是以私有制为主体的市场经济体制,私人投资主体有其独特的主体特征:

私人业主更注重投资效率和投资回报,对于项目进度、成本和质量的控制更为严格,私人投资的主导地位有利于建筑市场的良性竞争和发展。项目的成效直接影响业主的投资效益,从而约束了业主的投资行为,有利于市场机制的建立和市场意识的培养。

私人业主的投资领域、投资背景差别很大,相当部分业主没有工程建设管理所需要的技术、经济、管理人员,这为发达健全的工程咨询业的建立和发展提供了广泛的市场空间,创造了有利的条件,这些咨询机构的建立和完善,社会化和专业化服务,促进了建筑业市场运行的规范化,有力地保证了建设工程项目的质量和管理目标。

(2) 工程质量监督管理的范围

政府对建设工程质量实施监督管理的目的是保证公民的生命、健康及财产安全,维护公共利益。由于其投资主体的私有性特征,构成了政府对建设工程质量监督管理范围的特征如下:

政府对建设工程项目实施强制性监督管理的范围主要是政府投资的公共建筑和住宅工程建设,因为公共投资是代表公众意志的政府行为,住宅质量管理是政府建设主管部门专设的住宅管理机构的职责。美国住宅与城市建设部的职责是为每个美国公民提供得体、安全、清洁的家居条件和舒适的环境,争取公平的住宅供给,增加可供应的住宅供给和房屋所有,减少无家可归者的数量,提供就业机会和经济发展机会,保障公民以及社区权利,增加民众对政府的信任。

建设工程质量政府监督管理的对象是包括业主、工程咨询方、承包商和供应商等所有参与工程项目建设有关的市场主体，其重点是监督和规范市场主体的质量保证体系和质量行为。业主是行为主体监督管理的重点，因为业主是项目的发起人、组织者、决策者、使用者和受益者，对建设项目全过程负有较大的责任。业主须提出完整而现实的项目期望和需求，使参与项目建设各方全面理解业主的责任、作用和需求。

政府对建设工程质量的监督管理包括工程项目建设的全过程，即包括可行性研究阶段的质量管理、设计阶段的质量管理、招标投标阶段的质量管理、施工阶段的质量管理以及使用维护阶段的质量管理，且把投资前期与设计阶段作为质量控制的重点。这是由建设工程质量形成的本身内在规律性所决定的，决策的投资前期阶段是确保质量目标和标准的关键阶段，设计阶段则是质量目标具体化的首要一步。因此，投资决策阶段和设计阶段是质量监督控制的重点。

(3) 工程质量监督管理内容

根据建设工程质量各个阶段质量形成特征，政府对其实施监督管理的内容有不同侧重。

可行性研究阶段的质量管理主要体现在：通过国家有关的发展规划、计划文件对项目的鼓励、特许、限制、禁止；国家、地方关于建筑的法令、法规的要求；项目主管部门对项目建设要求请示的批复。主要是控制建设规模、规划布局监管和投资效益评审。

工程设计阶段的质量管理主要是业主代表在设计过程中检查设计纲要（设计纲要要反映业主对项目建设的意图，用设计纲要指导项目设计）的落实；设计阶段的设计评议（管理评议和项目组织外部评议）。

工程施工阶段的质量管理概括起来可分为：政府组织机构直接参与监督检查和政府利用经济、法律间接管理两种方式（前者如美国、日本；后者如德国、英国、法国），但核心都是强调监督管理人员的专业人士的专业化。重点监督建筑材料、构配件质量和施工过程中的主要部位及隐蔽工程质量。

维修使用阶段的质量管理主要是通过工程质量保险制度来保证各方主体的质量行为，促进提高质量意识，健全质量保证体系，来实施对工程质量的监督管理。

(4) 工程质量监督管理的内容特征

建设工程质量政府监督管理的内容特征体现在以下五个方面：

通过施工许可、使用许可审批制度加强对建设工程项目的总体把握；

监督检查参与建设各方主体的质量行为，促使各方主体落实质量保证体系；

设计图纸的审核主要针对工程结构的力学计算进行复核，同时包括涉及结构安全与稳定、防火、隔声、节能、环保等内容的审查；

审查、验收建筑材料、构配件的质量是控制质量的前提条件；

现场施工主要部位的质量检查是质量控制的关键。

2.2.6 工程质量监督管理的方式与方法特征

发达国家和地区建设工程质量政府监督管理的方式与方法特征可归纳为如下七个方面：

（1）用法律规范建设行为。工业发达国家建筑业法律体系比较健全，对于建设各方主体的行为管理主要是依据有关法律、法规来规范，对其质量行为的监督也是严格以法律为基础和依据进行的。

（2）建设工程质量政府监督管理的公正性和权威性。政府通过资质管理和认可，委托专业人士代表政府实施工程质量的监督管理，保证质量监督工作的公正性和权威性。

（3）政府工程质量监督工作的官方职能向民营机构转移。政府通过对民营机构进行业务性审查和专业人士的资质管理，规范其行为，促进政府工程质量监督工作的社会化、专业化发展，提高工程质量监督管理的效果和效力。

（4）公共工程纳入规范化管理。公共工程管理中确定建筑主管部门的核心业主地位，促使行政机构与工程管理分离，避免工程决策中的指令过多，干预过多，有利于统一协调，提高决策质量，业主地位的确定，统一筹建，承担业主责任，有利于规范业主行为，规范建筑市场，有利于建筑业的统一管理。

（5）规范建设工程质量评价。建立健全质量评价体系，加强质量检测机构的检测工作和建筑产品的质量认证制度，来实现对建设工程质量的控制管理。

（6）运作有效的市场机制是保证工程质量监督管理的关键。工业发达国家完善的建筑法规体系，有效的质量管理体系，发达的社会咨询业，高效的工程保险制度，都促使建设各方主体增强质量意识，健全质保体系，积极参与市场竞争，保证建筑市场统一、开放、竞争、有序，保证了市场运作良性循环，保证质量监督管理有力、高效。

（7）信息化是提高政府工程质量管理效率和透明度的重要手段。工业发达国家很重视利用现代化的技术手段改进政府管理工作。日本制定了15年长期规划，到2010年使所有国有投资的设计委托、招标、物资采购等全过程管理通过计算机网络实现，重要的决策等由计算机进行，减少人为因素的影响，提高管理的科学性和透明度，以高质量、高效率的政府管理工作促进全行业整体发展的提高。

从以上七个方面可以看出，在各个工业发达国家或地区，对于建设工程质量的管理，普遍实行"谁设计谁负责，谁施工谁负责"的原则，政府建设工程质量监督管理的重点则是阶段性控制（如开工许可、中间验收、投入使用许可等）。政府对建设工程质量实施监督管理主要通过制定控制建设工程质量的法律、法规及技术标准体系，建立健全三大质量体系：即质量监督体系、质量保证体系和质量评价体系，提高质量意识，规范建筑市场中参与建设各方主体的质量行为，严格从业组织和从业人员的资质和资格管理，对工程建设的全过程的质量实施以宏观控制为主的监督管理，包括可行性研究阶段的质量管理，设计阶段的质量管理，招标投标阶段的质量管理，施工阶段的质量管理，以及使用维修阶段的质量管理。尽管各国政府建设工程质量监督管理体制、机构设置、管理思想、监督的内容和重点、监督管理的方式方法和手段等方面各自有其相对独立的特点，但是，以上归结出来的这些工业发达国家对于建设工程质量政府监督管理的共性，无疑反映了政府在市场经济条件下对于建设工程质量监督管理的内在规律性，符合工程建设管理国际惯例，代表了新时期国际建设工程质量政府监督管理的发展趋势和客观要求，值得我们借鉴和学习。

2.3 发达国家工程质量政府监督管理有效性与发展趋势

建设工程质量责任重如泰山，这不仅是我国政府对建设工程质量意义的高度认识，而且是国际社会和建筑市场历史经验的总结和共识。提高建设工程质量，促进国民经济和全球经济发展，是历史赋予工程建设管理者的神圣职责。建立健全建设工程质量监督管理体系，全面、全过程、全方位加强建设工程质量的监督管理，是从根本上保证建设工程质量的重要措施，建筑行业对此引起了高度重视。作者通过对美国、英国、法国、德国、日本、新加坡、香港等发达国家和地区建设工程质量监督管理实践的学习和分析，从工程担保与保险、工程咨询、政府服务和行业教育培训四个方面总结了国外建设工程质量政府监督管理的有效性，分析了他们建设工程质量政府监督管理的发展趋势。

2.3.1 积极有效的强制性工程担保与保险制度

（1）全方位和全过程工程担保与保险是工程质量实现的经济保证

凡涉及工程建设活动的所有单位，包括业主、建筑师、总承包商、设计或施工等专业承包商、建筑产品制造商、质量检查公司等，均须向担保与保险公司进行强制性投保。担保与保险的内容包括新建、改建或维护工程的结构失效，以及建筑所在场地的破坏。从项目立项开始至缺陷保证期止，按合同分别由责任负责方承担担保与保险责任。全方位、全过程的工程担保与保险，为保证建设工程全寿命期质量的实现提供了经济上的保证。

(2) 浮动担保与保险费率制有利于改善质量管理

承包商担保与保险费率根据建筑物的风险程度、承包商的声誉、质量检查的深度等综合加以考虑，一般要负担相当于工程总造价 1.5% ~4% 的保险费（法国），由于担保与保险费率的确定考虑了承包商的声誉和业绩，为了得到优惠的担保与保险费率，承包商必须通过加强质量管理提高声誉、积累良好的业绩，从而促进了质量监督管理保证的良性发展。

(3) 强制性担保与保险制度增强了各方主体参与监控的能动性

通过实行强制性工程担保与保险制度，担保与保险公司将在施工阶段积极协助监督承包商进行全质量控制，以期保证工程质量不出问题，担保与保险公司就可以不承担或少承担维修费用等。承包商为了提高企业信誉，争取担保与保险费率的优惠，必须加强质量管理，想方设法提高工程建设的质量水平，这是承包商赢得良好的社会形象，在激烈的市场竞争中维持生存、寻求发展的战略选择。工程担保与保险制度的推行和良性运作，有力地促进了建设工程质量管理的良性循环。

(4) 成熟完善的工程担保与保险市场是质量目标实现的社会保障

美国等发达国家和地区有层次分明、专业分工细致的工程担保与保险组织体系：活跃在担保市场第一层次的担保和保险公司是市场的主体，各自承担着相互有机的不同的市场角色；各类发达的担保与保险协会服务于担保与保险公司，加强行业自律，沟通担保与保险公司和政府监管机构之间的联系；与担保、保险业相关的立法、司法、行政机构作为其外部组织，以及社会舆论监督机构，为工程担保与保险提供良好的法律支持和社会环境。工程担保与保险市场的健全与发育完善，加强了对承包商资质审查的专业化和社会化程度，有效地规范了承包商的建设行为，减少了业主的工程质量风险。

(5) 公正严格的政府监管是担保与保险市场培育和发展的保证

发达国家政府一般设有专门机构对工程担保与保险公司和从业人员进行严格的审查和注册认可，并对已注册的公司和个人进行年度评审，向全社会公示评审情况，促使从业公司与个人不断提高自身素质，增强承保能力。高水平的工程担保与保险行业，构成了建设工程质量强大的社会大堤，增强了建设工程质量的社会监督保证能力。

2.3.2　规范、发达的工程咨询业专业化服务

(1) 规范资格认证是咨询业有效服务于质量管理的前提

政府以法律法规来规范专业组织和专业人士从事工程建设管理的行为，建

立完善的资质评定和审核制度，鼓励工程咨询业的从业组织和人员，以高效的工作、高质量的管理效应谋求自身发展。专业人士的介入，提高了工程管理的整体水平，促进了工程质量监督管理的社会化，保证了建设工程质量监督管理的有效性。

(2) 严格行业自律，以提高素质和能力，保证工程管理服务质量

咨询行业的自律约束机制对工程质量管理和控制做出了贡献。专业人士组织和专业人士的管理，宏观上依靠国家法律法规的制约，微观上依赖行业协会的工作条例、职业道德标准的监督控制。行业协会自律制度，有利于提高行业从业人员的素质和从业组织市场竞争能力，对于提高工程质量起到了积极作用。

规范专业人士工作行为，提高工效率，为建设工程质量有效实现提供了专业化社会服务。对专业人士的自律约束机制主要反映在三个方面：一是咨询工程师必须遵守国家和地方相关的法律法规；二是市场竞争迫使咨询工程师不断提高自身的业务素质，保持良好的服务水平和社会信誉；三是咨询工程师需要接受行业协会工作条例和职业道德标准的约束。通过这三方面的约束和较高社会待遇的吸引，激发了咨询人员从严的敬业精神，专业人员高智能、高效率的工作，有效地保证了建设工程质量的顺利实现。

(3) 公平、公正、竞争、有序的市场机制促进了咨询业的发展

统一、开放、竞争的建筑市场，咨询业高额的经济待遇和受人尊重的社会地位，加剧了咨询业的竞争，一是通过自身努力取得工程咨询执业资格；二是高效的工作和敬业精神赢得社会声誉，接受政府和业主的委托。竞争激发了咨询业提高人员素质和管理水平的自觉性和主动性，促进了咨询业的自身发展，咨询业的高度发展，提高了建设工程管理水平，为建设工程质量社会化监督管理提供更优质的服务。

(4) 咨询业多极化发展为质量持续改善创造了社会保障条件

咨询业的市场化，使他们非常注重适应发达国家各层次投资主体建设工程质量监督管理的要求，其行业发展具有以下四个特点：一是工程咨询单位的组织具有民营化、专业化、小规模化的特点，许多工程咨询单位都是以专业人士个人的名义注册开业的。二是重点扶持、保护大、中型工程咨询公司，面向国际建筑市场提供工程咨询服务，开拓国际工程咨询市场。三是专业协会发展趋于管理科学化、经济实体化、组织国际化的方向发展，发挥群体优势，统一协调业务活动，增强凝聚力，使活动由虚变实，在竞争日益激烈的国际和国内市场中找到自己的位置。四是专业化、社会分工越来越细，基本做到以建筑业每个专业领域为基点。

2.3.3 提高政府服务职能

（1）营造良好的质量监督管理市场环境是政府核心职能

在发达国家，为建筑业发展而服务是政府工作的指导思想，促进建筑行业的整体发展是政府主管部门的首要任务。政府不是站在企业的对立面，不是领导机构，而是服务机构，无论是建筑法规的制定和实施，国内建筑市场的管理，还是国外建筑市场的开拓，无不体现出政府的服务职能。

政府的作用是建立有效、公平的建筑市场，提高行业服务质量和促进建筑生产活动的安全和健康，以推进整个行业的良性发展。对建筑业参与者的管理是通过政策引导、法律规范、市场调节、行业自律、专业组织辅助管理来实现的，运用经济手段和法律手段约束企业和各方主体的行为，为建设工程质量监督管理营造了良好的市场环境。

（2）依法实施工程质量监督管理是有效发挥服务职能的关键

发达国家重视建筑立法，建筑业的法规建设和完善工作是政府建设主管部门职能机构的核心工作，各个环节、各个层次都有相应的法律法规可遵循，涵盖了包括政府监督管理行为在内的所有参与建设者，责任明确，条款具体，为严格执法提供了准确可靠的依据，是政府高效地实施建设工程质量监督管理的基础。

（3）开拓国际市场是政府建筑业管理服务的重要职责

发达国家都把提高本国的建筑业竞争能力、开拓国际市场作为政府的一项重要任务，他们在国际合作方面的主要做法是：

统一规范。规范统一是建筑市场统一的基础，各国积极参与统一标准建设，努力推进ISO组织，尽力消除进入国际市场的障碍，促进教育体制的融合和专业人士资格的互认，为开拓国际市场提供法律支持。

建立区域性共同市场。共同体范围内享受国民待遇，开展公开招标，优化区域资源配置，建立共同市场，为本国企业扫清了政治、经济障碍。

宣传和学习别国和地区的法规。政府组织专业人士组织和专业人士研究国外法规，组织各种形式的学习与培训，为本国企业提供咨询，为本国企业走向国际市场服务。

（4）信息化为提高政府管理效率提供了重要手段

全球化交通的形成、全球性市场的开拓和全球信息的沟通，加速了建筑市场的国际化，发达国家积极促进建筑行业信息化的进程，尽最大可能为本国建筑行业各个层次提供国际、国内必要的信息网络服务，努力通过政府管理信息化来提高政府管理的效率和透明度，进而带动和促进全行业的信息化的进程，以知识和信息资源优势增强国际市场竞争优势。

2.3.4 强化系统教育培训

（1）教育和科研是提高行业水平、促进行业可持续发展的关键

发达国家建设主管部门都设有专门机构管理建筑业的教育和科研工作，其主要任务是从事教育和培训计划、方针的制定，专业资格审定，建筑业人力资源开发等。欧美注重高等院校在建筑业基础研究中的重要作用，日本把企业自身的科研力量看做是行业技术进步的主力军。同时，政府致力于科研成果转化为现实生产力，不遗余力地为科研成果转换努力服务。科技进步已成为发达国家建筑业的主要经济增长点。

（2）坚持高标准、严要求培训专业人士

发达国家对于专业人士的执业资格认定、注册和管理非常严格，要求他们是懂技术、管理、经济、法律的复合型人才，有较高的理论水平和丰富的实践经验，有独立依法处理工程技术管理问题的能力，注意高等学校专业教育、职业教育、继续教育相结合，以健全的教育体系，保证专业人士具有较高的素质，提高了他们的专业化服务水平和能力。

（3）注重基础教育培训和岗位培训，不断提高从业人员的素质

设有专门机构负责对建筑业人员培训和技术水平测试，培训课程包括了建筑业的各个工种，培训与就业相结合，持证上岗，以人员的素质保证工程质量。

（4）重视继续教育培训，塑造学习型企业

发达国家把对人员的再培训作为建筑业发展的一项重要战略，对在职人员制定有多种再培训和继续教育的总体规划，通过岗位再培训，不断更新和提高从业人员的知识结构、技术水平、工作能力和整体素质，使企业以人才资源优势提高市场竞争能力。

（5）高等学校教育面向建筑业发展实践需要

高等学校教育随着建筑业的发展及时进行改革，调整课程设置，改变学习计划，以社会需求确定培养目标，积极参与建筑业的理论研究和科研工作，注重专业理论学习和工程实践相结合，提高学生的素质，为学生从事高层次技术管理工作提供有效的专业教育保证，形成建设工程质量监督管理人才需求的不竭源泉。

以上从五个方面分析了发达国家和地区建设工程质量政府监督管理体系的主要特征，集中体现了以私有制为主体的市场经济体制下，建设工程质量监督管理市场机制良性运作的环境、条件、动因和发展趋势。我国建筑业正面对国际经济一体化和加入WTO建筑业国际化的机遇和挑战，尽快建立和完善符合

市场运行规律的监督管理体系，提高建设工程质量监督管理水平，促进建筑业整体发展，是深化改革、寻求跨越式发展的首要任务，借鉴发达国家经验，开创性地实践，为我国建筑业的振兴做出贡献。

2.3.5 发达国家工程质量政府监督管理发展趋势

（1）质量、安全、健康目标综合治理

质量、安全、健康是政府建设工程管理永恒的主题，质量、安全、健康目标的综合治理、整体优化是建设工程政府管理的目的，实现质量、安全、健康目标，政府建设主管部门必须首先建立、健全有关质量、安全、健康的法制基础，不断完善建设工程管理的法律体系，依法规范和管理建设工程活动。建立健全质量、安全、健康保证制度，使建设工程活动过程科学、有机、高效地进行，以运作有效的市场机制改进和改善建设活动及其活动结果。

（2）坚持工程质量"谁设计谁负责，谁施工谁负责"

继续坚持建设工程产品质量"谁设计谁负责，谁施工谁负责"的指导思想，按照建设工程质量形成的客观规律，加强建设工程质量的全过程管理。建设工程质量形成的客观规律性在于建设工程质量的形成过程：建设工程的策划决策→勘察设计→施工准备→施工建设→使用维修，有着必然的互为依据的联系。建设工程质量政府监督管理的全过程是指从建设工程的策划决策阶段质量需求的目标确定到建设工程产品的使用、维修阶段的管理，实施建设工程质量全过程政府监督管理是全面、可靠地实现建设工程质量目标的保证，是建设工程质量系统管理思想的主要体现，是实现建设工程质量整体优化的根本措施。

（3）民营化是改善职能与服务、推动行业发展的有效途径

民营化主要体现在两个方面，一是公共工程民营化，不断减少政府纳税人的公益税率，通过政府政策调节，吸引更多的私人投资进行公共工程建设，使工程项目投资主体私有化，增强公共工程的投资效益（私人业主更注重投资的经济效益），减少项目管理中的政府干预行为。二是精减机构，公共工程管理专业机构社会化，使专业组织和专业人士以更客观、科学的方法组织管理公共工程建设，增加公共工程管理的透明度，提高公共工程管理效率。

（4）优化和完善工程建设的社会监督、服务与保证体系

不断优化和完善工程建设的社会监督、服务、保证体系，更充分地发挥专业人士组织、行业协会和专业人士在建设工程的技术咨询和管理咨询作用，以行业职业规范，促进行业市场要素的发展，提高行业管理水平，保证建设工程质量、安全和健康目标的有效实现。

(5) 完善质量保险制度，增强工程管理过程抵抗风险的能力

加强政府政策引导，不断完善建设工程质量保险制度，提高建设工程管理过程抵抗风险的能力。建设工程风险管理就是人们对建设工程建设管理过程中潜在的意外损失进行辨识、评估、预防和控制的过程。建设工程实行风险管理，进行工程保险与担保是保证工程顺利实施的有效保障，是实现建设工程质量、安全和健康目标的必要措施，是建设工程管理社会监督保证的主要手段。

(6) 政府管理现代化是提高工作效能的根本手段

基于计算机网络的政府建设工程信息系统，是建设工程政府监督管理信息化，提高政府管理效率和透明度的现代化手段，建设工程管理信息化是建筑市场国际化和国际经济一体化的时代需要，因此，政府加大对建设工程管理信息技术的投资，是政府拓展建筑市场、促进行业发展的服务职能的体现。

(7) 加强合同管理是政府依法规范建筑市场的重要措施

合同是一种契约，是当事人之间依法确定、变更、终止民事权利义务的协议。市场经济要求公平有序地竞争，竞争的秩序要靠法规来规范，依法签订的工程合同是工程实施的"法典"，竞争的"规则"，运行的"轨道"，基于社会咨询的专业工程师对合同的管理，是合同实施的具体管理，是独立的第三方、有效的科学管理，有利于全面、有效、正确的合同履行。专业工程师依法实施合同管理的依据是有关法律、法规和标准合同条件，这些规定正是政府工程合同管理核心。政府对工程合同的宏观管理主要是制定有关法规，授权专业人士组织和行业协会编制标准合同条件，设置专门机构监督合同执行、调解机构、仲裁机构和法院处理合同争议，维护当事人的合法权益。

2.4 我国工程质量政府监督管理改革

2.4.1 政府工程质量监督制度存在的问题

深化改革前工程质量监督的主要方式内容是三步到位检验，即在基础、主体结构阶段必须由工程质量监督机构到位检验，签发检验报告才能继续施工，竣工阶段必须由工程质量监督机构到位核验单位工程质量等级，签发"建设工程质量等级证明书"，才能竣工交付使用，未经质量监督机构检验或检验不合格的工程，不准交付使用，实际上是较低层次以实体质量监督为主的监督管理思想。随着我国经济体制改革的深化和市场经济体制逐步建立和趋于完善，现行的工程质量监督制度的运作方式与社会主义市场经济体制客观要求存在诸多不相适应之处，主要表现在以下四个方面。

(1) 过于依赖质量监督核验,客观上把政府视作质量责任者

政府质量监督直接对施工中的工程质量进行主要分部核定和单位工程最终核定的等级证明文本,事实上已成为社会上建设工程使用管理的有法律效力的依据文本,工程交付使用后,出现质量问题,参与建设各方往往以质量等级核定文本作为挡箭牌,而"袖手旁观",质量问题的矛盾直接指向"政府机构",颠倒了市场经济中建设工程产品制造者——建设各主体对建设工程质量直接负责的规律,建设工程质量成了"谁核定,谁负责",政府工程质量监督机构变相成为工程质量的责任者,而失去公正执法监督的法律地位。

(2) "三步到位"的监督方法与政府管理机构改革趋势不和谐

深化改革前工程质量监督实施三步到位等级核定与巡回抽查相结合,政府授权的质量监督机构的行为是政府管理行为的延伸,从而把政府管理推向了具体操作事务的误区,这与政府体制改革趋势不和谐。

(3) 单一的实物质量监督无法实现政府对质量行为的全面监控

建筑产品质量形成的独特性,决定了质量监督全面、全过程性,传统的工程质量监督偏重于单一的实物质量监督,单纯依赖质量监督机构的几次到位,无法对工程质量进行全面的正确的核验、评定和控制,这使政府建设工程质量监督的全面性受到约束,忽略了建设工程参与各方的质量行为和质量保证体系的监督管理,从而忽略了建设工程质量监督管理体系的系统良性运作,对提高建设活动质量、保证工作质量、进而保证产品质量的有效作用不利,政府对建设工程质量的监督管理事实上只仅仅停留于事后产品的把关。仅仅实施了实体质量的监督,而忽视了行为过程监督和体系保证的监督,使得政府监督一直不能摆脱事务性简单工作的误区,不能从根本上完善质量监督市场,这无法实现政府对建筑市场参与各方质量责任行为的全面监督控制,无法全面保证建设工程法律、法规和强制性标准的贯彻执行,不能有效地保证和提高建设工程质量。

(4) 质量监督机构的现有素质尚不能保证政府监督的有效性

经过近20年我国建设工程质量政府监督管理的发展,建设工程质量监督的人员、设备、监督实践的确有了质的变化,但是目前从整体上看,监督机构、监督人员素质不高、设备相对滞后等问题很普遍。素质不高主要体现在整体构成中的专业技术人员占的比例不高,专业技术人员不断学习新技术、新知识的系统力度不够,缺乏管理、法律、经济、技术的复合性高级人才从事建设工程质量监督工作,再加上不良社会思潮的影响,监督机构约束机制尚不健全,监督行为不规范,这些都势必影响建设工程质量政府监督的力度和深度,直接削弱了政府监督的有效性和权威性。

2.4.2 工程质量政府监督体制深化改革意义

(1) 是市场经济体制下政府对建设工程实施宏观调控的需要

在市场经济体制下，要运用市场机制调整经济活动，减少政府审批，为经济松绑，市场经济活动主要依据市场杠杆作用，运用市场经济规律来进行调整，工程质量是市场经济条件下政府对建设工程活动监督管理的核心，是政府实施建设工程管理宏观调控的重要手段和需要，建设工程质量的好坏，直接影响到国民经济的发展质量，影响到建筑行业的发展，影响到国家整体利益，影响到公众财产的安全、使用质量和环境质量，因此，必须加大政府对建设工程质量监督管理的力度，以保证建设工程使用安全和环境质量，维护国家利益和公众利益。

(2) 是建筑行业体制改革和行业发展的需要

一是建设系统出台了新的资质管理办法，需要建立和健全工程质量监督管理的三个层次体系。二是我国进入加速城市化阶段，实施西部开发战略，工程建设规模大大增加，工程质量是保证大规模工程建设实施的前提条件，保证工程质量需要加强政府监督管理力度。三是工程质量监督管理工作是整个建设事业的重要组成部分，建筑行业体制改革和行业发展离不开建设工程质量监督管理的体制改革和发展。

(3) 是实施质量兴业、输出兴业战略的需要

建设工程质量政府监督管理是加入 WTO 后建筑业与国际接轨，增强行业国际市场竞争能力，实施质量兴业、输出兴业战略的需要。政府对建设工程质量实施监督管理符合国际惯例，有利于国内市场的国际化管理，有利于开拓国际市场，通过加大政府对建设工程质量的监督管理力度，提高行业质量，增强国际建筑市场竞争能力，为建筑行业输出兴业履行服务职能，促进行业整体发展。

(4) 是促进建筑法律、法规和强制性标准贯彻落实的需要

1998 年我国发布了《建筑法》，2001 年 1 月又颁布了《建设工程质量管理条例》，相继又颁发了《房屋建筑工程和市政基础设施竣工验收备案管理暂行规定》、《房屋建筑工程和市政基础设施工程竣工验收暂行规定》、《工程建设标准强制性条文》等法规，落实这些法律的贯彻实施，离不开政府建设工程质量监督机构的监督检查，加强政府对建设工程质量的监督管理，以监督法律、法规、强制性标准不折不扣的执行来保证建设工程质量。

(5) 是规范各建设主体质量行为、维护建设市场秩序的需要

《建设工程质量管理条例》中明确规定了建设单位、勘察设计单位，施工单位和建设监理单位的建设工程质量责任，建设工程质量政府监督机构通过对

参与建设各行为主体的资历、资质审查，监督检查各主体质量保证体系和有关制度的执行情况，规范各行为主体的质量行为，以提高参建主体的工作质量保证工程质量，提高行业整体质量，保证市场机制的良性运作。

(6) 是政府维护国家利益和公众利益的需要

我国建设工程从规模上看有两大特点：一是在多种投资主体中国家投资建设规模仍然占有最大的比例，基础设施建设和公用事业建设任务依然繁重；二是由于我国城乡居民居住水平还相对落后，加之城市化的加速，以房地产开发为主要形式的住宅工程建设是今后相当长时期工程建设的主要任务。为了保证国家公用建设的工程质量，提高国家投资效益，为了维护公众的居住安全，使用安全，保证住宅工程质量、功能质量、环境质量和服务质量，政府必须加大对建设工程质量的监督管理和执法检查，推进技术进步，以提高住宅工程质量为中心，提高全行业发展质量，促进国民经济发展质量，维护国家利益和公众利益。

(7) 是建设工程质量形成的内在规律的要求

建设工程质量具有形成过程的复杂性、质量责任的复杂性和施工工序交叉的复杂性。它是从项目可行性研究到工程竣工交付使用的全过程形成的产品，其质量形成决定了各个阶段的质量；建设工程质量形成涉及参建单位和部门多，合同关系、质量责任关系复杂；建设工程往往体量大，涉及工种多，交叉作业多，施工过程协调难，具有工序质量交错的复杂性。对这样的产品质量的保证是一个全过程、全面监督管理的过程，需要独立于各参与建设主体以外的政府建设工程质量监督机构对其进行全方位、全过程、全面的监督管理，以通过各个阶段、各个方面的质量监督管理，保证建筑产品的最终质量。

(8) 是杜绝和减轻建设工程质量问题多发性的需要

建设工程的个体性，手工操作多，露天作业受环境影响强烈，建设周期长，质量影响因素多变复杂，决定了建设工程质量的多发性，小者质量通病影响使用功能，大者结构破坏、房屋倒塌造成人身和财产安全问题。20 世纪 80 年代中期我国政府建设工程质量监督机构的成立，有效地扼制了平均三到四天一个倒塌事故的现象；90 年代初，进一步规范建设工程质量政府监督管理，防止了建设高潮期的质量滑坡；世纪之交政府建设工程质量监督机构深化改革，将有利于市场经济条件下工程质量管理的市场良性运作，提高建设工程质量，促进建筑行业的发展。

2.4.3 我国工程质量政府监督管理改革启示

(1) 转变角色，恢复执法地位，依法实施强制性监督

转变角色就是要实现政府对建设工程质量监督管理的工作方式的转变：由

授权执法向委托执法转变；由实体质量的环环把关向随机抽查转变；由"看、问"式现场检查向采用科学仪器提供准确可靠数据的权威性监督转变；由直接审验工程质量等级向竣工验收备案制度转变；由以施工现场对承包商的监督为主向全面、全过程监督转变；改变政府建设工程质量监管的行政职能，促进建设工程质量监督管理的专业化和社会化，以经济和法律相结合为主要手段对建设工程质量所有参与者实施执法监督。通过角色转变，使政府监督机构恢复执法地位，承担监督责任，依法对所有参与建设主体的质量行为和活动结果实施公正、威慑的执法监督，使各建设主体依法承担起法律规定的责任和义务，促进我国建设工程质量终身负责制度的有效落实，促进建设工程质量监督管理水平的提高。

（2）健全法律、法规体系，增强质量社会保障能力，实现工程质量政府监督管理的国际化和法制化

借鉴发达国家完善社会保障体系的成熟经验，加强我国建设工程质量的社会咨询服务保障体系建设，主要包括进一步规范建设监理行为，实施建设工程质量风险管理，有效地开展建设工程质量强制性担保和保险制度，培育有效的建设工程担保与保险市场，并加强对市场主体要素的监督管理，推动工程担保与保险市场和监理咨询市场的规范有效运转，充分发挥工程担保、保险和建设监理在建设工程质量保证体系中的社会保障作用，全方位挖掘各专业组织和专业人士从事建设工程质量管理的潜力，促进建设工程质量的专业化和社会化。与此同时，加速相关法律、法规与国际惯例接轨的步伐，推进建设工程质量监督管理的国际化和法制化进程。

（3）建立健全质量监督管理的三大体系，以市场良性运作提高建设工程整体质量

建设工程质量的形成是一个涉及多方主体参与、受众多因素影响、涵盖建设工程决策、勘察设计、施工准备、施工建设、使用维护全过程的复杂系统，从根本上治理建设工程质量差的问题，就必须树立系统工程的观点，对其进行全面、全过程、全方位的系统治理，建立健全建设工程质量监督管理的三大体系，即各建设主体的质量保证体系，包括建设监理、工程保险在内的社会监督保证体系和建设工程质量政府监督管理体系，并且以规范建设主体质量保证体系为重点，提高建设工程质量生产能力，以社会监督保证体系为突破口，促进建设工程质量监督管理的专业化服务，以政府监督管理体系为驱动力，推动建设工程质量监督管理体系和建设市场的高效运转，改善建设市场要素，增强建设工程质量转化能力，保证建设工程整体质量。

（4）改善政府质量监督手段和方法，提高监督管理的效能

随着科技进步和建筑业的不断发展，提高建设工程质量的重要内容之一就是必须增加建设工程质量的科学技术含量，这在客观上要求对其实施监督管理的手段和方法必须与之相适应得以改善，建设工程质量政府监督管理必须以新兴的信息技术为支撑点，实现监督管理的信息化和网络化，实现监督方法的科学化，不断创新和改进检测设备和仪器，以有效地适应建筑技术发展的需要，保证建设工程质量政府监督管理的科学性和有效性，提高监督管理技术装备能力和监管效率，推动全行业信息化和建筑科学技术进步。

（5）加大教育培训力度，以人员技能和素质提高监督管理水平

建设工程质量监督管理是一项政策性、法律性、技术性、经济性都很强的知识型管理工作，提高建设工程质量监督管理的有效性，必须实施"以人为本"的人才战略，全面提高监督管理人员的综合素质，监督管理人员必须有扎实的技术专业知识，丰富的工程实践经验，熟练掌握监督的方法和手段，熟悉建设工程有关的法律、法规和强制性标准，了解建设工程经济知识，具有发现质量问题、鉴别质量问题和处理质量问题的能力，并且要有不断进取的求学欲望，定期参加培训，努力更新知识结构，以适应建筑技术进步的要求。建设工程质量监督管理要实现可持续发展，就必须有针对性地加强相关专业基础教育和在职人员的业务培训工作，把提高从业人员的素质和能力放在首位，同时，建立有效的激励机制和政策，把知识丰富、水平高、能力强的专业人才吸引到监督管理工作岗位上来，调动专业人员从事监督管理工作的积极性和主动性，全面促进建设工作，提高监督管理能力和水平，保证工程质量监督管理持续发展。

2.4.4 新时期工程质量政府监督管理主要内容及特征

（1）工程质量政府监督管理的主要内容

建设工程质量政府监督工作应遵循和围绕建设工程质量形成的内在规律和特点，实施从建设工程项目可研决策、勘察设计、施工准备阶段、施工建设、使用维修的全过程的全面监督检查。

（2）工程质量政府监督管理的内容特征

市场经济体制下政府对建设工程质量实施监督管理应体现宏观控制质量行为和实体质量抽查相结合全过程的全面质量管理思想，体现建设工程质量管理"以人为本"和工程质量"谁设计谁负责，谁施工谁负责"的质量责任国际惯例原则，体现工程质量的生态环境观念和可持续发展战略。其主要监督内容是建设工程的地基基础、主体结构、环境质量和与此相关的工程建设各方主体的质量行为，实施这

些内容的监督体现了建设工程质量监督管理的五个方面特性。

①质量行为的宏观控制与实体质量的抽查监督相结合

政府通过建立和健全法律体系（包括基本法律、法规条例和规范标准三个层次）和质量监督保证体系（责任主体的质量保证体系、以工程监理和工程风险管理为主要内容的社会监督保证体系、以政府立法与质量监督管理为内容的政府监督体系三个方面），掌握和运用市场经济规律，支持和鼓励质量体系认证，培养和营造参建各方的质量意识，规范和约束责任主体的质量行为，从根本上把握和加强工程质量。通过施工许可制度、竣工验收备案制度和巡回检查对参与建设各个主体的质量行为，建设工程的地基基础、主体结构和其他涉及结构安全的关键部位进行抽查监督，保证建设工程使用安全和环境质量。

②以提高工作质量来保证工程质量

工程质量的影响因素很多，涉及面很广，从规划设计、招标投标、工程施工到竣工验收各个阶段都会对工程质量产生较大的影响，各个阶段的影响因素也很多，但核心是人的工作质量。把参与工程建设各方主体的质量行为作为政府建设工程质量监督管理的主要内容，体现了"以人为本"的控制思想。以质量保证体系的健全和质量责任的落实保证工程质量，符合工程质量形成的本质特征。2000年1月国务院颁布的《建设工程质量管理条例》明确规定了建设单位（业主）、勘察设计单位、施工单位、监理单位在工程建设中的质量责任和处罚条款，并且把规范业主（建设单位）的质量行为提到突出的地位。《建设工程质量管理条例》中有一章11条专门规定了业主行为，还有其他14个条款涉及业主的责任问题。加大对业主质量行为的政府监督，有利于促进工程建设中业主负责制度的落实。

③实施全面质量监督管理，促进工程质量水平整体提高

市场经济体制下的政府建设工程质量监督管理工作内容除了对工程实体质量的监督检查外，应突出全过程、全方位对参与工程建设各个行为主体的质量行为的监督管理。这既反映了工程质量形成的复杂性，也体现了政府代表公众利益对建设工程质量实施监督管理的客观要求，体现了全面质量监督管理的思想。它包括对建设单位、勘察设计单位、施工单位、监理单位、材料设备供应商等参与工程建设各方主体质量行为的监督管理，涉及从可行性研究、规划设计、招标投标、工程施工到竣工验收的工程建设全过程的各个阶段。

④加强质量行为监督，工程质量监督以预防为主

建设工程质量控制包括事前控制、事中控制和事后控制三个阶段。以前以工程实体质量为重点的政府质量监督工作主要是事中控制和事后控制。市场经济条件下政府质量监督工作的重心应由事中、事后控制为主向事前预防控制为

主转移。通过严格建筑市场准入制度，建立健全建筑法律、法规和规范，加强各行为主体质量行为和质量保证体系的监督管理，规范行业和市场运行机制，督促行为主体和从业人员健全质量保证体系和质量责任制度，提高质量意识和业务素质，以保证质量体系完善和人的工作质量。

⑤符合环境意识和可持续发展的战略

政府建设工程质量监督的主要目的是保证建设工程使用安全和环境质量。政府建设工程质量监督的重点由实体质量向质量行为转移，同时应把结构质量和环境质量作为重点，特别是把对环境质量的监督放到突出位置。政府工程质量监督机构一方面可以通过对结构计算和施工图审查，重点审查结构安全稳定、防火、隔声、节能、环保等内容；另一方面通过加强对规划设计单位质量行为的监督，保证规划设计强制性标准的执行，保证工程的使用安全和环境质量。这种监督管理体现了政府代表公众和社会利益对建设工程质量进行全社会宏观调控的职能，保证公众和社会利益不受损失，具有环境质量意识，符合可持续发展的战略。

2.4.5 工程质量政府监督管理工作方式特征

政府建设工程质量监督是依据法律、法规和工程建设强制性标准的政府认可的三方强制监督，以施工许可制度和竣工验收备案制度为监督的主要手段，来保证建设工程使用安全和环境质量。市场经济体制下，政府建设工程质量监督管理的工作方式，应符合建设工程质量政府监督管理工作性质和内容的要求，实现以下五个方面的转变。

(1) 执法方式由授权执法向委托执法转变

监督机构是以委托机关的名义监督执法，对委托机关负责，由委托机关承担执法的后果。政府建设工程质量监督机构和质量监督工程师对监督的工程质量承担监督责任。建设工程质量监督机构不履行监督职责、弄虚作假、提供虚假建设工程质量监督报告或未认真执行质量监督工作方案而发生重大质量事故的，应依据情节轻重，依法分别给予警告、通报批评、停止执行任务，直到撤销建设工程质量监督机构资格的处理。这一转变，既确定了其执法地位，又规定了执法责任，对于促进政府质量监督的社会化，提高政府建设工程质量监督管理水平将会起到积极的促进作用。

(2) 实体质量的监督方式由环环把关向随机抽查转变

随着中国建设工程监理制度的建立和完善，以社会服务为主要任务的工程监理对于建设工程质量的社会监督起到了极其重要的作用。工程监理单位受业主委托在合同规定的范围内可以对工程建设的"四个阶段、九个环节"的内容进行投资、质量、进度、合同、信息和安全控制，直接参与工程质量的管理，它是建设工程主体之一，对工程建设的全过程实施监控，道道工序检查，层层把关签字，以代表业主监督施工、设计的质量为主，为业主服务。政府建设工程质量监督是站在公众和社会的立场上，对工程质量的关键环节进行抽查执法检查，重点是地基基础、主体结构等影响结构安全的主要部位。监督的对象包括工程实体以及含监理单位、建设单位（业主）在内的所有参与工程建设的各行为主体。通过抽查监督，保证强制性标准的贯彻执行，保证建筑法律、法规和规范的贯彻落实，从宏观整体上把握建设工程质量和结构使用安全。

（3）现场检查方式转变

现场检查方式由传统的"看、问"转向采用科学的监测仪器和设备，提供准确可靠、有说服力的数据，增强政府工程质量监督检查的科学性和权威性。

（4）对主体行为方式监督的转变

政府建设工程质量对主体行为方式监督的转变，由过去的"传、帮、带"保姆式的方式转为执法监督，恢复执法主体地位。实现这一转变不仅不会影响工程质量，而且更有利于工程质量的整体提高。其一，改革开放三十多年来，建筑企业以质量求生存的意识普遍提高，质量行为得到了逐步的规范和完善。其二，工程监理制、业主负责制、合同管理制和招标投标制的推行，规范了工程质量行为。其三，有利于从法律角度上确立参与工程建设各行为主体的质量责任，促使质量主体承担各自的职责。其四，有利于质量监督保证体系的三个层次的形成和完善：即责任主体业主、施工单位等的质量保证体系，受雇于业主的监理单位的社会监理保证体系和政府监督体系的建立、完善和有机互动，提高工程质量。过去的质量监督站的工作实质上是仅履行了工程监理的一部分职责，成为企业质量检查员。市场经济条件下，要遵循建设工程质量的客观规律，充分依靠和发挥市场机制的激励作用。政府站在立法、执法的地位，通过加强对参与工程建设各行为主体寻租行为的事前监督机制，和完善对工程建设中各行为主体寻租行为的事后惩罚机制，依法监督和惩罚各行为责任者的违规行为，增强各行为主体的自律能力，提高行业整体素质，保证工程质量。

（5）竣工验收方式由为建设单位核验质量等级转为向备案机关提出备案报告，进行备案登记管理

原来的政府工程质量监督站的职责之一就是向建设单位（业主）出具工程质量等级核验报告，这样就使得政府监督机构变成了质量责任主体，成为替建设单位（业主）打工的工程建设的四方责任主体之一，失去了代表政府进行工程质量监督的执法地位，丧失了代表公众和社会利益对建设单位（业主）

工程质量行为的监督能力，使工程建设核心主体之一——建设单位轻而易举地推掉工程建设的质量责任。竣工验收工程质量监督方式的转变，进一步明确了建设单位组织工程质量等级评定的业主责任地位，摆正了政府建设工程质量监督机构的委托执法职责，工程竣工备案制度是政府实施工程质量监督管理的一个重要环节。

2.4.6 工程质量政府监督管理工作方法特征

科学的政府建设工程质量监督工作方法是有效实施建设工程质量政府监督管理的重要保证。随着我国市场经济体制的发展和日趋完善，当今科学技术迅猛发展和国际经济一体化加剧，在市场经济条件下，要确实保证建设工程质量政府监督管理有力、有效，就必须利用现代信息技术手段改善政府建设工程质量监督管理的工作方法，充分体现法律法规国际化、管理手段现代化、监督工作行为法律化和管理方法科学化的特性，促进政府对建设工程质量的监督管理。

（1）法律、法规、标准的国际化

我国加入 WTO 后，首先面临的就是"游戏规则"问题，法律要健全，要符合国际惯例。建筑企业工程质量保证体系的 ISO9000 国际认证，体现了国际化的原则。同样，进行政府工程质量监督也需要符合国际惯例，需要建立和完善一整套与国际惯例接轨的建筑法律、法规和标准规范，建立和完善与之相适应的监督管理体制和市场运作机制，建立和健全与之相配套的监督管理模式和方法，为建筑行业国际一体化创造条件。符合国际惯例的标准化法律、法规体系，有利于我国建筑企业熟悉国际市场规则，规范市场行为，提高国际市场竞争能力，也有利于创造条件引进国际投资、服务、承包业在中国投资，促进全行业的整体发展。

（2）监督工作行为法制化

依法监督工程质量是建设工程法制化管理的重要保证。建设工程质量政府监督管理的主要依据是法律法规和工程建设强制性标准。加大工程质量监督力度，规范市场行为和主体质量行为，提高工程质量，必须要有严格的法律、法规作保证。必须要有公正、独立的政府质量监督机构依法进行强制性监督执法行为。只有依法监督才能提高监督的法律地位和法律效应，促进工程建设管理法律化。

（3）监督手段现代化

以信息技术广泛应用为标志的信息时代，充分利用计算机技术、信息技术和网络技术是保证现代化管理的重要手段。政府工程质量监督管理信息化、网络化是实现工程质量档案网络管理、实现工程管理资源共享的前提条件，是提高监督管理水平和管理效能的重要保证,也是管理方法科学化的重要标志。

(4) 监督方法科学化

一是利用科学的监测仪器和设备,提供准确、科学的数据,是政府工程质量监督科学性和权威性的基础。二是建筑技术发展,智能化建筑的出现,需要用科学的方法对其进行质量监督检测。政府工程质量监督的科学化是促进建筑业科技进步的重要条件。

2.5 构建工程质量政府监督管理评价体系

1984年起我国实施了建设工程质量政府监督管理制度,25年来经历了建立、规范和深化改革三个阶段,构建了参建主体、业主及其代表业主利益的监理单位等中介组织,以及代表政府和公众利益的政府质量监督三个层次分明、体系完整、良性互动的建设工程质量监督体系。政府监督是最高层次,其监督内容涵盖了建设工程所有主体的质量行为、活动过程和实体质量,是全面、全方位、全过程的质量监控。政府质量监督过程实际上就是对建设主体质量行为的规范性、活动过程的科学性和实体质量的符合性的评价、检验和决策过程,其基础是科学评价,它是建设工程质量政府监督科学有效的前提;同时,政府质量监督有效性也离不开对监督机构市场行为和监督效果的考核与评价,这是规范质量监督行为的保证。因此,加强建设工程质量政府监督管理评价研究具有重要的理论价值和实践意义。

2.5.1 工程质量政府监督管理评价的意义

建设工程质量政府监督管理评价既包括监督机构的监督业务评价,也包括监督市场的管理评价。监督业务评价是提高监督决策科学性的基础;监督市场管理评价是规范监督市场行为、提高监督有效性的手段。监督市场评价有利于监督市场健康有序发展,提高建设工程质量政府监督管理整体水平;监督人员评价有利于监督从业的行业管理,增强监督市场要素的素质,促进监督人员有效履行监督执法职责,提高监督执法水平;考虑主体质量行为和质量体系运作的监督业务评价,有利于规范政府质量监督的行为,提高建设工程质量政府监督活动的科学性,保证建设工程质量政府监督管理的有效性。

(1) 监督市场管理评价是有效开展市场管理的基础

监督市场管理评价是监督市场管理的需要,是监督机构与人员有效激励的基础,是有效利用市场竞争机制调节和配置监督资源的需要,有利于实现区域分配与单项工程招标相结合的社会化改革。建设工程质量政府监督以市场准入制为基础的不完全竞争条件下的社会化改革,其监督业务的委托以区域划分为主，区域划分与项目授权委托相结合的监督市场机制，具有相对区域垄断的特征，是不完全的竞争市场，仅靠市场的力量不能完全激发监督机构和人员的积极性，必须加强对市场要素——监督机构和监督人员的管理，纯洁监督市场环境。加强监督市场的管理需要对市场要素的活动与行为实施管理，把对监督机构和人员监督过程、监督业绩的管理与其年鉴、清退制度、资质的晋升和降级结合起来，对监督机构和人员业绩实施考核与评价，评价的结果是鉴别激励与约束的尺度和准绳，通过评价适当调整监督机构的区域范围和监督人员的工作任务，改善项目市场竞争授权委托的规则，就能更有效地发挥市场手段优化监督资源配置，把大的区域和重要的项目授权委托给优秀的监督机构和训练有素的监督人员，充分发挥监督优秀资源的高效益，提高建设工程质量政府监督管理的整体水平。监督市场管理评价有利于以监督市场行为管理为重点，监督价格竞争为导向，引导监督企业提高监督管理能力和水平，规范执法监督行为，提高建设工程质量政府监督管理的有效性。

(2) 监督业务实施评价是政府质量监督科学性的关键

实施监督业务评价包括质量实施能力评价、施工过程质量评价和竣工备案评价涉及事前、事中和事后三个阶段。实施建设工程质量能力评价是监督机构认识主体的基础，是监督机构设计事后监督审查的重要手段，是有的放矢制定监督计划的前提，是实体质量事前控制、以人为本的监督思想的重要体现，是规范建设业主质量行为的重要措施。实施建设工程质量过程监督评价是严格监督过程，全过程有效监督的重要环节，是督促建设主体规范质量行为、实施质量保证体系运作、严格质量检查把关的重要手段，是有效保证工程质量的关键。工程施工过程政府质量监督要围绕地基基础、主体结构和环境质量的中心内容对建设主体的质量行为活动、质量保证体系运作、实体质量进行定期与不定期的检查监督，做出是否符合质量标准的决策，要保证决策的科学性，就必须以综合评价为基础做出判断。实施建设工程竣工备案评价是全面评价建设项目质量水平，规范政府监督行为，提高建设工程质量政府监督的有效性，有效维护国家和公众建设工程质量利益，确保建设工程安全使用，公正地调节建设主体的利益关系；是激励建设主体，检验质量能力评价的科学性，促进监督效益提高的重要手段。

2.5.2 国内外政府质量监督管理评价研究现状

国外建设工程质量政府监督评价，一是从降低监督成本的经济性考虑，以承包商的质量统计数据为基础的二次分析评价方法研究，主要有假设检验、显著性检验、t检验、F检验等，是着眼于承包商为主导的质量控制和质量体系的监督，重点在于建设工程实体质量形成结果的监督评价；二是人员素质管理强调人员培训评价，重视各类质量人员培训计划和统计评价模型的研究。其理论研究和实践应用都还限于监督机构的业务工作层面，缺乏整体监督市场管理评价研究和系统全面的多层次评价体系互动影响的评价研究与实践应用；没有把质量行为过程和质量体系运作纳入质量监督评价的范围，是一种重视结果、忽视过程的监督评价方法。

我国工程质量政府监督管理理论研究起步较晚。世纪之交，工程质量政府监督管理深化改革，将由以实体质量监督为主向以质量行为和体系监督为主转变。近几年来，理论研究重点是发达国家建设工程质量政府监督管理体制、机制研究，实践应用侧重于改革后的监督方式、监督内容、监督方法转变。其特点主要从事定性研究，缺乏综合性的评价指标体系研究和评价方法的探讨。王素卿指出："存在的主要问题是工程质量安全监督与行业发展的基础性工作比较薄弱，对工程质量、施工安全、行业发展缺乏科学评价体系和及时的信息来源，难以把握行业发展趋势，难以提出前瞻性的政策导向，导致宏观指导和有效监督不足。"因此，在我国，完整、系统的建设工程质量政府监督管理评价有待深入研究。

2.5.3 工程质量政府监督管理评价研究构想

建设工程质量政府监督管理评价研究应基于系统观点，把监督市场管理、质量行为和质量结果评价有机结合起来，建立多层互动的评价指标体系，选择科学适用的评价方法，以管理实证研究为检验，形成系统完善的建设工程政府质量监督管理评价理论体系、评价运行机制和便于监督管理实践工作的评价方法和手段。

（1）基本要求

基于系统工程理论分析政府质量监督管理评价的本质特征，把监督市场管理、质量行为与质量体系监督有机结合起来，建立系统完整、多层互动的监督管理评价体系。

结合我国政府质量监督管理发展阶段，把规范建设主体质量行为和促进质量体系良性运转作为评价主要内容，以质量行为评价为核心，建立完整的监督业务评价体系。

根据不同评价内容和目的，选择评价方法和机制，准确反映评价客体的本质特征，实现评价过程可操作性和评价结果科学性。

以监督机构绩效评价优化监督市场划分和资源配置；以监督项目委托招投标评价，推动监督市场化；加强监督小组评价，规范监督执法行为，保证监督有效性；健全监督人员能力评价，激励监督从业人员提高素质和监管水平；强化质量实施能力评价，实现突出行为和体系监督的预控；完善施工过程质量评价，严格质量过程监督；开展竣工备案综合评价，落实监督机构法人负责制与监督工程师监督项目负责制，有效把住工程准入使用关，高效维护建设工程质量国家与公众利益。

(2) 技术路线

建设工程质量监督管理评价研究的技术实现过程应充分发挥理论与实践互动作用，既要注重理论的系统性和科学性，又要加强监督管理评价实践的可操作性。其研究实施技术路线如图1-2所示。

2.5.4　工程质量政府监督管理多层互动评价体系构建

构建系统、多层次建设工程质量政府监督管理评价体系是政府质量监督法制化、社会化、专业化改革的需要。按照监督管理评价的对象不同分为监督市场管理评价和监督业务实施评价两大部分。监督市场管理评价包括行业管理的机构绩效评价、市场行为管理的项目委托招标评价和监督人员评价；监督业务实施评价包括监督前实施能力评价、监督中主要分部监督评价和竣工备案评价。监督业务实施评价是基础，其有效性保证监督决策科学性，提高监督效率，促进监督市场管理评价；监督市场管理评价是手段，其合理性有利于规范监督行为，维护监督的权威性，保证政府质量监督管理健康发展。建设工程质量政府监督管理评价研究内容、实施途径与互动过程如图1-1所示。

2.5.5　工程质量政府监督管理评价研究概述

2005年以来，以建设工程质量政府监督管理理论研究为基础，开展了建设工程质量政府监督管理评价理论研究，以行为和体系监督为主的建设工程质量政府监督管理的监督市场管理评价和监督业务实施评价体系基本形成。2005年至2007年，在各类期刊公开发表学术论文有政府质量监督机构绩效评价体系的探讨、政府质量监督机构绩效考核灰色评价方法、建设工程质量政府监督项目招标评价体系研究、基于群体决策监督项目招标评价改进层次分析法、建设工程项目实施能力评价研究、建设工程质量实施能力模糊综合评价方法、建设工程项目竣工备案二次二级模糊综合评价方法、建设工程项目竣工备案评价机制研究、建设工程项目竣工备案评价体系研究等9篇。建设部立项研究后，又开展了工程质量政府监督管理评价构想、监督小组或监督人员绩效考核评价和施工过程监督业务实施评价等系统研究，发表学术论文6篇。在评价实践中，还需要进一步完善与改进基于理论研究的评价实践实施细则，促进理论与实践有机结合，推动建设工程质量政府监督管理科学评价，有效决策，保证建设工程质量政府监督管理的有效性。

第3章 工程质量政府监管机制改革与监管职能

建设工程质量政府监督管理机制是研究在相关法律、法规约束下，围绕建设工程质量的生产和建筑管理，监督机构的组织体系、制度体系，以及监督机构之间、监督机构与各建设主体之间、各建设主体之间，通过市场竞争机制的作用，构成相互制约的合同关系及监督管理关系。

3.1 工程质量政府监督管理体系变革

3.1.1 组织机构建设基本构想

建设工程质量政府监督管理是通过专业化组织的高智能监督管理工作实现政府对建设工程有效监管的重要组织措施，也是实现我国计划经济向市场经济转变条件下政府职能转变的基本途径。专业化人士及其组织的社会化专业监督管理服务是在我国社会主义市场经济体制下有效实施建设工程质量政府监督管理的必然发展方向，对于监督管理专业化人士及其组织的管理是提高专业化服务质量的重要保证。

由于建设工程项目专业分类繁多，项目规模大小差异巨大，项目本身的复杂程度不一，全国范围内建设工程技术进步程度不完全一致，因此，对于不同项目保证建设工程安全使用和环境质量的政府监督管理任务存在着不同的内涵，工作的复杂程度有较大差异，有效配置监督管理专业人士及其组织的知识和智力资源，是提高监管效能的重要课题，对其配置的原则应该是政府调节与市场机制相结合，实现监督资源优化配置。

在这样一个复杂的目标和任务要求下，其组织机构的建设应遵循管理与监督分开。管理机构主要进行监督市场的管理，监督人员的培训、考核，监督机构的管理以及监督任务的调配等管理职能。监督机构以实施建设项目的质量监督任务为主要目标，通过专业人士的有效监督，保证建设工程质量的国家和公众利益不受损失，保证建设工程使用安全和环境质量。具体实施：通过施工前的设计审查监督、招投标监督、合同监督和有关审批手续的监督实现建设工程质量事前监督。通过以地基基础主体结构和环境质量为核心内容的监督，实现各建设主体实体质量形成中的有效投入、高效转化、高水平产出的有机结合，促进各建设主体质量保证体系良性运转，以投入、转化为重点，突出质量保证体系的保障职能，保证建设工程实体质量。以建设工程竣工备案制为重点，通过对竣工验收及其过程的监督，实现政府对建设工程质量的事后把关。

引进市场竞争机制，提高监督效率。具体地讲，管理机构受当地行政主管部门委托，负责所属辖区的监督市场管理，监督任务的委托，监督业务培训和监督机构业绩的考核等工作。在有条件的地区，批准和设立两个或两个以上的监督机构，引进市场机制，根据监督机构的能力、业绩进行区域监督范围的竞争划分，通过竞争提高监督能力和绩效，促进整个建设工程质量水平的提高。同时，对于监督机构从事建设工程项目的监督任务必须在其资质范围之内，以保证专业监督的有效性。这样就涉及按区域进行市场划分与按项目划分相结合的市场管理机制，也就是对所在区域监督机构不具备的一些大型或专业工程项目建设，进行跨区域的监督机构资源配置和调节，跨区域配置资源也必须坚持市场的有序、有效竞争，把竞争机制引入市场配置中，就是要一方面扼制管理机构乱用权限的腐败现象；另一方面市场竞争促进监督机构的监督能力提高。

实现监督市场要素改善，保证建设工程质量政府监督管理的有效性。监督机构的建立应该是具有法人资格的独立企业主体，其组成的核心是一批具有专业知识、懂技术、懂法律、懂管理的复合型监督专业人士，通过专业人士资质审批与聘任分离，把具有专业人士资格，积极负责，踏实工作的专业人士的能动性充分调动起来，以专业人士的活力增强监督机构的竞争力，以自身竞争力的提高获得更多的市场区域范围的建设工程项目监督，提高监督机构本身的效益和监督质量效益，积累监督机构的业绩和资信，提高机构的资质，使监督机构按照专业化组成、社会化服务、市场化竞争的机制健康发展。

监督机构建立的核心是专业人士，专业人士的管理是监督市场管理的重要内容，专业人士的管理主要包括对专业人士的培训，专业人士的行为规范管理，专业人士资质的考试、考核、考评与审批，专业人士的聘任等，专业人士监督管理水平的提高是建设工程质量政府监督管理的最有效的保证。

3.1.2 设立省、市、自治区工程质量监督管理总站的意义

监督职能与管理职能分开，就需要设立省、市、自治区建设工程质量监督管理总站，其意义在于以下几个方面。

(1) 推进政府质量监督市场化

"社会主义基本特征是社会公正＋市场经济"，我国建设工程质量政府监督机构改革的方向就是社会化、市场化，就是要确立监督主体的法人地位，独立承担监督责任，有效配置监督市场资源，提高建设工程质量政府监督的有效性。实现这一目标，就需要从市场准入抓起，实现监督市场的全面统一管理，

根据我国政府机构精减高效的原则，这样的专业市场业务管理应该由专业化的专门机构管理，这就需要一个独立于监督机构之外的专门管理机构的成立——即监督管理总站，由它代表政府统管政府质量监督市场，实现建设工程质量政府监督过程中的社会公正、公开、公平，公正地分配监督业务，指导监督机构公正地处理好各参建主体的质量利益冲突以及各建设主体与国家和公正的质量利益矛盾，通过市场机制的有效运转，充分调动监督机构和监督人员的积极性和主动性，提高监督资源分配效益，有效地履行具有独立法人资格的政府监督机构的监督职责，全面提高监督水平和效能，确保市场规范健康发展，有效地保证建设工程质量的国家和公众利益。

(2) 规范政府建设工程质量委托行为

建设工程质量政府监督机构是受当地建设行政主管部门授权，代表政府对建设工程的安全使用和环境质量的监督，监督机构社会化，监督业务市场化后，就存在公众授权问题，为了减少和避免授权过程中的寻租行为和腐败现象，提高授权委托的透明度，就必须规范授权过程和行为，成立建设工程质量监督管理总站，形成有形的监督授权市场，引进竞争机制，把项目授权的过程市场化、规范政府授权程序和授权行为提供场所，把授权活动纳入规范管理中，这也是监督管理总站的主要业务工作之一，行政权力如果同买卖行为结合在一起，就会破坏市场机制，被行政权力扭曲的、没有竞争的市场权力比没有市场更有害，表面上存在市场，实则权力资本膨胀。通过监督管理总站在其辖区范围内形成"一体化的市场"，使监督资源合理流动，实现监督资源的合理配置和高效利用，实现监督社会效益的最大化，市场规则面前，人人平等，是市场经济的重要原则，管理总站就是要在辖区范围内创造公平竞争的环境，高效规范的授权程序，提高授权监督的透明度，在政府有效服务的过程中从根本上保证建设工程质量政府监督的效能。

(3) 加强政府质量监督机构和人员的管理，改善监督市场要素

建设工程质量政府监督是专业化的技术监督服务，加强对监督人员和机构的技术指导和培训，加强对其的考核与考评是监督市场管理的重要内容，尤其是在监督市场这个不完全竞争的市场中更为重要，它不仅要求严格把好市场准入关和监督资质资格的注册登记，而且由于技术进步带来的建设工程质量管理的新要求的需要，对市场监督机构和人员进行定期的培训，更新知识结构，提高技术水平和监督能力是尤为重要的。建设工程质量政府监督管理总结，就是要站在行业发展的高度，不断推进行业技术进步，以监督市场要素的高质量保证监督市场的规范运作，提高监督效益，保证建设工程质量。监督管理总站要制定引进人才的有效政策，激励监督机构和监督人员投身于监督事业，把监督的知识化和人才战略放在首位，做好监督机构和人员的规范、引导、总结、考核、评价、交流、指导等方面的工作，

做好监督机构的资质和监督人员的资质管理工作,把市场准入和市场清出制度落到实处,保证监督市场健康有序发展。

(4) 建立健全政府质量监督制度,以监督市场的规范化管理促进监督主体和建设主体之间的良性互动

建立市场经济制度最根本的问题就是建立市场规则。确定公平竞争的市场规则,监督管理机构就必须有公正的执法规则,认真改进对监督机构和监督人员的服务。建立规则包括两个方面:一是内部制度的规范化;二是监督市场运作的规范化和监督行为管理的规范化。监督管理总站要做好四个方面的工作:

第一方面要建立平等竞争的规则,模范地遵纪守法,严格执法;

第二方面要切实保护监督机构、监督人员和政府与公众建设工程质量的一切合法权利;

第三方面就是促进监督机构建立健全法人治理结构,把企业运营机制列入监督机构的业务行为;

第四方面就是全力改善监督授权委托的交易环境,使交易规则、交易程序严格按照法定的制度进行,提高监督市场有效配置监督资源的效率。

通过有形市场,实现监督管理工作的公开、公平、公正,决不能把本身属于政府的独有垄断行为转移到管理机构的垄断行为。

(5) 提高工程质量政府监督管理的信息化程度,推动建筑业整体改革

建设工程质量政府监督管理机构改革,是建筑业整体改革不可分割的一部分,是推进行业整体发展的重要措施,规范化的政府质量监督,将有效地促进建设主体的行为规范化,建立质量保证体系,加强建设工程质量管理,提高质量保证能力,保证建设工程质量。建设工程质量政府监督机构改革的关键是职能的准确定位,只有职能定位,机制根本转变,机构的改革才能有效实现。实现监督与管理分开,区域授权和项目授权相结合,监督机构社会化,监督活动市场化,监督主体法人化,依法承担监督责任,通过市场有限竞争配置资源,是建设工程质量政府监督改革的方向,监督管理总站在制定这些政策、推进监督机构改革上有着不可推卸的责任。建设工程质量监督的有效性,同时也离不开监督管理的信息化建设,通过监督管理总站把监督市场的信息统管起来,实现监督信息资源的共享,必将推进建设工程质量政府监督工作,提高监督的效能。包括:监督机构、监督人员、监督业务、监督结果、业绩考评、专业培训等有关信息。实现监督信息的有效管理,提高监督信息的价值性。

3.1.3 新时期组织机构的设立

监督机构设立按区域和专业划分相结合,以资质管理为主导,实现其监督机构的专业化、社会化,提高监督机构市场要素构成的素质,增强监督能力和

水平，保证监督的有效性。

管理站、监督站设立的条件和审批注册程序按有关规定执行。监督人员实行资质管理和执业资格管理制度，通过制度性准入制度，提高监督市场要素的质量。

随着全球经济一体化和建设工程国标化的发展，符合政府建设主管部门发展改革趋势的环境、交通、建筑集成化机构，必然要求建设工程质量政府监督实施统一管理，形成自上而下一条线，管理机构与监督机构分离，按实际监督机构资质和执业范围对不同性质、不同专业、不同规模的建设工程质量实施政府监督管理，以促进建设工程质量政府监督的社会化和专业化发展，以市场机制调节和改善政府对建设工程质量政府监督机构的管理，提高监督机构的人员素质、整体素质、体系素质和监督管理能力，从而有效地加强政府对建设工程质量的监督管理，促进建设工程质量的整体提高，推动建筑行业和国民经济的整体发展。

建设工程质量政府监督管理体系发展，应体现全面、全过程、全方位的监督思想，监督与管理分开，政府监督任务委托的有形市场化，按工程项目委托与按资质委托相结合，把提高监督有效性和监督能力与业绩考评和监督资质管理结合起来。建设工程质量政府监督管理体系如图 3-1 所示，建设工程质量全面监督体系如图 3-2 所示，建设工程质量全过程、全方位监督体系如图 3-3 所示。

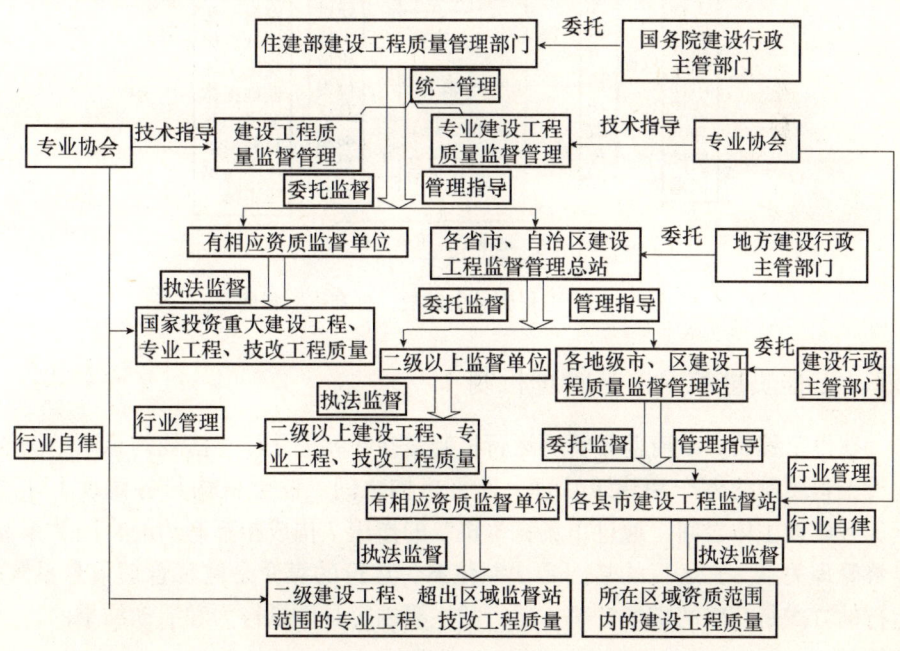

图 3-1　工程质量政府监督管理体系

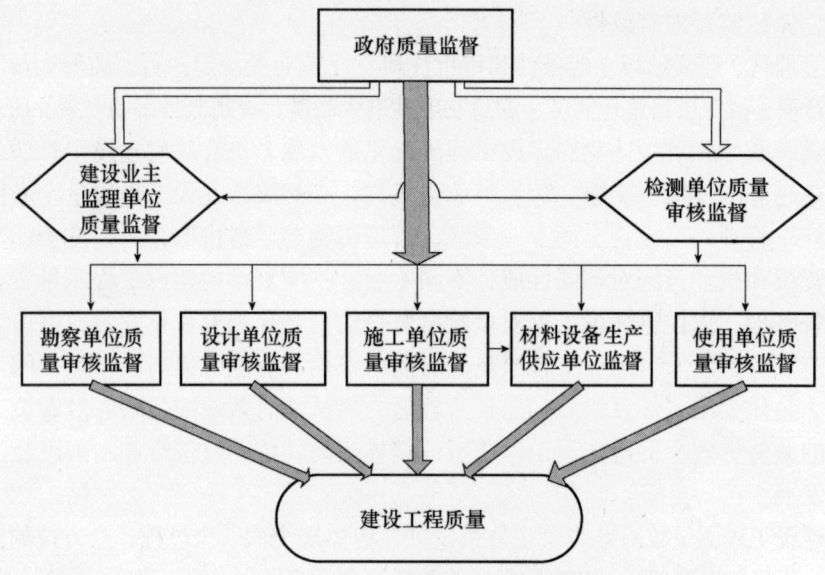

图 3-2 建设工程质量政府全面监督体系

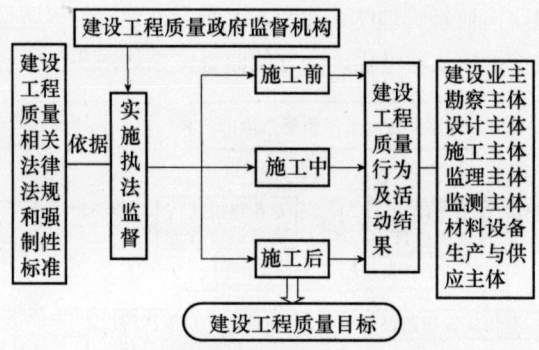

图 3-3 建设工程质量全过程、全方位监督体系

3.2 工程质量政府监督管理机制

建设工程质量政府监督管理运行机制是指在相关法律、法规约束下，围绕建设工程质量的生产和建筑管理、监督机构之间、监督机构与各建设主体之间、各建设主体之间，通过市场竞争机制的作用，构成相互制约的合同关系及监督管理关系。其运行的基础是法制体系，运行的媒介是监督管理信息系统，运行的方式是有序的市场竞争，运行的主要内容是质量行为和活动结果的符合性评价。

3.2.1 工程质量政府监督管理法制体系

建设工程质量政府监督管理法制体系，是基于法的定义和特征，依法行使强制性监督的保证和基础，它的内容包括其法制内容、立法程序、执法过程、法的修改、法制约束等，是建设工程质量政府监督管理的法制基础，是从事质量监督管理工作的依据和准绳，在我国建立健全建设工程法制体系具有明显的现实意义。

(1) 工程质量监督法制管理的基础工作

建设工程质量监督法制管理的基础工作包括：加强立法工作，建立完整的质量法规体系；建立健全质量监督管理机构；加强质量监督检测机构的建立和管理；建立一支培养有素的质量监督执法队伍。

(2) 工程质量监督法律管理的内容

建设工程质量监督实行法制管理，就是国家依据法律法规对建设工程质量实施监督活动的管理。包括国家监督抽查、日常监督、质量仲裁、对违反质量法规者的处理等。建设工程质量监督的全部活动，都应依据法律、法规和强制性建设工程技术标准，严格依法进行监督管理。

(3) 工程质量监督法制管理的处罚程序

对违反建设工程质量法规者的主要处罚形式有：通报批评，限期整改，停产（停业）整顿，罚款，没收非法收入，吊销营业执照（许可证）、合格证，对触犯刑律的依法追究刑事责任。

处罚工作程序分为简易程序和一般程序。简易程序，就是对事实清楚、情节轻微、不需要调查取证的违法行为，采取批评教育、限期整改、小额罚款等处理方式。一般程序是指需要调查取证、立案处理违法行为的方式，它需要由立案、调查、审理、移送或送达、复议、应诉或执行、结案、归案等程序组成。

(4) 工程质量政府监督管理法制依据

建设工程质量政府监督管理法制依据包括三个方面：一是法律：建筑法，招标投标法，合同法，产品质量法；二是法规：建设工程质量管理条例，地方建设工程质量管理规定，行业自律等规定；三是技术标准：强制性标准，推荐标准，新技术、新工艺、新方法标准。

3.2.2 工程质量监督信息管理

建设工程质量监督运用信息化手段，实施建设工程质量监督管理的信息化，是提高建设工程质量监督管理水平的重要措施。建设工程质量问题的特点是大多数表现为隐患，一旦不利荷载组合，房屋就会倒塌，要实施建设工程质量终身负责制，就必须利用计算机信息化手段把建设工程质量形成中的建设主体的质量行为和活动过程记载下来，才能使事故直接责任者绳之以法。建设工程质量监督信息化，是对建设工程质量实施公开、公平、公正执法监督的重要手段和媒介。建设工程质量监督信息化，有利于提高监督管理效益。对材料试验、工序质量检查、隐蔽工程验收实现计算机信息记录，工程质量的最终检验和监督就会变得非常容易，施工图设计审查通过计算机手段进行，必然提高施工图设计审查的科学性、高效性。总之，加强建设工程质量监督管理，必须加强建设工程质量监督的信息管理。加强建设工程监督信息管理要在全面认识其信息特征的基础上，建立适合现代监督运作的信息管理模式，了解其有机构成，进行合理分类管理，分层共享信息资源，规定其监督信息的内容和活动过程，提高信息管理和使用的有效性。

（1）工程质量监督信息及其管理的定义

建设工程质量监督信息是建设工程质量信息的重要组成部分，是在建设工程质量监督活动中形成的，反映建设工程质量监督过程的数据、报告、资料等的总和。建设工程质量监督信息是实施和加强建设工程质量监督管理的基础，及时、准确地掌握比较丰富、翔实、完整的建设工程质量监督信息是依法公正、公平、公开实施建设工程质量监督管理的前提，是搞好建设工程质量监督管理工作的重要手段。

建设工程质量监督信息管理是指对建设工程质量监督信息的收集、整理、加工处理、存储、反馈与交换的信息流程的规划、组织、协调和控制过程。

（2）工程质量监督信息管理的基本任务

实现最优控制。控制是建设工程质量监督的主要手段，控制的主要任务是把计划执行情况与计划目标进行比较，找出差异，分析差异，排除和预防产生差异的原因，实现总体目标。建设工程质量监督信息是实施建设工程质量监督过程控制的基础。建设工程质量监督的控制活动过程是建设工程质量监督信息流程的重要组成部分。加强建设工程质量监督信息管理，要有利于建设工程质量监督计划目标的实现，有利于实现建设工程质量监督的最优控制。

进行科学决策。建设工程质量监督决策正确与否，直接影响建设工程质量管理总目标的实现，影响建设工程质量监督机构和监督工程师的形象和信誉，影响建设工程质量监督制度的高效执行，建设工程质量监督决策必须具有科学性、合理性、正确性。实现建设工程质量监督决策正确性，取决于建设工程质量监督运行机制的良性运作。建设工程质量监督工程师的知识水平和决策能力，更要依赖于建设工程质量监督信息的准确性、及时性、科学性。因此，建设工程质量监督工程师在建设工程监督过程中，必须充分收集建设工程质量信息，科学地加工、整理、处理信息，以真实可靠的建设工程质量客观信息为依据，提高建设工程质量监督决策的科学性、正确性。

及时解决工程质量中存在的问题。建设工程质量监督信息要及时、准确地反映建设工程质量形成的客观过程，根据建设工程质量信息反映的建设过程和存在的工程质量问题，建设工程质量监督管理部门要能够迅速分析、及时解决质量问题，这是建设工程质量监督时效性的基本要求。信息的收集、提供要及时，信息的分析、处理与反馈也要及时，整个信息流程过程都要服从时效性要求，以减少和避免重大工程质量事故的发生。

实现信息共享，提高建设工程质量监督工作的透明度。建设工程质量监督信息网络化，有利于建设工程质量监督的公开、公平、公正执法，有利于实现工程质量监督信息共享，有利于加快信息传递、反馈的速度，提高监督工作效率，有利于建设工程质量监督工作接受社会监督，增强监督工作透明度。使用计算技术实施建设工程质量监督信息管理，是实现建设工程质量监督信息管理职能，有效实施建设工程质量监督的重要手段。

（3）工程质量监督信息的流程

建设工程质量监督信息的流程反映了建设工程质量监督与建设工程相关部门之间进行建设工程质量控制、监督的相互交流关系，是实施建设工程质量监督管理工作过程的信息形态的体现。为了使建设工程质量监督管理工作顺利开展，必须使建设工程质量监督信息在上下级之间、内部组织与外部环境之间进行流动。这就形成了建设工程质量监督的"信息流"，信息流动的过程反映了建设工程质量监督管理工作实施的过程。建设工程质量监督信息流常见有以下四种类型：①自上而下的信息流。②自下而上的信息流。③横向间的信息流。④以信息管理部门为集散中心的信息流。

（4）工程质量监督信息的构成

建设工程质量监督信息按其载体表现形式可分为三类：文字信息、语言信息和其他信息。文字信息主要包括国家和省、市有关质量管理法律、法规、规章及规范性文件；国家有关工程质量强制性标准；工程质量管理规定及办法；工程质量监督工作计划；工程质量监督档案；工程质量检查报告；各种报告、请示、下发文件等。语言信息包括口头布置工作、汇报、检查、交流、介绍、建议、批评、讨论、会议等信息。其他信息包括计算机网络、电视、录像、录音、广播等信息。信息的形态随着载体的变化可以转换，随着计算机网络的推广与普及，以网络为载体的建设工程质量监督信息是信息管理的发展方向，是实现建设工程质量监督信息共享的必要手段。

(5) 工程质量监督信息分类内容

建设工程质量监督信息可以有多种不同的分类，以建设工程质量监督的责任主体为主要对象可分为七大类内容：①建设单位质量管理信息。②勘察、设计单位质量管理信息。③施工单位质量管理信息。④工程监理单位质量管理信息。⑤建设工程质量保修管理信息。⑥质量检测机构管理信息。⑦质量监督机构管理信息。

(6) 工程质量监督信息系统建立的原则

建立一个符合实际需要、使用方便、功能齐全、运作高效的建设工程质量监督管理信息系统，是有效实施建设工程质量监督信息管理的前提和基础，是实施建设工程质量监督高效运转的重要手段。因此，首先要从组织上建立健全质量信息管理系统，以便对建设工程质量监督信息实施科学的、有效的管理，各建设工程质量监督机构要根据各自的实际情况，自上而下地建立各级质量信息管理组织，并形成完整的质量信息管理体系，全面、系统地负责质量信息管理工作。其次，建立建设工程质量监督信息系统是一项复杂而细致的系统工作，应该统筹规划、合理设计、上下兼顾、运作有序。因此，建设工程质量监督信息系统的建立应遵循以下几个原则：①满足建设工程质量监督实际工作的需求。②满足建设工程质量监督系统管理的需要。③坚持经济可行和有效性的原则。④建设工程质量监督信息管理要逐步发展。

(7) 工程质量监督信息管理职能

建设工程质量监督信息管理职能包括：①提出并确定对信息的要求；②实现信息的闭环管理；③确定信息流程各环节的工作程序和要求；④制定信息管理的规章制度；⑤对信息工作人员进行培训；⑥考核和评估信息工作的有效性。

(8) 工程质量监督信息的工作流程

建设工程质量监督信息的工作流程是：①信息的收集；②信息的加工处理；③信息的贮存；④信息的反馈和交换；⑤信息的传递。

3.2.3 工程质量政府监督管理制度建设

建设工程质量监督机构建立健全各项规章制度，是建设工程质量监督规范化的保证，是提高自身素质，增强监督管理能力的重要组织措施，建设工程质量监督是依法强制性监督，有法可依，执法必严是建设工程质量监督的法制要求，建立健全质量监督工作制度有利于提高质量监督人员的法律意识，提高监督工作效率。因此，加强建设工程质量监督机构的制度建设，是规范监督行为，提高监督效能，保证建设工程质量的需要。

监督市场管理制度：监督市场准入制度；监督市场招投标制度；监督市场清除制度；建设工程项目监督委托制度。

监督机构管理制度：监督机构资质考核制度；监督机构业绩考评制度；监督机构人员培训、轮训制度；监督人员的资质认可、考核制度；监督机构信息化建设与管理制度。

监督机构内部有关制度：建设工程质量监督机构的基本制度，包括行政管理制度、质量监督制度、技术管理制度、技术培训制度、监督评价制度、考核制度、激励制度等。

3.2.4 工程质量政府监督管理运行机制

建设工程质量政府监督管理机制是指政府实施建设工程质量监督管理的体制和运行机制，主要包括三个方面的内容：一是监督管理机构的组织设置及其隶属关系为主要内容的组织建设；二是基于建设工程质量内在本质要求的实施政府监督管理的依据及相关法律、法规建设；三是保证政府监督管理有效性的有关制度建设。

组织机构及其体系是实施建设工程质量政府监督管理的主体，其组织本身的性质、结构形式和组织的内在必然联系是监督管理机制研究的重点，是决定政府对建设工程质量监督管理成效的关键，建立适合于中国社会主义市场经济特征的完整、健全的政府监督管理机构体系，是推进建设工程质量三大监督管理体系良性运转的核心，组织结构体系建立符合市场经济要求，遵循建设工程质量形成中监督管理的内在本质规律，就能有效地促进建设工程质量的全面、全过程、全方位的监督管理，就能有效地促进建设工程质量整体水平的不断持续改进和提高，就能有效地维护和保障国家和公众的建设工程质量利益，进而促进建筑行业的强劲发展，推动国民经济的发展与进步。否则，就阻碍其良性发展，就不能有效地保护国家和公众的建设工程质量利益，就不能压制和杜绝频繁发生的建设工程恶性事故给国家、企业和人民生命财产所带来的惨重损失。

建立起科学合理的组织结构，使其有效行使政府监督管理的职能，就需要建立健全一整套的监督管理法律、法规和技术标准，它们是政府监督管理机构从事建设工程质量监督管理的法律准绳和规范依据，它们必须完整反映时代发展对建设工程质量的要求，体现建设工程质量中的国家和公众利益的意志，这就要求相关法律、法规、强制性技术标准的建立、实施都必须适应时代的要求，反映建筑业的技术进步和社会进步。科学准确地规定新时期建设工程质量中的国家和公众日益更新的需求，保障行使政府质量监督管理有准确可行的基准和依据，它们的特征应该包括两个方面：一是具有相对稳定性和执行的权威性，建立健全监督管理的法律、法规体制；二是具有一定的灵活性和定期可改进性，不断体现和反映社会技术进步、建筑业技术进步以及质量要求对其规定、标准的要求。

政府监督管理主体形成、监督管理依据的确定构成了政府监督管理机构从事监督管理工作的基础，如何提高其监督管理的有效性，和任何一个企业一样，离不开规范化的制度建设，完整、规范的监督管理制度体系的建设是提高监督管理的前提，这些制度建设包括有监督机构，人员的资质审批及年检制度，监督机构工作效能和绩效考评制度，监督人员轮训、培训制度，建设工程项目质量监督委托制度，监督市场管理制度，监督信息化管理制度以及监督机构本身的内部各项制度。制度的建设和实施，是监督管理行为规范化的前提，是推进建设工程质量政府监督管理法制化的基础，是提高监督管理效率的保证。

3.2.5 工程质量政府监督管理内部机制

建设工程质量监督管理的性质、法律地位本质上规定了对其监督机构、监督人员的基本要求，其合理体制的建立形成了分层管理、分区域监督与跨区域项目监督相结合的有效运作体系，规定了各层机构的职能和任务，明确了相应的权利和责任。

（1）工程质量监督机构的管理

建设工程监督机构管理应行业与政府管理相结合，它包括三个方面内容：一是资格认可机关每三年对建设工程质量监督机构进行一次资格审查；二是建设行政主管部门和有关部门应对其委托的建设工程质量监督机构的工作，定期或不定期地进行检查；三是以管理为主的省级质量监督机构统筹安排、全面推动全省的质量监督工作，要加强对下属质量监督机构监督工作的业务指导和管理。

（2）工程质量监督人员的管理

"以人为本"是建设工程质量管理核心，也是政府建设工程质量监督的关键，要保证政府工程质量监督工作的效能，就必须提高监督人员的素质，以高素质人员的高质量工作保证建设工程质量政府监督管理工作有力、有效。加强对建设工程质量监督工程师的资格管理，全面落实岗位责任，是工程项目监督实行监督工程师责任制，保证建设工程质量的根本条件。对于建设工程质量监督人员的要求应重点注意以下几个方面。

①质量监督工程师知识结构要求

熟练掌握建设工程有关法律、法规和建设工程强制性标准；有良好相关专业技术教育和知识并了解新技术发展的动态；熟练掌握建设工程质量检测手段和方法；熟练掌握质量监督与管理抽样检查方法；了解计算机软件、硬件的基础知识；掌握计算机网络基本知识，熟练使用监督管理信息系统软件；熟练掌握基本建设程序和建设工程质量监督工作程序；有较丰富的设计、施工、管理建设工程经验；了解和掌握建设工程管理的基本理论知识；了解或熟悉一门外语。

②对质量监督工程师品质素质要求

监督工程师品质是从事监理工作的首要条件，它的核心是对国家、人民的责任感和负责程度。也就是说，是否全心全意和尽职尽责问题。按其性质来说，他们必须认真负责、坚持原则、处理公正。监督工程师素质要求包括身体素质、知识素质、技能素质和能力素质四个方面。对身体素质的要求是：在感觉和知觉上则要求反应灵敏、身体力行；能吃苦耐劳，能坚守岗位和坚持在较长时间内连续工作。对知识素质的要求是：具有相应文化水平和专业技术知识，首先应参加监督岗位培训、考试，取得相应资格；具有较扎实的相应专业基础理论知识、工作经历和实践经验，同时对施工验收规范、技术规程、国家和地方强制性标准条文以及工程质量检查验收标准、检测检验方法要有较深刻的理解和掌握，对有关检测数据要有判断、分析、处理能力；对一些建筑新材料、新技术、新工艺的施工过程及其机理应有一定的理论知识基础和实践经验。技能是运用某种知识和经验完成一定的工作内容和工作量的活动方式，它包括某些操作技能和手脑并用的智力技能，对技能素质的要求是：具有熟练的监理业务工作技能。其中主要是业务管理和检查、检测技能。对能力素质的要求是：需要有多种能力的结合，其中主要的是识别和判断的能力、协调的能力，同时能用妥善的方法处理工程建设监理过程中遇到的问题，用简练的语言或文字表明所监督工程的建设状况。

③质量监督工程师的培训、考核、激励

工程质量监督工作是一项政策性和技术性很强的工作，工程技术不断创新发展，法律、法规、标准、制度也在逐步趋于完善和不断革新，不断更新质量监督工程师专业技术知识，不断提高自身素质和管理组织与协调能力，熟练掌握各个时期国家有关法律、法规和工程建设强制性标准是对于质量监督工程师更新知识结构的基本要求，质量监督工程师在职工作期间，要不断进行定期和不定期的培训，增强自律意识，努力提高自身素质，以适应工程质量发展的需要。

建立和健全对质量监督工程师监督工作能力和绩效考核、考评制度，不断完善考核、考评的指标体系，把质量监督工程师监督工作能力和监督绩效同其工资、奖励待遇结合起来，加强质量监督机构内部管理，加强行业自律，规范监督行为，提高监督工作效率和质量，促进建设工程质量的提高和建设行业整体发展。

建立良好有效的用人机制，引进人才、培养人才和使用人才相结合，建立健全质量监督机构人事管理激励机制，把一批掌握具备工程、管理、金融、法律、外语等多方面知识的复合型优秀人才吸引到工程质量监督岗位上来，努力培养一支政治强、业务精、作风正的高素质的建设工程质量监督执法队伍，充分调动质量监督工程师从事质量监督工作的积极性、主动性和能动性，以高水平的人才资源优势，培育建设工程质量监督机构的技术创新能力和社会市场竞争能力，保证工程质量，维护国家和公众利益。

3.2.6 工程质量监督机构的监督约束循环机制

建设工程质量监督机构的监督约束循环机制分内部监督约束循环机制和外部监督约束循环机制，内部监督约束循环机制由质量监督机构首脑、监督机构中层管理人员、质量监督工作人员组成循环监督闭环体系，质量监督机构内部监督约束机制如图3-4所示。

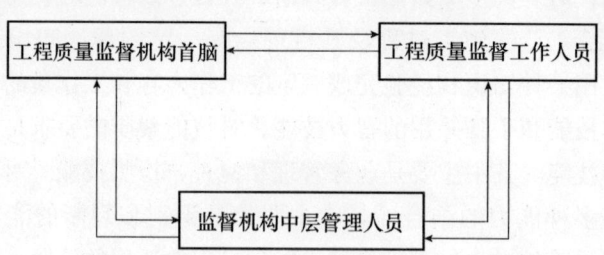

图 3-4 工程质量监督机构内部监督约束机制

外部监督循环机制是监督机构受社会环境约束、质量监督管理站行业管理和政府建设行政主管部门的管理，社会环境约束包括用户评价、公共媒介监督、社会监督、社会担保和社会检测五个方面，他们对监督机构的监督可以是直接的，也可以是间接的，直接监督产生直接的信誉影响，间接监督通过质量监督管理站在评价其绩效和招标评价中发生作用。政府建设主管部门可以根据委托关系直接监督管理质量监督机构的执法监督行为，也可以通过质量监督管理站的市场管理、行业自律来规范其执法监督行为。质量监督管理站在行使其管理职能的过程中，对质量监督机构实施全面、全方位的监督管理。质量监督机构外部监督约束机制如图 3-5 所示。

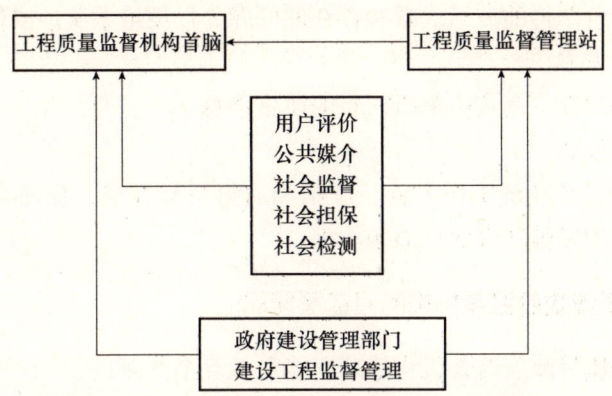

图 3-5　工程质量监督机构外部监督约束机制

3.3　工程质量政府监督管理职能与职责

建设工程质量政府监督是政府对建设工程质量实施计划、组织、指挥、调节和监督等一系列管理活动中一项重要职能，是保证建设市场健康有序发展的重要环节，其目的就是保障国家有关建设法律、法规和强制性技术标准在建设工程建设中有效地贯彻执行，维护国家和公众利益，促进建设市场良性健康发展，确保建设工程的结构安全和环境质量。

3.3.1　政府质量监督的一般职能

建设工程质量政府监督的一般职能包括以下七个方面：

（1）预防职能

提前排除问题和潜在的危险，并弄清原因，采取措施防止实现质量目标过程中出现大的失误。

（2）补救职能

排除产生质量缺陷的因素和弥补其后果。

（3）完善职能

发现和利用提高质量的现有潜力，对不断完善整个社会经济活动做出积极的贡献。

（4）参与解决职能

指导企业的生产检验工作，协助群众或社团参与质量监督活动，促进产品质量和企业管理水平的提高。

(5) 评价职能

证实和评价取得的质量成果和存在的问题,以便给予奖惩或仲裁。

(6) 情报职能

向决策部门提供制定决策所需要的质量信息。

(7) 教育职能

宣传社会主义经济工作方针、原则和质量目标要求,提高全民的质量意识,推进正面的经验和吸取反面的教训。

3.3.2 工程质量政府监督机构的监督管理职能

建设工程质量政府监督机构管理职能包括五个方面:

(1) 工程质量宏观管理职能

一是协助建设行政主管部门做好对参与工程建设各方主体的质量保证体系和质量保证能力、质量行为的控制管理。二是建设工程质量宏观统计、分析,参与制定质量政策。三是对检测机构检验工作的督察。四是参与工程质量事故的调查鉴定。

(2) 工程实体质量的监督评价职能

开展工程质量监督评价方法的研究,对受监工程在施工中的质量状况进行现场检测检查,对材料及建筑工程用品、设备质量监督检查,隐蔽工程检查和工程质量保证资料的同步检查,根据检查结果,对工程的质量状况做出全面的评价。

(3) 工程质量技术服务职能

一是对包括已建房屋、设备的质量状况鉴定,建材和无损检验服务,建筑工程用品的质量检测鉴定和认证。二是指导和促进企业建立健全质量保证与监督体系,提高质量能力和管理水平。三是对建设工程质量责任进行公平、公正、科学、独立的裁决,维护所有各方的建设工程质量权益。

(4) 检验认证职能

对预制构件、预制产品的质量检测及相应生产企业的认证管理职能和现场执法监督职能。

(5) 标准培训、宣传贯标职能

组织工程施工及验收规范、工程质量标准及质量管理培训学习的职能和宣传贯标职能。

3.3.3 工程质量政府监督机构的监督管理职责

建设工程质量政府监督机构监督管理职责概括起来有以下八个方面：

（1）监督报告签发职责

质量监督机构实行法人负责制，工程项目质量监督实行监督工程师责任制，建设工程质量监督报告必须由质量监督工程师签名并经工程质量监督机构主要负责人签发，方可生效。

（2）工程项目监督职责

根据有关法律、法规和强制性标准的要求，按照规定的监督工作内容和程序，依法对参与建设各个主体的质量行为和影响工程质量的问题实施执法监督管理。

（3）执法职责

按照有关法律、法规规定承担建设工程质量监督相应的监督管理执法责任。

（4）制度管理职责

建立和健全质量监督机构岗位责任制度和监督工作的各项规章制度，规范工程质量监督行为，提高工程质量监督的效能。

（5）行业自律职责

建立建设工程质量监督工作的行业道德规范，加强行业自律。加强对从业人员的培训教育，不断更新从业人员的专业知识，提高工作水平，促进监督管理工作。

（6）监督处置职责

工程质量监督机构在工程质量监督时，发现涉及结构和使用安全的质量隐患，可委托质量监测机构进行检测，经检测发现质量问题，由责任方承担检测费用。

建设工程质量监督机构在进行监督工作中发现有违反建设工程质量管理规定行为和影响工程质量的问题时，有权采取责令改正，局部暂停施工等强制性措施，直至问题得到改正。需要给予行政处罚的，报告委托部门批准后实施。

县级以上人民政府建设行政主管部门也可将建设工程质量行政处罚的具体组织实施工作委托给建设工程质量监督机构。行政处罚决定书必须盖有做出行政处罚的建设行政主管部门的行政处罚专用印章。

（7）定期报告职责

定期向委托的上级主管部门报告工程质量情况。根据抽查监督的数据，定期进行分析，向上级主管部门及领导报告质量形势。包括质量上升、下降情况的原因分析以及好坏典型等。

（8）法律责任

建设工程质量监督机构及质量监督工程师对监督的工程质量承担监督责任。

建设工程质量监督机构不履行监督职责，弄虚作假，提供虚假建设工程质量监督报告，或未认真执行质量监督工作方案而发生重大质量事故的，根据情节轻重，依法分别给予警告、通报批评、停止执行任务，直到撤销建设工程质量监督机构资格的处理。

质量监督工程师发生弄虚作假、玩忽职守、滥用职权、徇私舞弊等行为的，由主管部门视情节轻重，给予批评、警告、记过直到取消质量监督工程师资格等处罚；构成犯罪的，依法追究刑事责任。

3.3.4 工程质量政府监督管理总站的管理职能

建设工程质量政府监督市场的形成和运行，就必然要有从事市场管理的机构，统管监督市场，规范监督授权的行为，推动政府监督社会化，全面提高政府监督的效益。这样就自然形成了监督与管理分开，成立省、市、自治区的建设工程质量政府监督管理总站，代表政府以行业管理为主要工作，把制定市场游戏规则、市场要素调配、统一管理、整体推进作为主要职责，对监督机构的监督行为进行全面有效的管理，提高政府监督机构和人员从事建设工程质量监督的能力和水平，通过考核评价建立有效的激励与约束机制，充分调动监督机构和人员从事建设工程质量政府监督工作的积极性和能动性，引导监督市场良性健康发展，增强市场的透明度和公正性，减少和杜绝监督业务授权委托过程中的寻租行为和不良现象，从根本上确保建设工程的使用安全和环境质量。

工程质量政府监督总站的管理职能包括：监督市场管理职能，建设工程质量标准修订的组织管理职能，监督业务指导和培训职能，监督机构与人员的管理职能，基于监督评价的激励职能，宣传与信息发布职能，接受社会监督和总结汇报职能七个方面。

（1）监督市场管理职能

包括制定监督市场规则，规定市场交易程序，市场要素的管理，市场运行机制的选择，市场环境的培育，市场与外部市场的衔接，市场行为的监督管理，市场相关制度的建立、健全，市场维护，市场外部环境的协调，监督业务的委托招标投标管理等。

(2) 工程质量标准修订的组织管理职能

建设工程质量监督管理总站应结合本地实际,对从事建设工程质量监督的程序、方法、内容和标准,组织相关专家进行定期的修改,不断使监督的相关规定适应建设工程质量监督发展的实际需要,做好这些工作,就需要不断积累和发现实际监督过程中出现的问题,拟定具有前瞻性的规划方案,组织专家论证、起草、制定、贯彻实施,确保建设工程质量相关标准的水平与当地技术进步、生产力水平相协调,通过这些地方标准的制定和落实,通过监督使其落到实处,促进当地建筑业技术进步和生产力的发展。

(3) 监督业务指导和培训职能

建设工程质量政府监督是一项技术性、政策性、法律性都很强的专业执法工作,其特征之一就是要随着时代的发展不断更新监督技术、方法、方式和内容,实现建设工程质量政府有效监督。主要体现在以下几个方面,即对相关新的法律、法规和强制性标准的集中组织培训和轮训,新的监督检测方法、手段的推广和应用,不同层次监督人员的定期、不定期业务培训,监督行业规则的培训和指导实施,监督过程中发现的疑难问题的探索和处理,监督管理相关规则和先进企业管理方法的培训,监督业务的指导、技术交流、监督年会等。通过业务指导和培训,要全面提高监督机构和人员的素质、能力、水平,不断适应监督事业发展的新要求,实现监督过程科学化,增强监管能力,保证监督的效能,提高建设工程整体质量。

(4) 监督机构与人员的管理职能

监督机构社会化、监督人员执业资格职业化是建设工程质量政府监督主体的发展方向,加强对监督行业的自律和管理,是政府质量监督管理总站的主要工作之一,包括监督机构和监督人员资质要求标准的制定与管理,监督机构、监督人员的考核、注册、审查、年检等准入管理和对不良监督行为的监督机构和监督人员的登记处理等清退管理。

(5) 基于监督评价的激励职能

建设行政主管部门授权监督机构建设工程质量政府监督管理,从经济学意义上讲,是委托代理关系,存在着信息不对称现象,监督机构和监督人员是掌握监督信息较多的一方——代理方,只有充分调动起监督机构和监督人员的积极性和主动性,才能有效地保证政府建设工程质量监督目标的实现——确保建设工程的使用安全和环境质量,这就需要监督管理总站站在行业整体发展的角度,制定有效、科学的激励与约束机制,把双方信息不对称现象减少到最小的程度,激励与约束离不开考核与评价,建立一系列考核评价制度和评价体系,以评价为基础促进监督的激励与约束机制良性运转，实现评价与激励良性互动，提高监督的效率。

(6) 宣传与信息发布职能

建设工程质量相关法律、法规和强制性标准的不断更新性，决定了建设工程质量监督管理总站的基本职能之一，就是宣传、推广这些政策和标准，并通过监督机构和监督人员的监督行为得以全面落实。一是基于宣传需要，二是基于监督信息资源共享和公开公布的需要，建设工程质量政府监督管理总站对于建立和维护建设工程质量监督管理信息系统有着不可推卸的职责。开发和使用先进的监督管理信息系统，管理和维护信息系统的运行，通过信息系统实现政府质量监督的信息化，把监督机构、监督人员、监督业务、监督法律、法规和强制性标准、监督区域分割、监督项目的招标委托、监督机构和人员的考评结果、监督相关制度和政策、监督的结果等通过网络向行业和社会公布，增强政府建设工程质量监督管理过程的透明度，提高监督管理的服务质量，实现监督信息资源的广泛共享，提高信息资源的使用价值，提高建设工程质量政府监督效率。同时，信息系统的开发要注重与相关行业的兼容和互联，为推进建设工程管理全行业信息化、网络化、现代化奠定基础。

(7) 接受社会监督和总结汇报职能

建设工程质量政府监督管理的主要目的是代表政府维护国家和公众在建设工程质量的利益，把监督行为、监督过程和监督结果置于社会和公众舆论监督之下，是提高监督有效性的重要途径，独立于监督业务之外的建设工程质量监督管理总站，接受群众和社会舆论对监督机构和监督人员的社会监督，把社会对其工作业绩和效果的评价纳入考核评价体系，记录在案，作为资质、资格考核考评的重要内容，将会促进监督机构和人员规范监督行为，提高执法监督的法律效力。监督管理总站还要组织对特大型建设工程项目的稽查监督和对区域监督结果的抽查，并及时对稽查结果和抽查情况向上一级组织和建设行政主管部门做出书面汇报，要起到上传下达的作用，高效地建立起政府、监督机构、监督人员、建设主体、公众的服务纽带网，充分发挥好政府对建设工程质量监督管理的服务职能。

第4章 工程质量政府监督行业管理评价

建设工程质量政府监督评价研究，主要体现我国建设工程质量政府监督管理改革发展的基本要求和建设工程质量政府监督管理实践的基本规律，是开展以质量行为和质量体系监督评价为主要内容的理论与实践研究。监督行业管理评价包括行业群体——工程质量政府监督机构的管理评价、行业市场运行管理评价和监督人员绩效考核评价三部分。

4.1 工程质量政府监督机构绩效考核评价

行业群体的管理评价是对监督活动结果的评价，具体实施的核心是对建设工程质量政府监督机构绩效考核与评价。

为了推进我国建设工程质量政府监督工作，于2000年对政府建设工程质量监督管理制度进行了进一步改革，以委托执法向授权执法监督转变，使监督机构的法人地位得到确立，独立承担监督责任的监督机构基本形成，为建设工程质量政府监督的社会化和市场化奠定基础。但是，就目前而言，无论从监督的资质、监督的市场要素、监督的市场运作机制和条件都尚未成熟，以区域性垄断为主的监督机构的监督业务授权仍然是建设工程质量政府监督的主体，也就是说，每个区域基本上只有一家监督机构，事实上形成了监督业务的市场垄断，由于政府监督的特殊性，以市场准入的严格把关界线形成的监督市场，即使在实行资质等级划分，按资质接受政府授权的建设工程质量监督，也具有一定的局限性，是一种不完全的竞争市场，以区域划分授权范围为主，根据监督机构资质不同，实行区域划分和项目授权委托相结合的业务授权体制，将是我国建设工程质量政府监督事业发展的必然趋势。

4.1.1 工程质量监督机构绩效考核评价的意义

（1）监督行业市场管理的需要

建设工程质量政府监督的市场化，是以市场准入制为基础的不完全竞争条件下的市场化，监督业务的委托具有相对区域垄断的特征，也就是监督机构的监督业务是以所在区域建设工程质量的执法监督为主要内容，体现了监督业务授权委托以区域划分为主，区域划分与项目授权委托相结合的监督市场机制，不完全的竞争市场，仅靠市场的力量不能完全激发监督机构和人员的积极性，相对垄断一定程度上阻碍了监督效益的提高，因此，就必须加强对行业市场要素——监督机构和监督人员的管理，纯洁监督行业环境，加强监督市场的管理仅仅把好准入关是不够的，还必须加大对市场要素的活动与行为管理，把对监督机构监督过程和监督业绩的管理与其年检和清退制度结合起来，与资质的晋升和降级结合起来，要有效地落实这些制度，就离不开对监督机构业绩的考核与评价，基于考核评价基础的科学化管理，是有效管理监督市场的前提。

（2）有效激励的基础

建设工程质量政府监督业务的局部垄断性和市场的不完全竞争性，决定必须加强对监督机构的监督管理和约束，有效管理仅靠惩罚是不能调动监督机构从严执法的主动性的，需要设计有效的激励与约束机制，这是因为政府建设工程行政主管部门与监督机构就建设工程质量监督的授权委托关系，具有明显的委托代理特征，委托代理关系的信息不对称现象和逆向选择行为的存在，要求委托人通过有效的激励与约束机制，激发代理人——监督机构从严执法的能动性，使其从自身利益出发，自愿代表政府从严执法监督，确保建设工程质量，设计科学合理的激励与约束机制是必不可少的，但准确把握激励约束的尺度，对监督机构的监督行为、监督结果的考核评价是基础，评价的结果是鉴别激励与约束的尺度和准绳，只有建立在科学考核评价基础上的激励与约束机制，才能真正有效地使其起到奖优罚劣的作用，促进建设工程质量的有效监督。

（3）政府把握工程质量监督整体水平的需要

建立健全建设工程质量政府监督机构业绩考核评价制度，使其规范化、制度化，就能全面了解和掌握建设工程质量总体监督的水平和建设工程质量整体水平，通过全面、全过程的考核评价，把所有监督机构、全部监督行为和活动结果纳入考核评价的范围，就能准确地掌握监督市场情况和质量水平，有利于促进监督市场管理。

（4）有效利用市场竞争机制调节和配置监督资源的需要

通过对所有监督机构监督业绩的定期考核评价，及时掌握各个监督机构监督行为和活动结果的全面情况，发现监督区域分配和项目授权委托中存在的问题，适当调整监督机构的区域范围，改善项目市场之争授权委托的规则，就能更有效地发挥市场竞争的力量，优化监督资源配置，把大的区域和重要的项目授权委托给优秀的监督机构，充分发挥监督优秀资源的高效益，提高建设工程质量政府监督管理的整体水平。

4.1.2 政府质量监督机构绩效评价内容和指标体系

建设工程质量政府监督管理总站对监督机构的绩效评价可以基于不同的目

的，这里主要基于对其实施有效管理的考核评价，通过评价可以了解各个监督机构的监督工作整体状况，可以对监督机构工作绩效做出综合判断，比较出各个监督机构绩效的优劣，从而制定出相应的激励与约束政策，鼓励政府监督优良资产的监督活动，限制政府监督劣质资产的监督行为，创造监督机构之间的公开、公平、公正的监督市场竞争环境。

（1）工程质量政府监督机构绩效评价的主要内容

建设工程质量政府监督机构绩效评价可包括六个方面的内容：监督行为、监督工作业绩、监督人员、监督团队、监督装备和外部监督。

①监督行为

政府监督机构监督行为的考核可以从以下几个方面进行：监督机构的制度建设、监督计划与监督方案、监督程序的规范化、监督机构内部的激励与约束机制、监督人员的现场到位率、监督过程中的执法行为，监督登记和竣工备案的管理。

②监督工作业绩

监督工作业绩包括完成监督工作量（总面积和单位工程数两个指标同时考虑），监督过程中的惩罚处理数量和结果，监督工程项目的一次备案登记率、竣工工程的优良率（一是基于全国普查抽查的优良率，一是基于竣工备案评价的优良率）。

③监督人员

监督人员考评是就监督机构整体人员构成的综合考核，主要包括人员组成结构（包括年龄、知识两个方面）、监督工作能力（主要是技术水平和执法水平）、工作表现、创造能力、学习能力（定期培训和自学）、处理工程监督问题的能力和监督信息处理能力。

④监督团队

监督团队是以监督机构内部整体合作与协作、领导水平等侧面反映监督机构的工作绩效的，主要包括监督机构的共同价值观、监督各层次人员的职责和角色，各个层次人员之间的合作与协调、监督机构领导的水平和决策能力。

⑤监督装备

监督装备是监督工作效率的物质基础，也是绩效综合考评必不可少的条件，主要有两方面考虑：一是用于监督的检测仪器设备；二是监督机构的信息化和网络化建设。

⑥外部监督

监督机构从事监督业务所在地外部监督环境对于监督机构监督行为的规范是必不可少的，外部监督的程度反映监督业绩的社会认可程度，因此，对监督机构的监督绩效评价应该把外部监督的因素考虑进去。外部监督包括五个方面：用户评价、公共媒介评价、社会监督、社会检测、社会担保。

（2）工程质量政府监督机构绩效评价的指标体系

根据建设工程质量政府监督机构绩效评价的内容，建设工程质量政府监督机构绩效评价的指标体系如图 4-1 所示。

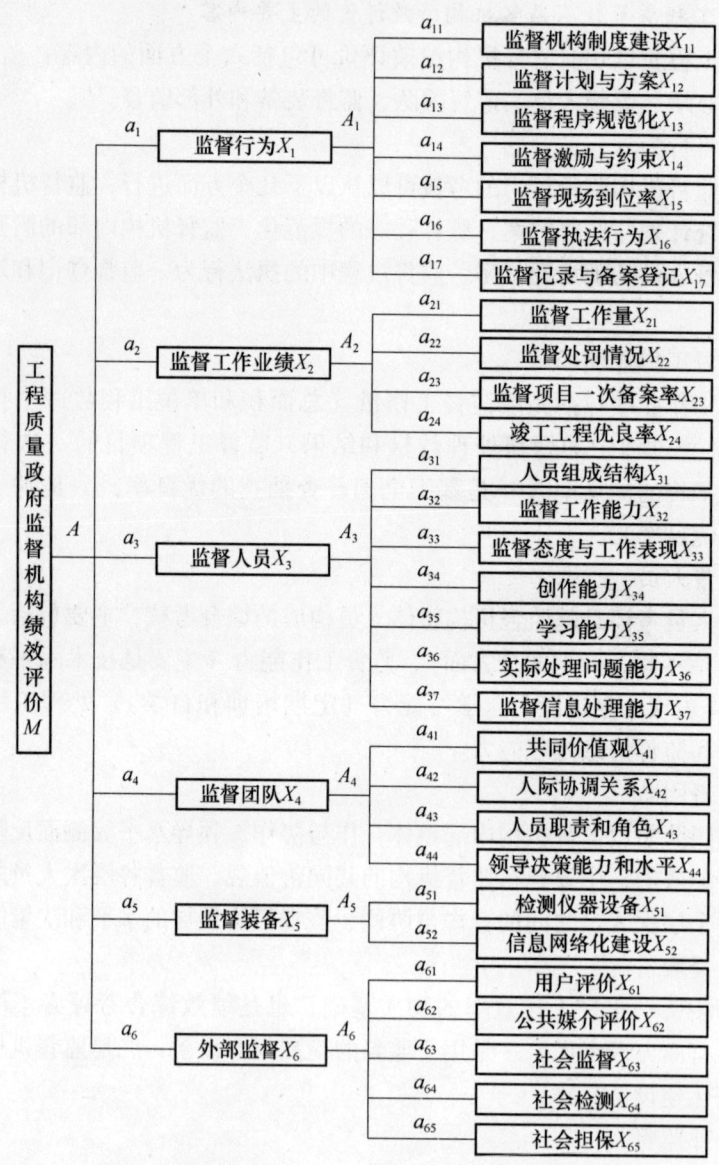

图 4-1　建设工程质量政府监督机构绩效评价指标体系

4.1.3 灰色评价方法在监督机构绩效评价中的应用

根据层次分析原理,本文对监督机构绩效评价指标体系按不同小组,拟定了具有三层的评价指标体系,每组为一个层次,最高层(目标层)、中间层(一级评价指标 X_i, $i=1,2,\cdots,m$)和最低层(二级评价指标 X_{ij}, $i=1,2,\cdots,m$; $j=1,2,\cdots,n$)的形式排列起来,形成三层次的评价指标体系(图4-1),根据图示的基本要素结构体系,运用递阶多层灰色评价方法对监督机构绩效进行测评。

根据图4-1三个层次的评价指标体系,即一级评价指标 X_i ($i=1,2,3,4,5,6$);二级评价指标 X_{1j} ($j=1,2,\cdots,7$)、X_{2j} ($j=1,2,3,4$)、X_{3j} ($j=1,2,\cdots,7$)、X_{4j} ($j=1,2,3,4$)、X_{5j} ($j=1,2$)和 X_{6j} ($j=1,2,\cdots,5$),对其绩效进行多层次灰色评价的过程可按以下步骤进行。

(1)确定二级指标的评价等级并给予相应的赋值

将 X_{1j} ($j=1,2,\cdots,7$),X_{2j} ($j=1,2,3,4$),X_{6j} ($j=1,2,\cdots,5$)的优劣等级划分为:好,较好,一般,较差;将 X_{3j} ($j=1,2,\cdots,7$),X_{4j} ($j=1,2,3,4$),X_{5j} ($j=1,2$)的优劣等级分为:强,较强,一般,较弱,并按表4-1给出各等级的分值标准分别为4分,3分,2分,1分。评价过程中,指标等级介于两相邻等级之间,相应评分为3.5分,2.5分,1.5分。

表4-1 专家评分细则表

评价指标情况	分值 定性等级	评分			
		4分	3分	2分	1分
监督机构制度建设 X_{11}		好	较好	一般	较差
监督计划与方案 X_{12}		好	较好	一般	较差
监督程序规范化 X_{13}		好	较好	一般	较差
机构内部激励约束 X_{14}		好	较好	一般	较差
监督现场到位率 X_{15}		好	较好	一般	较差
监督执法行为 X_{16}		好	较好	一般	较差
监督登记和备案登记 X_{17}		好	较好	一般	较差
监督工作量 X_{21}		好	较好	一般	较差
监督处罚情况 X_{22}		好	较好	一般	较差
监督项目一次备案率 X_{23}		好	较好	一般	较差
竣工工程优良率 X_{24}		好	较好	一般	较差
人员组成结构 X_{31}		强	较强	一般	较弱

续表

分值 评价指标情况	定性等级	评分			
		4 分	3 分	2 分	1 分
监督工作能力 X_{32}		强	较强	一般	较弱
监督态度与工作表现 X_{33}		强	较强	一般	较弱
创造能力 X_{34}		强	较强	一般	较弱
学习能力 X_{35}		强	较强	一般	较弱
处理实际问题能力 X_{36}		强	较强	一般	较弱
监督信息处理能力 X_{37}		强	较强	一般	较弱
共同价值观 X_{41}		强	较强	一般	较弱
人际协调关系 X_{42}		强	较强	一般	较弱
人员职责和角色 X_{43}		强	较强	一般	较弱
领导决策能力和水平 X_{44}		强	较强	一般	较弱
检测仪器设备 X_{51}		强	较强	一般	较弱
信息化网络化建设 X_{52}		强	较强	一般	较弱
用户评价 X_{61}		好	较好	一般	较差
公众媒介评价 X_{62}		好	较好	一般	较差
社会监督 X_{63}		好	较好	一般	较差
社会检测 X_{64}		好	较好	一般	较差
社会担保 X_{65}		好	较好	一般	较差

（2）确定评价指标的权重

评价指标权重的确定有多种方法，如德尔菲法、专家评分法、层次分析法等。这里可先用专家评分法或专家修正评分法，也可以用层次分析法，层次分析法确定权重要注意一致性检验。通过专家评价可以分别得到两个层次的隶属权重，确定：评价指标 X_i（$i=1,2,3,4,5,6$）的权重向量为 $A=(a_1, a_2, \cdots, a_6)$；

评价指标 X_{1j}（$j=1,2,\cdots,7$）的权重向量为 $A_1=(a_{11}, a_{12}, \cdots, a_{17})$；

评价指标 X_{2j}（$j=1,2,3,4$）的权重向量为 $A_2=(a_{21}, a_{22}, a_{23}, a_{24})$；

评价指标 X_{3j}（$j=1,2,\cdots,7$）的权重向量为 $A_3=(a_{31}, a_{32}, \cdots, a_{37})$；

评价指标 X_{4j}（$j=1,2,3,4$）的权重向量为 $A_4=(a_{41}, a_{42}, a_{43}, a_{44})$；

评价指标 X_{5j}（$j=1,2$）的权重向量为 $A_5=(a_{51}, a_{52})$；

评价指标 X_{6j}（$j=1,2,\cdots,5$）的权重向量为 $A_6=(a_{61}, a_{62}, \cdots, a_{65})$。

(3) 专家打分评价

设 $L=5$，即有 5 位专家对拟评价的监督机构 S 就二级评价指标因素进行赋值评价，根据专家填写的评分表，则可得到监督机构绩效的评价样本矩阵 D^S。

$$D^S = \begin{bmatrix} d^S_{111} & d^S_{112} & \cdots & d^S_{115} \\ d^S_{121} & d^S_{122} & \cdots & d^S_{125} \\ \vdots & \vdots & \vdots & \vdots \\ d^S_{651} & d^S_{652} & \cdots & d^S_{655} \end{bmatrix}$$

其中 d^S_{ijk} 表示第 k 个专家对拟评对象 S 的指标 X_{ij} 的评价赋值。

(4) 确定评价灰类

取 $g=4$，即 $E=1,2,3,4$ 有 4 个评价灰类，分别是"优"、"良"、"中"、"差"四级，其相应的灰数白化函数表示如下：

第 1 灰类"优"（$e=1$），设定灰数 $\otimes_1 \in [4, \infty]$，白化函数为 f_1，如图 4-2 所示。

第 2 灰类"良"（$e=2$），设定灰数 $\otimes_1 \in [0, 3, 6]$，白化函数为 f_2，如图 4-3 所示。

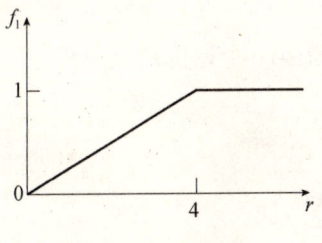

图 4-2 白化函数 f_1

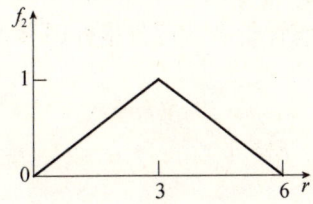

图 4-3 白化函数 f_2

第 3 灰类"中"（$e=3$），设定灰数 $\otimes_1 \in [0, 2, 4]$，白化函数为 f_3，如图 4-4 所示。

第 4 灰类"差"（$e=4$），设定灰数 $\otimes_1 \in [0, 1, 2]$，白化函数为 f_4，如图 4-5 所示。

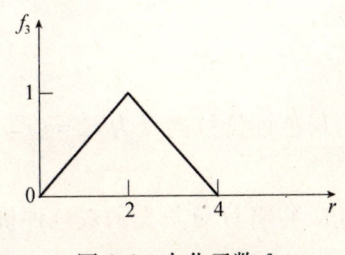

图 4-4 白化函数 f_3

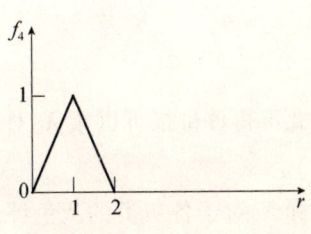

图 4-5 白化函数 f_4

(5) 计算灰色评价系数

对于拟评对象 S 的评价指标 X_{ij}，第 e 个评价灰类的评价系数为 y_{ije}^S：

$e = 1$

$$y_{ij1}^S = \sum_{k=1}^{5} f_1(d_{ijk}^S) = f_1(d_{ij1}^S) + f_1(d_{ij2}^S) + f_1(d_{ij3}^S) + f_1(d_{ij4}^S) + f_1(d_{ij5}^S)$$

$e = 2$

$$y_{ij2}^S = \sum_{k=1}^{5} f_2(d_{ijk}^S) = f_2(d_{ij1}^S) + f_2(d_{ij2}^S) + f_2(d_{ij3}^S) + f_2(d_{ij4}^S) + f_2(d_{ij5}^S)$$

$e = 3$

$$y_{ij3}^S = \sum_{k=1}^{5} f_3(d_{ijk}^S) = f_3(d_{ij1}^S) + f_3(d_{ij2}^S) + f_3(d_{ij3}^S) + f_3(d_{ij4}^S) + f_3(d_{ij5}^S)$$

$e = 4$

$$y_{ij4}^S = \sum_{k=1}^{5} f_4(d_{ijk}^S) = f_4(d_{ij1}^S) + f_4(d_{ij2}^S) + f_4(d_{ij3}^S) + f_4(d_{ij4}^S) + f_4(d_{ij5}^S)$$

对于评价指标因素 X_{ij} 属于各个评价灰类的总灰色评价系数为 $y_{ij}^S = \sum_{e=1}^{4} y_{ije}^S$。

(6) 计算灰色评价权向量及权矩阵

所有评价者就评价指标因素 X_{ij}，对其主张第 e 个评价灰类的灰色评价权重为 r_{ije}^S：

$$e = 1 \qquad r_{ij1}^S = \frac{y_{ij1}^S}{y_{ij}^S} = \frac{y_{ij1}^S}{\sum_{e=1}^{4} y_{ije}^S} \qquad (4-1)$$

$$e = 2 \qquad r_{ij1}^S = \frac{y_{ij2}^S}{\sum_{e=1}^{4} y_{ije}^S} \qquad (4-2)$$

$$e = 3 \qquad r_{ij1}^S = \frac{y_{ij3}^S}{\sum_{e=1}^{4} y_{ije}^S} \qquad (4-3)$$

$$e = 4 \qquad r_{ij1}^S = \frac{y_{ij4}^S}{\sum_{e=1}^{4} y_{ije}^S} \qquad (4-4)$$

由此可得评价指标因素 X_{ij} 对于各灰类的灰色评价权向量为 $r_{ij}^S = (r_{ij1}^S, r_{ij2}^S, r_{ij3}^S, r_{ij4}^S)$。

指标 X_{ij} 对于各灰类的灰色评价权向量构成 X_i 各评价灰类的灰色评价权矩阵 R_i^S 为：

$$R_1^S = \begin{bmatrix} r_{11}^S \\ r_{12}^S \\ \vdots \\ r_{17}^S \end{bmatrix} \quad R_2^S = \begin{bmatrix} r_{21}^S \\ r_{22}^S \\ \vdots \\ r_{24}^S \end{bmatrix} \quad R_3^S = \begin{bmatrix} r_{31}^S \\ r_{32}^S \\ \vdots \\ r_{37}^S \end{bmatrix} \quad R_4^S = \begin{bmatrix} r_{41}^S \\ r_{42}^S \\ \vdots \\ r_{44}^S \end{bmatrix} \quad R_5^S = \begin{bmatrix} r_{51}^S \\ r_{52}^S \end{bmatrix} \quad R_6^S = \begin{bmatrix} r_{61}^S \\ r_{62}^S \\ \vdots \\ r_{65}^S \end{bmatrix}$$

(7) 对 M 和 X_i 作综合评价

一级评价结果 B_1，B_2，…，B_6 分别为

$$B_1^S = A_1 \cdot R_1^S \quad B_2^S = A_2 \cdot R_2^S \quad B_3^S = A_3 \cdot R_3^S$$
$$B_4^S = A_4 \cdot R_4^S \quad B_5^S = A_5 \cdot R_5^S \quad B_6^S = A_6 \cdot R_6^S$$

由此可得监督机构 S 绩效评价的总灰色评价权矩阵为 $R^S = \begin{bmatrix} B_1^S \\ B_2^S \\ \vdots \\ B_6^S \end{bmatrix}$

于是，对监督机构 S 的绩效的综合评价结果为：$B^S = A \cdot R^S$。

(8) 计算综合评价值

设各评价灰类等级值向量为 $C = (C_1, C_2, C_3, C_4)$，则监督机构 S 的绩效综合评价值为 $W^S = B^S \cdot C^T$。

根据 W^S 的数值判断监督机构 S 的工作绩效，并据此可以对不同监督机构绩效进行比较排队，为监督机构制定和落实监督激励与约束政策提供依据和参考。

4.1.4 评价结果处理及激励与约束机制构想

(1) 评价结果处理

根据综合评价值对所有参加评价的监督机构，按照其绩效评价值从大到小进行排队和分类排队，在前的 20% 以内的辖区内的优良监督机构，要给予激励和奖励，充分发挥优良资产的监督作用，提高辖区内整体建设工程质量政府监督的执法水平和监督效益。对于排队在后的 30% 的机构，应该说是监督市场的不良资产，需要采取措施，找出原因，全面整改，并给予适当的处罚。

考虑到辖区范围内各地域质量发展水平的差异和基础不同等情况，对于排队在后的 30% 的机构，根据其绩效评价结果向量 B^S，进行进一步分析，把其进行二次分类，属于前 50% 的监督机构，即虽然当年的绩效不高，但就其与前一年相比，进步较大者，作为鼓励的对象，以便有效地调整区域质量水平差别，鼓励其在较差环境下努力工作，对于其与前一年相比，进步较小的后 50% 监督机构，实施必要的处罚，直至清除这些监督市场的不良资产。

实现二次分类，可根据这些监督机构连续两年的评价结果的差额进行排队，即 $W^{S*} = W^S - W^{S_0}$，W^S 为今年的评分值，W^{S_0} 为其在上一年的评分值。

（2）激励与约束机制构想

①优秀机构的奖励

连续两年为优秀的监督机构可以考虑晋升机构的资质等级，这是基于同级别机构业绩考核进行的。

在同一区域有两个或以上的监督机构者，可通过调整监督区域的划分，给优秀监督机构更大区域范围的监督任务，作为对其优秀工作的奖励。

优秀监督机构颁发证书，一是荣誉奖励，二是作为建设工程项目监督招标奖励计分的条件，在评标指标中充分考虑对其加分，使优秀监督机构有更多的机会获得大型建设工程项目政府监督任务，在实现他们监督效益提高的同时，提高建设工程质量政府监督的整体水平。

②约束与惩罚

对连续两年被列入劣质资产（15%）的监督机构，对其进行降低资质的处罚。

在同一区域有两个或以上监督机构者，减少其监督的区域范围，或降低其监督的工程等级，作为对其不努力工作的惩罚。

限制其参加建设工程质量政府监督项目的投标。

4.2 政府质量监督机构绩效评价实例分析

4.2.1 实例背景

设某建设工程质量监督管理总站对所辖区域内 10 个一级监督机构的年度业绩进行综合评价考核。为了客观真实地反映监督机构的监督水平和业绩，监督管理总站抽调 5 人组成专家小组。首先对小组成员进行考核评价业务培训，使专家较好地理解和把握评价指标的内涵与评价标准尺度。然后收集了这 10 个一级监督机构（S_1，S_2，…，S_{10}）的相关资料，对所需资料分析整理后，专家小组对这 10 个监督机构进行了实地考察，在此基础上，使用灰色评价方法对他们的业绩给予评价。

4.2.2 绩效评价过程

专家小组接到此评价任务后，首先使用层次分析法确定了各层指标的权重为

$A = (0.25, 0.2, 0.2, 0.15, 0.1, 0.1)$；$A_1 = (0.1, 0.15, 0.15, 0.1, 0.2, 0.15, 0.15)$，

$A_2 = (0.3, 0.2, 0.25, 0.25)$，$A_3 = (0.1, 0.15, 0.15, 0.15, 0.15, 0.2, 0.1)$，$A_4 = (0.2, 0.25, 0.25, 0.3)$，$A_5 = (0.6, 0.4,)$，$A_6 = (0.3, 0.15, 0.15, 0.2, 0.2)$。

这里给出的权重系数是专家小组根据所在区域监督行业特征，针对一级监督机构发展要求，通过大家各自比较各层指标之间的重要性，使用层次分析法（AHP方法）确定的结果，以上数据在确定过程中均通过一致性检验。为了简便起见，这里不再列出使用 AHP 方法进行权重确定的计算过程。当然，权重的确定，还可以采用其他方法，比如德尔菲法、综合评分法、专家评议法等，这可根据实际情况和专家小组的习惯采用不同的方法，但不管怎样，都是基于专家个体主观判断的群体决策的结果。

然后，基于专家各自分析，依据专家评分细则表对监督机构（S_1，S_2，…，S_{10}）分别进行第三层次指标各指标赋值评价。评价过程可采取专家独立填表方式，即每位专家分别在 10 张表（分别代表 S_1，S_2，…，S_{10} 监督机构评分表）填写各监督机构在各个指标中的隶属等级，各等级的赋值按"好"，"较好"，"一般"，"较差"分别确定为 4 分，3 分，2 分，1 分。5 位专家各自对每个监督机构在每项指标 X_{ij} 的评价得分 d_{ij} 就等于各专家所赋予其在该指标的隶属等级所对应的分值，表4-2~4-6 中 X_{ij} 指标中评价等级对应取值，$k=1$，2，3，4，5，代表 5 位专家，S_l 代表第 l（$l=1$，2，…，10）个监督机构。下面以监督机构 S_1 的评价为代表，演示专家评分过程及结果见表4-2，$k=1$，2，3，4，5 分别表示 5 位专家对 S_1 在第三层次指标隶属等级的打分结果。专家在评价指标相应栏打"√"，表示专家认为监督机构 S_1 对于各个评价指标的隶属等级。

表4-2 专家1对监督机构 S_1 的评价结果

评价指标情况	分值 定性等级	评分			
		4分	3分	2分	1分
监督机构制度建设 X_{11}		好	较好√	一般	较差
监督计划与方案 X_{12}		好	较好√	一般	较差
监督程序规范化 X_{13}		好	较好	一般√	较差
机构内部激励约束 X_{14}		好√	较好	一般	较差
监督现场到位率 X_{15}		好√	较好	一般	较差
监督执法行为 X_{16}		好	较好√	一般	较差
监督登记和备案登记 X_{17}		好√	较好	一般	较差
监督工作量 X_{21}		好	较好√	一般	较差
监督处罚情况 X_{22}		好	较好	一般√	较差

续表

评价指标情况	分值 定性等级	评分			
		4分	3分	2分	1分
监督项目一次备案率 X_{23}		好	较好√	一般	较差
竣工工程优良率 X_{24}		好	较好	一般√	较差
人员组成结构 X_{31}		强	较强√	一般	较弱
监督工作能力 X_{32}		强	较强√	一般	较弱
监督态度与工作表现 X_{33}		强√	较强	一般	较弱
创造能力 X_{34}		强	较强	一般	较弱
学习能力 X_{35}		强	较强	一般	较弱√
处理实际问题能力 X_{36}		强√	较强	一般	较弱
监督信息处理能力 X_{37}		强	较强	一般	较弱
共同价值观 X_{41}		强	较强	一般√	较弱
人际协调关系 X_{42}		强	较强√	一般	较弱
人员职责和角色 X_{43}		强	较强√	一般	较弱
领导决策能力和水平 X_{44}		强	较强	一般	较弱
检测仪器设备 X_{51}		强	较强	一般	较弱
信息化网络化建设 X_{52}		强	较强	一般	较弱√
用户评价 X_{61}		好	较好√	一般	较差
公众媒介评价 X_{62}		好	较好	一般√	较差
社会监督 X_{63}		好√	较好	一般	较差
社会检测 X_{64}		好	较好√	一般	较差
社会担保 X_{65}		好	较好	一般	较差

表 4-3 专家 2 对监督机构 S_1 的评价结果

评价指标情况	分值 定性等级	评分			
		4分	3分	2分	1分
监督机构制度建设 X_{11}		好√	较好	一般	较差
监督计划与方案 X_{12}		好	较好√	一般	较差
监督程序规范化 X_{13}		好	较好√	一般	较差
机构内部激励约束 X_{14}		好	较好√	一般	较差
监督现场到位率 X_{15}		好	较好√	一般	较差
监督执法行为 X_{16}		好	较好	一般√	较差

续表

评价指标情况	分值 定性等级	评分			
		4分	3分	2分	1分
监督登记和备案登记 X_{17}		好	较好√	一般	较差
监督工作量 X_{21}		好	较好	一般√	较差
监督处罚情况 X_{22}		好	较好√	一般	较差
监督项目一次备案率 X_{23}		好	较好√	一般	较差
竣工工程优良率 X_{24}		好	较好√	一般	较差
人员组成结构 X_{31}		强	较强	一般√	较弱
监督工作能力 X_{32}		强	较强	一般	较弱
监督态度与工作表现 X_{33}		强	较强√	一般	较弱
创造能力 X_{34}		强	较强	一般	较弱√
学习能力 X_{35}		强	较强	一般√	较弱
处理实际问题能力 X_{36}		强	较强	一般	较弱
监督信息处理能力 X_{37}		强	较强	一般	较弱√
共同价值观 X_{41}		强	较强	一般	较弱
人际协调关系 X_{42}		强	较强	一般	较弱
人员职责和角色 X_{43}		强	较强	一般√	较弱
领导决策能力和水平 X_{44}		强	较强√	一般	较弱
检测仪器设备 X_{51}		强	较强	一般√	较弱
信息化网络化建设 X_{52}		强	较强	一般√	较弱
用户评价 X_{61}		好	较好	一般√	较差
公众媒介评价 X_{62}		好	较好	一般√	较差
社会监督 X_{63}		好	较好√	一般	较差
社会检测 X_{64}		好	较好√	一般	较差
社会担保 X_{65}		好	较好√	一般	较差

表4-4 专家3对监督机构 S_1 的评价结果

评价指标情况	分值 定性等级	评分			
		4分	3分	2分	1分
监督机构制度建设 X_{11}		好	较好√	一般	较差
监督计划与方案 X_{12}		好√	较好	一般	较差
监督程序规范化 X_{13}		好	较好	一般√	较差

续表

评价指标情况	分值 定性等级	评分			
		4分	3分	2分	1分
机构内部激励约束 X_{14}		好	较好	一般√	较差
监督现场到位率 X_{15}		好	较好	一般√	较差
监督执法行为 X_{16}		好	较好√	一般	较差
监督登记和备案登记 X_{17}		好	较好	一般√	较差
监督工作量 X_{21}		好	较好√	一般	较差
监督处罚情况 X_{22}		好	较好	一般√	较差
监督项目一次备案率 X_{23}		好	较好	一般√	较差
竣工工程优良率 X_{24}		好	较好	一般√	较差
人员组成结构 X_{31}		强	较强√	一般	较弱
监督工作能力 X_{32}		强√	较强	一般	较弱
监督态度与工作表现 X_{33}		强	较强√	一般	较弱
创造能力 X_{34}		强	较强	一般√	较弱
学习能力 X_{35}		强	较强	一般	较弱√
处理实际问题能力 X_{36}		强	较强	一般√	较弱
监督信息处理能力 X_{37}		强	较强	一般√	较弱
共同价值观 X_{41}		强√	较强	一般	较弱
人际协调关系 X_{42}		强	较强	一般√	较弱
人员职责和角色 X_{43}		强	较强√	一般	较弱
领导决策能力和水平 X_{44}		强	较强	一般√	较弱
检测仪器设备 X_{51}		强	较强√	一般	较弱
信息化网络化建设 X_{52}		强	较强	一般	较弱√
用户评价 X_{61}		好	较好√	一般	较差
公众媒介评价 X_{62}		好	较好√	一般	较差
社会监督 X_{63}		好	较好√	一般	较差
社会检测 X_{64}		好	较好	一般√	较差
社会担保 X_{65}		好	较好	一般	较差√

表 4-5 专家 4 对监督机构 S_1 的评价结果

评价指标情况	分值 定性等级	评分 4分	3分	2分	1分
监督机构制度建设 X_{11}		好√	较好	一般	较差
监督计划与方案 X_{12}		好√	较好	一般	较差
监督程序规范化 X_{13}		好	较好√	一般	较差
机构内部激励约束 X_{14}		好	较好	一般√	较差
监督现场到位率 X_{15}		好	较好	一般√	较差
监督执法行为 X_{16}		好	较好	一般√	较差
监督登记和备案登记 X_{17}		好	较好√	一般	较差
监督工作量 X_{21}		好	较好	一般√	较差
监督处罚情况 X_{22}		好	较好√	一般	较差
监督项目一次备案率 X_{23}		好	较好√	一般	较差
竣工工程优良率 X_{24}		好	较好	一般√	较差
人员组成结构 X_{31}		强	较强	一般√	较弱
监督工作能力 X_{32}		强	较强√	一般	较弱
监督态度与工作表现 X_{33}		强	较强√	一般	较弱
创造能力 X_{34}		强	较强√	一般	较弱
学习能力 X_{35}		强	较强	一般√	较弱
处理实际问题能力 X_{36}		强	较强√	一般	较弱
监督信息处理能力 X_{37}		强	较强	一般√	较弱
共同价值观 X_{41}		强	较强	一般√	较弱
人际协调关系 X_{42}		强	较强√	一般	较弱
人员职责和角色 X_{43}		强	较强	一般√	较弱
领导决策能力和水平 X_{44}		强	较强	一般√	较弱
检测仪器设备 X_{51}		强	较强	一般√	较弱
信息化网络化建设 X_{52}		强	较强	一般√	较弱
用户评价 X_{61}		好√	较好	一般	较差
公众媒介评价 X_{62}		好	较好√	一般	较差
社会监督 X_{63}		好	较好	一般√	较差
社会检测 X_{64}		好	较好√	一般	较差
社会担保 X_{65}		好	较好	一般√	较差

表 4-6 专家 5 对监督机构 S_1 的评价结果

评价指标情况	分值 定性等级	评分 4分	3分	2分	1分
监督机构制度建设 X_{11}		好	较好√	一般	较差
监督计划与方案 X_{12}		好	较好√	一般	较差
监督程序规范化 X_{13}		好	较好	一般√	较差
机构内部激励约束 X_{14}		好	较好√	一般	较差
监督现场到位率 X_{15}		好	较好√	一般	较差
监督执法行为 X_{16}		好	较好√	一般	较差
监督登记和备案登记 X_{17}		好	较好√	一般	较差
监督工作量 X_{21}		好	较好√	一般	较差
监督处罚情况 X_{22}		好	较好	一般√	较差
监督项目一次备案率 X_{23}		好	较好	一般√	较差
竣工工程优良率 X_{24}		好	较好√	一般	较差
人员组成结构 X_{31}		强	较强√	一般	较弱
监督工作能力 X_{32}		强	较强√	一般	较弱
监督态度与工作表现 X_{33}		强√	较强	一般	较弱
创造能力 X_{34}		强	较强	一般√	较弱
学习能力 X_{35}		强	较强√	一般	较弱
处理实际问题能力 X_{36}		强	较强√	一般	较弱
监督信息处理能力 X_{37}		强	较强	一般	较弱√
共同价值观 X_{41}		强	较强√	一般	较弱
人际协调关系 X_{42}		强	较强	一般	较弱√
人员职责和角色 X_{43}		强	较强	一般√	较弱
领导决策能力和水平 X_{44}		强	较强√	一般	较弱
检测仪器设备 X_{51}		强	较强√	一般	较弱
信息化网络化建设 X_{52}		强	较强	一般√	较弱
用户评价 X_{61}		好	较好	一般√	较差
公众媒介评价 X_{62}		好	较好√	一般	较差
社会监督 X_{63}		好√	较好	一般	较差
社会检测 X_{64}		好	较好	一般√	较差
社会担保 X_{65}		好	较好√	一般	较差

根据以上 5 位专家填写的评价结果表,就可以得到监督机构 S_1 的绩效评价样本矩阵 D^{S_1}。

$$D^{S_1} = \begin{bmatrix} d^{S_1}_{111} & d^{S_1}_{112} & \cdots & d^{S_1}_{115} \\ d^{S_1}_{121} & d^{S_1}_{122} & \cdots & d^{S_1}_{125} \\ \vdots & \vdots & \vdots & \vdots \\ d^{S_1}_{651} & d^{S_1}_{652} & \cdots & d^{S_1}_{655} \end{bmatrix} = \begin{bmatrix} 3 & 4 & 3 & 4 & 3 \\ 3 & 3 & 4 & 4 & 3 \\ 2 & 3 & 2 & 3 & 2 \\ 4 & 3 & 2 & 2 & 3 \\ 4 & 3 & 2 & 2 & 3 \\ 3 & 2 & 3 & 2 & 3 \\ 4 & 3 & 2 & 3 & 3 \\ 3 & 2 & 3 & 2 & 3 \\ 2 & 3 & 2 & 2 & 2 \\ 3 & 3 & 2 & 3 & 2 \\ 2 & 3 & 2 & 2 & 3 \\ 3 & 2 & 3 & 2 & 3 \\ 3 & 3 & 4 & 3 & 3 \\ 4 & 3 & 3 & 3 & 4 \\ 2 & 1 & 2 & 3 & 2 \\ 1 & 2 & 1 & 2 & 3 \\ 4 & 3 & 2 & 3 & 3 \\ 2 & 1 & 2 & 2 & 1 \\ 2 & 3 & 4 & 2 & 3 \\ 3 & 3 & 2 & 3 & 1 \\ 3 & 2 & 3 & 2 & 2 \\ 2 & 3 & 2 & 3 & 3 \\ 3 & 2 & 3 & 2 & 3 \\ 1 & 2 & 1 & 2 & 3 \\ 3 & 2 & 3 & 4 & 2 \\ 2 & 2 & 3 & 3 & 3 \\ 4 & 3 & 3 & 2 & 4 \\ 3 & 3 & 2 & 3 & 2 \\ 2 & 3 & 1 & 2 & 3 \end{bmatrix}$$

下面根据确定的评价灰类,确定评价灰类的评价系数 $y^{S_1}_{ije}$,以监督机构制度建设指标 X_{11} 的评价计算为例:

$e = 1$

$$y^{S_1}_{ij1} = \sum_{k=1}^{5} f_1(d^{S_1}_{ijk}) = f_1(d^{S_1}_{ij1}) + f_1(d^{S_1}_{ij2}) + f_1(d^{S_1}_{ij3}) + f_1(d^{S_1}_{ij4}) + f_1(d^{S_1}_{ij5})$$

$$y_{111}^{S_1} = 0.75 \times 3 + 1 \times 4 + 0.75 \times 3 + 1 \times 4 + 0.75 \times 3 = 14.75$$

$e = 2$

$$y_{ij2}^{S_1} = \sum_{k=1}^{5} f_2(d_{ijk}^{S_1}) = f_2(d_{ij1}^{S_1}) + f_2(d_{ij2}^{S_1}) + f_2(d_{ij3}^{S_1}) + f_2(d_{ij4}^{S_1}) + f_2(d_{ij5}^{S_1})$$

$$y_{112}^{S_1} = 1 \times 3 + \frac{2}{3} \times 4 + 1 \times 3 + \frac{2}{3} \times 4 + 1 \times 3 = 14.33$$

$e = 3$

$$y_{ij3}^{S_1} = \sum_{k=1}^{5} f_3(d_{ijk}^{S_1}) = f_3(d_{ij1}^{S_1}) + f_3(d_{ij2}^{S_1}) + f_3(d_{ij3}^{S_1}) + f_3(d_{ij4}^{S_1}) + f_3(d_{ij5}^{S_1})$$

$$y_{113}^{S_1} = 0.5 \times 3 + 0 \times 4 + 0.5 \times 3 + 0 \times 4 + 0.5 \times 3 = 4.5$$

$e = 4$

$$y_{ij4}^{S_1} = \sum_{k=1}^{5} f_4(d_{ijk}^{S_1}) = f_4(d_{ij1}^{S_1}) + f_4(d_{ij2}^{S_1}) + f_4(d_{ij3}^{S_1}) + f_4(d_{ij4}^{S_1}) + f_4(d_{ij5}^{S_1})$$

$$y_{114}^{S_1} = 0 \times 3 + 0 \times 4 + 0 \times 3 + 0 \times 4 + 0 \times 3 = 0$$

因此监督机构 S_1 对于评价指标因素 X_{11} 属于各个评价灰类的总灰色评价系数为

$$y_{11}^{S_1} = \sum_{e=1}^{4} y_{11e}^{S_1} = 14.75 + 14.73 + 4.5 + 0 = 33.58$$

据此可以计算监督机构制度建设指标 X_{11} 的灰色评价权向量及权矩阵。

所有评价专家就评价指标因素 X_{11}，对其主张第 e 个评价灰类的灰色评价权重为 $r_{11e}^{S_1}$：

$e = 1$ $\quad\quad\quad r_{111}^{S_1} = \dfrac{y_{111}^{S_1}}{y_{11}^{S_1}} = \dfrac{14.75}{33.58} = 0.439$

$e = 2$ $\quad\quad\quad r_{112}^{S_1} = \dfrac{y_{112}^{S_1}}{y_{11}^{S_1}} = \dfrac{14.33}{33.58} = 0.427$

$e = 3$ $\quad\quad\quad r_{113}^{S_1} = \dfrac{y_{113}^{S_1}}{y_{11}^{S_1}} = \dfrac{4.5}{33.58} = 0.134$

$e = 4$ $\quad\quad\quad r_{114}^{S_1} = \dfrac{y_{114}^{S_1}}{y_{11}^{S_1}} = \dfrac{0}{33.58} = 0$

由此可得评价指标因素 X_{11} 对于各灰类的灰色评价权向量为 $r_{11}^{S_1} = (r_{111}^{S_1}, r_{112}^{S_1}, r_{113}^{S_1}, r_{114}^{S_1}) = (0.439, 0.427, 0.134, 0)$。

同理，根据评价样本矩阵 D^{S_1} 中第 k 个专家对拟评对象 S_1 的指标 X_{ij} 的评价赋值 $d_{ijk}^{S_1}$，可以分别计算出其他评价指标因素 X_{ij} 对于各灰类的灰色评价权向量，分别为：

$r_{11}^{S_1} = (r_{111}^{S_1}, r_{112}^{S_1}, r_{113}^{S_1}, r_{114}^{S_1}) = (0.439, 0.427, 0.134, 0)$

$r_{12}^{S_1} = (r_{121}^{S_1}, r_{122}^{S_1}, r_{123}^{S_1}, r_{124}^{S_1}) = (0.439, 0.427, 0.134, 0)$

$r_{13}^{S_1} = (r_{131}^{S_1}, r_{132}^{S_1}, r_{133}^{S_1}, r_{134}^{S_1}) = (0.273, 0.364, 0.364, 0)$

$r_{14}^{S_1} = (r_{141}^{S_1}, r_{142}^{S_1}, r_{143}^{S_1}, r_{144}^{S_1}) = (0.396, 0.374, 0.231, 0)$

$r_{15}^{S_1} = (r_{151}^{S_1}, r_{152}^{S_1}, r_{153}^{S_1}, r_{154}^{S_1}) = (0.396, 0.374, 0.231, 0)$

$r_{16}^{S_1} = (r_{161}^{S_1}, r_{162}^{S_1}, r_{163}^{S_1}, r_{164}^{S_1}) = (0.288, 0.384, 0.329, 0)$

$r_{17}^{S_1} = (r_{171}^{S_1}, r_{172}^{S_1}, r_{173}^{S_1}, r_{174}^{S_1}) = (0.36, 0.416, 0.208, 0)$

$r_{21}^{S_1} = (r_{211}^{S_1}, r_{212}^{S_1}, r_{213}^{S_1}, r_{214}^{S_1}) = (0.288, 0.384, 0.329, 0)$

$r_{22}^{S_1} = (r_{221}^{S_1}, r_{222}^{S_1}, r_{223}^{S_1}, r_{224}^{S_1}) = (0.273, 0.364, 0.364, 0)$

$r_{23}^{S_1} = (r_{231}^{S_1}, r_{232}^{S_1}, r_{233}^{S_1}, r_{234}^{S_1}) = (0.288, 0.384, 0.329, 0)$

$r_{24}^{S_1} = (r_{241}^{S_1}, r_{242}^{S_1}, r_{243}^{S_1}, r_{244}^{S_1}) = (0.273, 0.364, 0.364, 0)$

$r_{31}^{S_1} = (r_{311}^{S_1}, r_{312}^{S_1}, r_{313}^{S_1}, r_{314}^{S_1}) = (0.288, 0.384, 0.329, 0)$

$r_{32}^{S_1} = (r_{321}^{S_1}, r_{322}^{S_1}, r_{323}^{S_1}, r_{324}^{S_1}) = (0.386, 0.436, 0.178, 0)$

$r_{33}^{S_1} = (r_{331}^{S_1}, r_{332}^{S_1}, r_{333}^{S_1}, r_{334}^{S_1}) = (0.439, 0.427, 0.134, 0)$

$r_{34}^{S_1} = (r_{341}^{S_1}, r_{342}^{S_1}, r_{343}^{S_1}, r_{344}^{S_1}) = (0.252, 0.336, 0.366, 0.046)$

$r_{35}^{S_1} = (r_{351}^{S_1}, r_{352}^{S_1}, r_{353}^{S_1}, r_{354}^{S_1}) = (0.251, 0.30, 0.344, 0.106)$

$r_{36}^{S_1} = (r_{361}^{S_1}, r_{362}^{S_1}, r_{363}^{S_1}, r_{364}^{S_1}) = (0.36, 0.416, 0.208, 0)$

$r_{37}^{S_1} = (r_{371}^{S_1}, r_{372}^{S_1}, r_{373}^{S_1}, r_{374}^{S_1}) = (0.204, 0.268, 0.408, 0.116)$

$r_{41}^{S_1} = (r_{411}^{S_1}, r_{412}^{S_1}, r_{413}^{S_1}, r_{414}^{S_1}) = (0.396, 0.374, 0.231, 0)$

$r_{42}^{S_1} = (r_{421}^{S_1}, r_{422}^{S_1}, r_{423}^{S_1}, r_{424}^{S_1}) = (0.30, 0.40, 0.262, 0.037)$

$r_{43}^{S_1} = (r_{431}^{S_1}, r_{432}^{S_1}, r_{433}^{S_1}, r_{434}^{S_1}) = (0.273, 0.364, 0.364, 0)$

$r_{44}^{S_1} = (r_{441}^{S_1}, r_{442}^{S_1}, r_{443}^{S_1}, r_{444}^{S_1}) = (0.273, 0.364, 0.3641, 0)$

$r_{51}^{S_1} = (r_{511}^{S_1}, r_{512}^{S_1}, r_{513}^{S_1}, r_{514}^{S_1}) = (0.288, 0.384, 0.329, 0)$

$r_{52}^{S_1} = (r_{521}^{S_1}, r_{522}^{S_1}, r_{523}^{S_1}, r_{524}^{S_1}) = (0.204, 0.268, 0.408, 0.116)$

$r_{61}^{S_1} = (r_{611}^{S_1}, r_{612}^{S_1}, r_{613}^{S_1}, r_{614}^{S_1}) = (0.396, 0.374, 0.231, 0)$

$r_{62}^{S_1} = (r_{621}^{S_1}, r_{622}^{S_1}, r_{623}^{S_1}, r_{624}^{S_1}) = (0.288, 0.384, 0.329, 0)$

$r_{63}^{S_1} = (r_{631}^{S_1}, r_{632}^{S_1}, r_{633}^{S_1}, r_{634}^{S_1}) = (0.433, 0.406, 0.160, 0)$

$r_{64}^{S_1} = (r_{641}^{S_1}, r_{642}^{S_1}, r_{643}^{S_1}, r_{564}^{S_1}) = (0.288, 0.384, 0.329, 0)$

$r_{65}^{S_1} = (r_{651}^{S_1}, r_{652}^{S_1}, r_{653}^{S_1}, r_{654}^{S_1}) = (0.278, 0.371, 0.309, 0.041)$

由指标 X_{ij} 对于各灰类的灰色评价权向量构成 X_i 各评价灰类的灰色评价权矩阵为：

$$R_1^{S_1} = \begin{bmatrix} r_{11}^{S_1} \\ r_{12}^{S_1} \\ \vdots \\ r_{17}^{S_1} \end{bmatrix} = \begin{bmatrix} 0.439 & 0.427 & 0.134 & 0 \\ 0.439 & 0.427 & 0.134 & 0 \\ 0.273 & 0.364 & 0.364 & 0 \\ 0.396 & 0.374 & 0.231 & 0 \\ 0.396 & 0.374 & 0.231 & 0 \\ 0.288 & 0.384 & 0.329 & 0 \\ 0.36 & 0.416 & 0.208 & 0 \end{bmatrix}$$

$$R_2^{S_1} = \begin{bmatrix} r_{21}^{S_1} \\ r_{22}^{S_1} \\ \vdots \\ r_{24}^{S_1} \end{bmatrix} = \begin{bmatrix} 0.288 & 0.384 & 0.329 & 0 \\ 0.273 & 0.364 & 0.364 & 0 \\ 0.288 & 0.384 & 0.329 & 0 \\ 0.273 & 0.364 & 0.364 & 0 \end{bmatrix}$$

$$R_3^{S_1} = \begin{bmatrix} r_{31}^{S_1} \\ r_{32}^{S_1} \\ \vdots \\ r_{37}^{S_1} \end{bmatrix} = \begin{bmatrix} 0.288 & 0.384 & 0.329 & 0 \\ 0.386 & 0.436 & 0.178 & 0 \\ 0.439 & 0.427 & 0.134 & 0 \\ 0.252 & 0.336 & 0.366 & 0.046 \\ 0.251 & 0.30 & 0.344 & 0.106 \\ 0.36 & 0.416 & 0.208 & 0 \\ 0.204 & 0.268 & 0.408 & 0.116 \end{bmatrix}$$

$$R_4^{S_1} = \begin{bmatrix} r_{41}^{S_1} \\ r_{42}^{S_1} \\ \vdots \\ r_{44}^{S_1} \end{bmatrix} = \begin{bmatrix} 0.396 & 0.374 & 0.231 & 0 \\ 0.30 & 0.40 & 0.262 & 0.037 \\ 0.273 & 0.364 & 0.364 & 0 \\ 0.273 & 0.364 & 0.364 & 0 \end{bmatrix}$$

$$R_5^{S_1} = \begin{bmatrix} r_{51}^{S_1} \\ r_{52}^{S_1} \end{bmatrix} = \begin{bmatrix} 0.288 & 0.384 & 0.329 & 0 \\ 0.204 & 0.268 & 0.408 & 0.116 \end{bmatrix}$$

$$R_6^{S_1} = \begin{bmatrix} r_{61}^{S_1} \\ r_{62}^{S_1} \\ \vdots \\ r_{65}^{S_1} \end{bmatrix} = \begin{bmatrix} 0.396 & 0.374 & 0.231 & 0 \\ 0.288 & 0.384 & 0.329 & 0 \\ 0.433 & 0.406 & 0.160 & 0 \\ 0.288 & 0.384 & 0.329 & 0 \\ 0.278 & 0.371 & 0.309 & 0.041 \end{bmatrix}$$

根据以上计算所得监督机构 S_1 绩效评价的灰色评价权矩阵和已经确定的各层指标的权重系数矩阵进行综合评价计算。

先进行二级矩阵合成评价计算

$$B_1^{S_1} = A_1 \cdot R_1^{S_1} = (0.1, 0.15, 0.15, 0.1, 0.2, 0.15, 0.15) \begin{bmatrix} 0.439 & 0.427 & 0.134 & 0 \\ 0.439 & 0.427 & 0.134 & 0 \\ 0.273 & 0.364 & 0.364 & 0 \\ 0.396 & 0.374 & 0.231 & 0 \\ 0.396 & 0.374 & 0.231 & 0 \\ 0.288 & 0.384 & 0.329 & 0 \\ 0.36 & 0.416 & 0.208 & 0 \end{bmatrix}$$

$$= (0.3587, 0.3936, 0.238, 0)$$

$$B_2^{S_1} = A_2 \cdot R_2^{S_1} = (0.3, 0.2, 0.25, 0.25) \begin{bmatrix} 0.288 & 0.384 & 0.329 & 0 \\ 0.273 & 0.364 & 0.364 & 0 \\ 0.288 & 0.384 & 0.329 & 0 \\ 0.273 & 0.364 & 0.364 & 0 \end{bmatrix}$$

$$= (0.2813, 0.375, 0.3448, 0)$$

$$B_3^{S_1} = A_3 \cdot R_3^{S_1} = (0.1, 0.15, 0.15, 0.15, 0.15, 0.2, 0.1) \begin{bmatrix} 0.288 & 0.384 & 0.329 & 0 \\ 0.386 & 0.436 & 0.178 & 0 \\ 0.439 & 0.427 & 0.134 & 0 \\ 0.252 & 0.336 & 0.366 & 0.046 \\ 0.251 & 0.30 & 0.344 & 0.106 \\ 0.36 & 0.416 & 0.208 & 0 \\ 0.204 & 0.268 & 0.408 & 0.116 \end{bmatrix}$$

$$= (0.3205, 0.3733, 0.2686, 0.0344)$$

$$B_4^{S_1} = A_4 \cdot R_4^{S_1} = (0.2, 0.25, 0.25, 0.3) \begin{bmatrix} 0.396 & 0.374 & 0.231 & 0 \\ 0.30 & 0.40 & 0.262 & 0.037 \\ 0.273 & 0.364 & 0.364 & 0 \\ 0.273 & 0.364 & 0.364 & 0 \end{bmatrix}$$

$$= (0.1944, 0.375, 0.3119, 0.0093)$$

$$B_5^{S_1} = A_5 \cdot R_5^{S_1} = (0.6, 0.4) \begin{bmatrix} 0.288 & 0.384 & 0.329 & 0 \\ 0.204 & 0.268 & 0.408 & 0.116 \end{bmatrix}$$

$$= (0.2544, 0.3376, 0.3606, 0.0464)$$

$$B_6^{S_1} = A_6 \cdot R_6^{S_1} = (0.3, 0.15, 0.15, 0.2, 0.2) \begin{bmatrix} 0.396 & 0.374 & 0.231 & 0 \\ 0.288 & 0.384 & 0.329 & 0 \\ 0.433 & 0.406 & 0.160 & 0 \\ 0.288 & 0.384 & 0.329 & 0 \\ 0.278 & 0.371 & 0.309 & 0.041 \end{bmatrix}$$

$$= (0.3402, 0.3817, 0.2703, 0.082)$$

由此可得监督机构 S_1 绩效评价的总灰色评价矩阵为：

$$R^{S_1} = \begin{bmatrix} B_1^{S_1} \\ B_2^{S_1} \\ \vdots \\ B_6^{S_1} \end{bmatrix} = \begin{bmatrix} 0.3587 & 0.3936 & 0.238 & 0 \\ 0.2813 & 0.375 & 0.3448 & 0 \\ 0.3205 & 0.3733 & 0.2686 & 0.0344 \\ 0.1944 & 0.375 & 0.3119 & 0.0093 \\ 0.2544 & 0.3376 & 0.3606 & 0.0464 \\ 0.3402 & 0.3817 & 0.2703 & 0.082 \end{bmatrix}$$

再进行一级矩阵合成评价计算，即可得到监督机构 S_1 的绩效综合评价结果为：

$$B^{S_1} = A \cdot R^{S_1} = (0.25, 0.2, 0.2, 0.15, 0.1, 0.1) \begin{bmatrix} 0.3587 & 0.3936 & 0.238 & 0 \\ 0.2813 & 0.375 & 0.3448 & 0 \\ 0.3205 & 0.3733 & 0.2686 & 0.0344 \\ 0.1944 & 0.375 & 0.3119 & 0.0093 \\ 0.2544 & 0.3376 & 0.3606 & 0.0464 \\ 0.3402 & 0.3817 & 0.2703 & 0.082 \end{bmatrix}$$

$= (0.299, 0.376, 0.292, 0.021)$

最后，根据已确定的评价灰类等级值向量，可以计算出监督机构 S_1 的绩效综合评价值为 $W^{S_1} = B^{S_1} \cdot C^T$。

设 $C = (C_1, C_2, C_3, C_4) = (100, 80, 60, 30)$，则监督机构 S_1 的绩效综合评价值为：

$$W^{S_1} = B^{S_1} \cdot C^T = (0.299, 0.376, 0.292, 0.021) \begin{pmatrix} 100 \\ 80 \\ 60 \\ 30 \end{pmatrix} = 78.13$$

至此，详细地演示了5位专家使用灰色综合评价法对质量监督机构 S_1 进行绩效评价及其计算的全过程，实际实施评价应用灰色评价方法过程中，是通过把评价过程计算机化而实现对监督机构绩效评价分析计算的。

对于其他9个监督机构 S_l ($l = 2, 3, \cdots, 10$) 绩效评价而言，同样可以按照上述对监督机构 S_1 绩效评价计算过程进行评价和计算，最后得到他们各自的绩效综合评价值 W^{S_l} ($l = 2, 3, \cdots, 10$)，具体评价和计算过程略，这里只给出他们的最后绩效综合评价值分别为 $W^{S_2} = 86.78$，$W^{S_3} = 81.54$，$W^{S_4} = 72.67$，$W^{S_5} = 83.82$，$W^{S_6} = 71.37$，$W^{S_7} = 80.49$，$W^{S_8} = 68.21$，$W^{S_9} = 75.97$，$W^{S_{10}} = 67.79$。

4.2.3 评价等级确定与分析应用

(1) 评价等级确定

最后,进行评价结果分析与处理。

根据以上对监督机构 S_l ($l=2, 3, \cdots, 10$) 的绩效评价值 W^{S_l} 的大小,这 10 个监督机构绩效考核评价结果排序为 S_2, S_5, S_3, S_7, S_1, S_9, S_4, S_6, S_8, S_{10}。

(2) 评价结果分析与应用

通过评价了解各监督机构在各评价指标中的具体隶属等级,发现整体上的薄弱环节和各个监督机构的不足之处,进而从整体上提出推进监督机构改革与发展,改进监督市场管理以及监督业务指导的计划方案,以提高整体监督管理水平。同时,也可针对个体问题对个别监督机构进行有针对性的指导和引导,使监督管理总站的工作既能有效地把握整体监督市场趋势,又能更具体完善地为各个监督机构服务好。

若绩效评价按 20% 优良率选择优良机构,则 S_2, S_5 为此次监督绩效优良机构;排在最后 30% 的 S_6, S_8, S_{10} 为相对不良机构,再通过对 S_6, S_8, S_{10} 进一步分析,即对它们相对于各自上一次绩效评价成绩之差的大小作比较,区分出需要进行鼓励的机构和实际实施处罚的机构。设经过比较后认为 S_8, S_{10} 虽然绩效评价成绩不佳,但相对上一次评价成绩而言,都有较大的进步,它们属于需要鼓励的机构;而 S_6 相对于上一次评价成绩而言,仍在发生严重滑坡,S_6 就属于需要进行处罚的机构。

根据以上评价结果及其分析,建设工程质量政府监督管理总站最后做出以下决定:

对于业绩突出的 S_2, S_5 给予通报表扬,资信业绩记录各加 10 分;可以在以后大型项目监督招标评标中给予参加的优先权,并计入奖励分;又由于 S_5, S_6 是属同一地域的两个监督机构,而 S_6 业绩连年下降,为此,监督区域比例划分由原来的 0.5:0.5 改变为 0.6:0.4,作为对 S_5 的奖励和对 S_6 的惩罚。对于业绩不好的 S_6,除调整监督区域外,提出降低资质的警告,并限制其两年之内不允许参加区外项目监督招标。

4.3 政府质量监督行业市场管理——监督项目委托招标评价

对于政府质量监督机构所辖的区域工程项目类别(或级别)超出其所能监督的资质范围时,就需要委托具有相应资质能力的政府质量监督机构对其项目实施监督,对这种大型项目的监督业务委托,应该实施招标委托,因此,就需要进行监督项目委托招标评价，以选择最佳的政府质量监督机构。政府质量监督行业市场管理评价是对市场活动行为的评价，具体实施是对建设工程政府监督项目委托招标的评价。

建设工程质量政府监督社会化，是提高政府监督效益、保证建设工程质量的根本途径。政府监督社会化是以监督机构企业化和监督项目委托市场化为前提，有效地管理监督市场，规范政府监督行为，已成为建设工程质量政府监督管理的核心内容。管理市场行为的一项关键工作，就是建设工程质量政府监督项目委托过程中的市场交易行为，通过招标投标方式，是实现建设工程质量政府监督项目委托的公平、公开、公正的有效途径，正像建设工程项目承发包一样，招投标制度的建立、完善、规范，将会有力地推动建设工程质量政府监督市场健康良性发展，充分调动监督机构和人员从事公正执法、提高监督效益的能动性，不断提高监督市场要素的质量，增强建设工程质量政府监督的整体水平和能力，更有效地保证建设工程质量，最大限度地实现建设工程质量的国家和公众利益目标。

招投标过程的关键环节是评标，公正合理的评语是中标科学决策的基础，有效的评标是以科学合理、完整统一的评标体系和科学的评标方法为前提的，建立健全监督市场招投标制度，完善评标体系和评标方法，是建设工程质量政府监督管理总站监督市场管理的中心工作，也是招标投标有效起到市场杠杆作用的核心。因此，要提高监督市场效力，就必须切实有效地抓好监督委托的评标工作。

4.3.1 工程质量政府监督项目实施招标投标的必要性

建设工程质量政府监督项目委托实施招投标的目的，就是要有效地引入市场竞争机制，全面推进我国建设工程质量政府监督的社会化和市场化进程。规范科学的招标投标，可以实现监督市场公平、公开、公正的竞争，通过竞争实现监督市场资源的高效配置，提高建设工程质量政府监督效益，降低监督成本，保证监督质量，实现建设工程质量国家和公众利益的最大化。

4.3.2 工程项目承发包招标投标评标方法借鉴

随着我国建设工程《招标投标法》的颁布实施，建设工程承发包过程中的招标投标管理已步入了法制轨道，依法实施建设工程承发包过程是招标投标制度已成为建设市场管理的重要法制手段，招标投标成功的关键环节就是评标，科学的评标结果是正确定标的前提和基础，它是关系到建设工程成败的重大选择决策问题，承包商是建设工程质量实体形成的直接生产力，承包商的选择决定和影响建设工程质量，影响建设投资的整体效益，建立一系列评标制度，规范评标行为，完善评标指标体系，改进评标方法，实现公正、客观的评标，是建筑行业市场管理亟待解决的问题。

就目前我国普遍采用的建设工程招标投标评价方法来看，主要有综合计分方法、评议表决法、合理低标价中标法、综合计分法等。综合计分方法是基于对招标工程的各影响因素分析计分，如质量、工期、报价、社会信誉等分别给出相应的分值，并制定各自的评分标准，由评标小组评委根据投标方及标书情况给予评分，最后以总分最高者为中标单位，这是目前使用最广泛的方法。评议表决法是由评委在认真阅读标书的基础上，通过对投标方的能力、业绩、财务状况、社会信誉、报价、工期、质量、施工方案等方面进行定性综合分析，比较后，进行讨论表决，最终以少数服从多数的原则确定中标单位。合理低价中标法是将所有满足指标要求的投标方的报价的平均值和标底再取平均值，以此值为衡量尺度，按规定的最高、最低偏差界线去除无效报价，在所有有效报价者中取最低报价者为中标单位。

这些方法普遍存在着主观因素影响大，评价指标欠规范，评价方法简单粗糙，评价标准不准确等一些缺陷，影响评价的科学性和中标决策的准确性，不同程度给投标投机者有机可乘，尤其是政府投资工程。我国目前项目法人责任制尚不健全，投资人和决策人分离的准业主，容易利用手中发包权力，串通不法投标者，设置暗标等不良市场行为而获得工程承包权，这种腐败寻租行为，严重干扰了招标投标市场秩序，阻碍了建筑市场的健康发育，给工程建设留下了先天性的隐患。从根本上消除这种现象，就必须改进评标方法，完善评标体系和准则，提高评标的客观、公正、科学性。因此，不少学者在探讨建设工程招标投标的评标方法和指标体系上已经作了大量的理论和实践探讨，基于群体决策的层次分析评价法，把业主偏好和专家模糊综合评价结合起来，是较有效的评标方法。这些都是开展监督项目委托招标评价值得借鉴和学习的。

4.3.3 工程质量政府监督实施项目招标的特征

（1）区域分配与单项工程相结合，以单项工程项目招标为重点

建设工程质量政府监督与监理相比，有两个最大的特征就是执法监督必须以群体监督决策为基础，强调监督小组的集体行为；就每一个单位工程而言监督工作量小，一个小组要同时完成多个单位工程，甚至多个单项工程的监督任务，受一定的区域限制。因此，实现建设工程质量政府全面、全过程、全方位的监督管理，监督任何的委托分配应该以区域分配和单项工程分配相结合，以区域分配委托为主。区域分配是所在地监督机构资质范围内的工程项目监督，

实行两个及以上监督机构的有限竞争。单项工程主要指所在区域监督机构资质范围以外的工程以及国家投资的大型、特大型工程。项目规模大时，监督工作量也大，实现以单项工程整体市场范围内的公平、公开、公正的竞争，实现监督市场优质资源的最大程度利用，就是要把"钢用在刀刃上"，确保大型工程项目的有效监督和建设工程质量。

（2）市场准入把关和管理并举，不断提高监督市场要素的质量

建设工程质量政府监督社会化，必须以严格的市场准入把关为基础，这是因为建设工程质量政府监督，是建设工程质量监督管理体系的最高层次，是决定建设工程质量水平的最终把关，能否有效保证和维护建设工程质量的国家和公众利益，确保使用者的生命和财产安全，建设工程质量政府监督具有不可替代的决定性作用，它是推动建设市场健康发展的驱动力，而且监督项目委托过程是不完全竞争市场，因此就必须严格把好准入关，严格监督机构和人员的资质管理，建立健全准入和清退制度，完善考核与评价制度，不断提高监督市场要素的质量，保证建设工程质量整体水平不断改进。

（3）以监督市场行为管理为重点，监督价格竞争为导向，引导监督企业提高监督管理能力和水平，规范执法监督行为，提高工程质量政府监督管理的有效性

建设工程质量政府监督主体主要实现监督的社会效益，保证监督质量是核心，监督质量保证的基础是监督行为的规范化，重点是公正、独立地执法，实现这一目标，必须提高监督人员的素质和能力，提高其执法监督的意识，最大限度地调动监督机构和人员的积极性，精神、信誉激励是必不可少的，价格物质激励是基础，降低监督成本，提高监督效益，需要通过市场和价格机制调节监督机构和人员的利益关系，通过竞争，把资信好、行为规范、成本低、执法严格的监督机构作为监督市场的主力军，全面提高监督水平，提高建设工程质量政府监督管理的有效性。

（4）突出评价指标体系中的监督质量和信誉，强调监督机构的团队精神，通过协调的群体监督决策，实现公正执法

保证建设工程质量是政府监督的出发点和归宿，因此，在评标体系中，要体现监督质量的原则、团队精神的原则和资信原则，使具有较强质量监督保证能力的监督机构和人员有更多的机会参加监督项目的委托招标投标，提高监督优质资产的中标率，实现建设工程质量公正执法，从根本上保证建设工程质量。

（5）实施招标的建设工程项目的期限和法人

建设工程质量政府监督项目委托招标的法人是建设工程项目所在地的建设

工程行政主管部门，根据所在地监督机构的资质范围和项目招标投标规定，在建设工程项目立项后，于开始规划设计前，通过监督有形市场对拟建项目实行招标投标委托监督任务和工作，监督管理总站是有形市场管理的专门机构，组织有关专家和委托单位代表，按规定程序对工程项目开展招标、投标、评标、定标活动，并将中标结果信息通过计算机网络发布，建设行政主管部门负责通知建设业主监督中标的监督机构。

4.3.4 工程项目政府质量监督招标评标指标体系建立

建设工程质量政府监督工程项目的目标是实现监督综合效益最大化，包括社会效益、环境效益和经济效益。

影响建设工程项目质量监督效益的主要因素有监督机构的质量行为、监督报价、监督小组整体水平、监督机构团队能力、监督机构设备装备条件以及监督机构的社会信誉六个方面。

评标的基本原则是监督计划和方案可行，监督质量有保证，监督报价合理，监督小组执法能力强，监督机构团队精神发挥好，社会信誉良好。

因此，监督质量行为、报价、监督小组能力、监督团队精神、设备装备和社会信誉这六个指标就成为评标指标体系的第一层次。

（1）监督质量行为指标

监督质量承诺是指参加投标的监督机构在投标书中对建设工程项目监督质量做出的承诺；

监督计划与方案是指监督机构就项目监督的人力、物力、财力和监督方法措施做出的承诺；

监督制度及质保体系是指监督机构的内部制度建设和监督质量保证体系，它是评价监督机构监督质量的重要指标之一；

监督质量业绩是反映监督机构以往质量监督状况。

（2）监督报价指标

监督报价是衡量监督经济的重要指标。

总报价是指监督机构对招标工程项目提出的监督总费用，可以根据不同工程采取两种形式：一是基于建筑面积计算的费率形式；二是在建筑规模确定形式下的总价形式。

监督人工费用是指监督机构提出的直接监督人员的费用；

监督设备及材料费用是指监督机构提出的项目监督消耗材料和设备使用、维护费用；

监督管理费和其他费用是指监督机构提出的为完成项目监督任务，除监督人工、设备材料外的其他间接费用。人工费用、设备材料费和管理等其他费用共同组成监督总费用。

(3) 监督小组能力指标

建设工程质量政府监督实行监督工程师负责制,监督工程师及其组成人员对监督质量和效益起着极其关键的作用;监督小组能力评价是指由监督机构承诺的准备参加该项目监督的人员的能力评价。

监督小组人员组成结构是从年龄、知识结构、各自专长衡量其组成结构的合理性和水平;

监督人员的工作能力是指监督人员从事监督工作的实践经验,执法水平、技术能力;

学习能力是指监督小组人员,尤其是监督工程师接受和掌握新技术、新工艺、新方法的能力;

监督信息处理能力,是指监督小组人员监督过程中发现问题、处理问题的能力。

(4) 监督团队精神指标

企业文化决定企业的兴衰,基于群体决策的执法监督,应该尤其注重小组和机构整体的团队精神的培养,合作与协调是圆满完成政府建设工程质量监督任务的必备条件,评标指标体系中考虑监督团队精神,是衡量监督机构整体素质和能力的重要指标。

共同的价值观是指监督机构有自己独特的组织文化和团队一致的价值观;

良好协调的人际互动关系,积极健康的人际关系增强人与人之间的信任与沟通,提高监督人员的工作积极性,使监督人员有归宿感和安全感,提高监督效率;

人员职责与角色到位是指监督人员能在各自的工作岗位上,认真履行自己的职责,个人的努力方向和行为与团队整体目标相一致;

团队领导能力,反映团队整体行为的决策水平,需要建立起成员与整体之间的信任,强调综合技术水平和整体完成任务的能力,协调团队与外界的关系,创造和谐的外部环境,将团队置于自我之上,踏实工作,科学决策,服务于团队。

(5) 监督设备装备指标

监督设备装备是实现监督科学性和有效性的技术基础和物质条件。必要检测设备反映监督数据科学性的能力;

信息化建设反映监督机构监督管理现代化的重要指标,它对于监督信息处理,提高监督效益起着决定性作用。

(6) 社会信誉指标

社会信誉是从社会角度反映监督机构和人员资信、能力的社会评价。

用户评价是指监督机构已准予监督备案的工程，使用者对其监督执法过程和结果的综合评价；

社会监督是指包括建设主体在内的社会各界对监督机构执法工作的反映和评价；

社会保证担保是社会保障体系反映监督机构能力、水平的评价指标。

获得荣誉是指监督机构曾经获得的有关政府质量监督的奖励和荣誉证书等情况。

根据以上对第一层评价指标体系的详细分析，建立了建设工程质量政府监督项目招标评标指标体系，如图4-6所示。

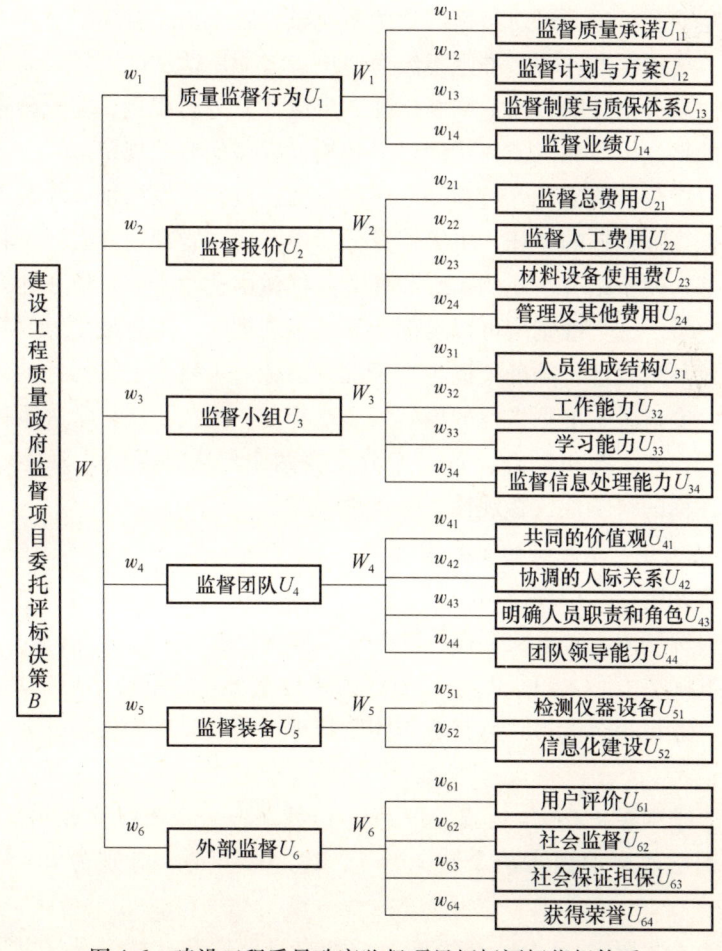

图4-6 建设工程质量政府监督项目招标评标指标体系

4.3.5 基于群体决策招标评标层次分析法

通过对建设工程质量监督项目招标评标的六大指标的分析，可以看出，监督工程项目的指标评标属于多目标决策问题，且评标决策者为一评标组成员群体，根据解决多目标决策问题的理论和方法，可以建立基于群体决策层次分析法进行评标决策。

（1）层次分析法运用于工程监督项目招标评标的可行性分析

基于层次分析法的监督工程项目评标的可行性可概括为以下四点：

一是层次分析法（Analytic Hierarchy Process，简称 AHP 法）以多目标决策问题的成熟理论和方法为基础，对评标问题能够提出科学、系统的解决办法。

二是层次分析法通过对指标因素两两比较判断取值，避免了对评判标准的过分依赖，或因标准不明、准则不细而使决策者无所适从的困境。

三是层次分析法通过构造判断矩阵，层层计算分解权重，能充分考虑监督工程项目的特点、所在区域环境的要求和指标程序的有关规定。

四是层次分析法的计算过程是分层递进的过程，可以区别和体现不同层次评委对评标指标把握的特征，决策层充分考虑政府主管部门评委对工程监督的要求和偏好，便于结合当地的实际和环境条件做出适合于项目所在地要求的合理判断和决策。方案准则层可以发挥专家的主观智能，更好地了解监督项目监督质量和效益的属性，准确把握各个子准则指标对于每个上级指标的隶属度和各被评选方案对各子准则指标的模糊量满足程度，为决策层科学决策提供准确可靠的依据。两者有机结合，可以充分发挥两个层次评委的主观能动性与特征，提高评标的科学性、客观性、公正性。

（2）层次分析法评标的主要步骤

①建立递阶层次结构模型

一是目标层 B。为建设工程质量政府监督项目招标评标决策；

二是准则层 U_i ($i=1, 2, \cdots, 6$) 为评标指标。分别代表监督质量行为、监督报价、监督小组能力、监督机构团队精神、监督设备装备和社会信誉六个评价指标；

三是子准则层 U_{ij} ($i=1, 2, \cdots, 6; j=1, 2, \cdots, k$)；$k$ 表示反映 U_i 指标的子准则层的影响因素的个数，$i=1, 2, \cdots, 6$ 时，分别为 $k=4, 4, 4, 5, 2, 4$；

四即为方案层 S_g 是由 g 个投标单位的自身属性和其标书承诺共同构成 g

个备选方案。其递阶层次结构模型如图4-6所示。

②构造判断矩阵

以第三层次为例,针对上一层单元指标 U_i,将本层次有关因素 U_{ij} 之间进行两两比较,构造判断矩阵为

$$R_i = \begin{bmatrix} r_{i11} & r_{i12} & \cdots & r_{i1k} \\ r_{i21} & r_{i22} & \cdots & r_{i2k} \\ \vdots & \vdots & \vdots & \vdots \\ r_{ij1} & r_{ij2} & \cdots & r_{ijk} \end{bmatrix}$$

式中,r_{jk} 表示对 U_i 而言,U_{ij} 对于 U_{ik} 相对重要性的数值表示,其数值使用 1~9 级及其倒数的比例标度来赋值,使思维定性判断定量化。一般可用相同、稍重要、相当重要、非常重要、极端重要,并在其相邻二级间插入折中的提法,使其形成9个级,产生1~9级的标度定义,见表4-7。

表4-7 Saaty 标度说明

若第 j 指标与第 k 指标比较的结构为	r_{ijk}	物理意义
w_{ij} 和 w_{ik} 同样重要	1	$w_{ij} = w_{ik}$
w_{ij} 和 w_{ik} 稍重要	3	$w_{ij} = 3w_{ik}$
w_{ij} 和 w_{ik} 相当重要	5	$w_{ij} = 5w_{ik}$
w_{ij} 和 w_{ik} 非常重要	7	$w_{ij} = 7w_{ik}$
w_{ij} 和 w_{ik} 极端重要	9	$w_{ij} = 9w_{ik}$
重要性在上述描述间	2,4,6,8	
两元素相比,若前者对后者有上述取值,则后者对前者有其倒数	$\dfrac{1}{r_{ijk}}$	

其判断矩阵具有以下三个基本性质:

$r_{ijk} > 0$,$r_{ijj} = 1$,$r_{ikj} = \dfrac{1}{r_{ijk}}$($i = 1, 2, \cdots, 6$;相对于不同的 i 有 j,k 等于 4,4,4,5,2,4)。

同理,可以确定第二层指标对目标层的判断矩阵

$$R = \begin{bmatrix} r_{11} & r_{12} & \cdots & r_{16} \\ r_{21} & r_{22} & \cdots & r_{26} \\ \vdots & \vdots & \vdots & \vdots \\ r_{61} & r_{62} & \cdots & r_{66} \end{bmatrix}$$

③层次单排序

根据判断矩阵计算其对上一层某指标因素而言,本层次指标因素相对重要

性次序的权值，得到特征向量，其具体步骤是：

第一步：将判断矩阵元素按列归一化计算

$$R'_{ij} = \frac{r_{ij}}{\sum_{i=1}^{n} r_{ij}} \quad （用于 U_i 层次指标） \tag{4-5}$$

$$或 R'_{ijk} = \frac{r_{ijk}}{\sum_{j=1}^{m} r_{ijk}} \quad （用于 U_{ij} 层次指标） \tag{4-6}$$

第二步：将按列归一化后的元素按行相加计算

$$R'_i = \sum_{j=1}^{m} R_{ij} \quad （用于 U_i 层次指标） \tag{4-7}$$

$$或 R'_{ij} = \sum_{k=1}^{l} R'_{ijk} \quad （用于 U_{ij} 层次指标） \tag{4-8}$$

第三步：所得到的行和向量归一化，即得到权重

$$w_i = \frac{R'_i}{\sum_{i=1}^{n} R'_i} \quad （用于 U_i 层次指标） \tag{4-9}$$

$$或 w_{ij} = \frac{R'_{ij}}{\sum_{j=1}^{m} R'_{ij}} \quad （用于 U_{ij} 层次指标） \tag{4-10}$$

对于第二层次指标即准则层 U_i 而言，有 $W = (w_1, w_2, \cdots, w_6)$

对于第三层次指标即子准则层 U_{ij} 而言，有 $W_i = (w_{i1}, w_{i2}, \cdots, w_{ik})$（$k$ 对于 $i = 1, 2, \cdots, 6$ 有 $4, 4, 4, 5, 2, 4$）。

④层次总排序

利用层次单排排序的结果，计算本层次所有元素对上层次相对重要性的数值；层次总排序从上而下逐层进行，最后得出各方案相对总目标的总权重。

⑤进行一致性检验

由于评委各因素两两比较时，有可能出现判断的不完全一致性，将会导致特征值和特征向量偏差，因此，需要进行一致性检验，层次单排序和层次总排序均应进行一致性检验，一致性检验过程可示意框图，检验步骤如下：

第一步：计算构造矩阵的最大特征根

$$\lambda_{\max} = \frac{\Sigma (Rw)_i}{nw_i} \tag{4-11}$$

第二步：计算一致性指标

$$C_I = \frac{(\lambda_{\max} - n)}{(n-1)} \tag{4-12}$$

第三步：从平均随机一致性指标中查找 R_I，见表4-8。

表4-8　随机一致性修正值指标

维数 n	1	2	3	4	5	6	7	8	9	10
R_I	0.00	0.00	0.58	0.90	1.12	1.24	1.32	1.41	1.45	1.49

第四步：计算相对一致性指标

$$C_I = \frac{C_I}{R_I} \tag{4-13}$$

一般情况下，相对一致性指标 C_R 越小，判断矩阵的一致性越好。当 $C_R \leqslant 0.1$ 时，一般认为符合一致性要求，否则，需要修正赋值或重新两两比较赋值，确定判断矩阵。

以上是 U_i 层指标判断矩阵的一致性检验，U_{ij} 层指标判断矩阵一致性检验过程同此。

(3) 层次分析法评标改进

改进层次分析评标方法主要解决两个问题，一是把建设行政主管部门的主观意愿充分体现出来，反映他们对准则层指标的偏好和侧重，更适合于项目的实际情况选择监督机构；二是解决判断矩阵一致性问题导致的重复工作量问题，尤其对方案层指标的比较判断，如果投标的监督机构较多，就存在着每个方案对子准则层每个指标因素的两两比较判断，构造判断矩阵较为困难。若过多地考虑其判断一致性，一定程度上会影响评标专家对指标评价的公正性和准确性。

建设行政主管部门评委，运用层次分析法确定评价准则层即 U_i 层指标的权重，反映工程所在区域的环境特征要求和委托人的偏好。由专家组成的评标小组，独立公正地进行子准则层即 U_{ij} 层指标因素和方案层 S_g 的评价，体现评价的专业性和科学性。子准则层指标权重确定仍然使用层次分析法，方案层的评价使用模糊综合评价法。

运用模糊综合评价法对方案层进行量化处理，专家只对方案隶属于子准则层指标 U_{ij} 的等级做出判断，根据模糊等级分值标准进行量化评分，避免方案层两两比较的繁琐以及判断中的不一致性问题而导致的计算工作量加大。专家组运用模糊评价法进行方案评价过程如下：

将评价结果评语集 V 分为四个等级。即 $V = V_k = (V_1, V_2, V_3, V_4)$ 分别表示优、良、中、差，并对其相应等级赋予分值为 $V = (10, 7, 4, 0)$。

对于某个投标方案 t 而言，其各项评标指标 V_{ij} 对各评价等级的隶属函数值是一个模糊关系矩阵，记为 $\underset{\sim}{A_{ie}}$。考虑各指标权重分配后，可得到各专家对各方案的模糊综合评价 $\underset{\sim}{D_t^{(l)}}$。$t = 1, 2, \cdots, p$，$p$ 表示投标方案个数；$l = 1, 2, \cdots,$

g,g 表示参加评标的专家人数,则

$$\underset{\sim}{D}_{it}^{(l)} = w_i \cdot \underset{\sim}{R}_t^{(l)} = (w_{i1}, w_{i2}, \cdots, w_{ik}) \cdot \begin{bmatrix} a_{i11} & a_{i12} & a_{i13} & a_{i14} \\ a_{i21} & a_{i22} & a_{i23} & a_{i24} \\ \vdots & \vdots & \vdots & \vdots \\ a_{ij1} & a_{ij2} & a_{ij3} & a_{ij4} \end{bmatrix}$$

$$= (d_{it1}^{(l)} \quad d_{it2}^{(l)} \quad d_{it3}^{(l)} \quad d_{it4}^{(l)})$$

对各 $\underset{\sim}{D}_{it}^{(l)}$ 进行群体决策协调,可得各方案 t 的综合评价 $\underset{\sim}{D}_{it}$,$\underset{\sim}{D}_{it}$ 为各方案对于各等级的综合隶属度。

$$\underset{\sim}{D}_{it} = (d_{it1}, d_{it2}, d_{it3}, d_{it4})$$

$$d_{itk} = \frac{\sum_{l=1}^{g} d_{itk}^{(l)}}{g} \tag{4-14}$$

$k=1$,2,3,4 表示评价结果的等级。

依次递阶向上一层推移进行矩阵合成,最后可得到基于群体决策层次分析法的评价结果 B_t,然后按 B_t 的大小顺序排队,即为各投标方案的综合评价顺序。改进后建设工程质量政府监督项目招标评标模型如图 4-7 所示。

4.3.6 群体决策层次分析法评标过程的计算机化

在应用改进的层次分析法进行评标时,涉及了多个矩阵的计算,且矩阵的维数随指标的不同及评价选择的不同而变换,对于手工计算来说,工作繁重,耗费人力,计算过程中极易出现差错,而且,在评标过程中,过多的人为参与,对评标的公正程度也有影响,因此,实现评标的计算机化,可增强评标的准确度与透明度。

评标软件的系统设计分为用户界面设计、算法设计和程序语言选择三部分。

(1)用户界面设计

考虑到用户使用软件是为了进行评标工作,对计算机了解程度有高有低,因此设计的界面应简便易行,让用户一目了然,且容错能力强,保证用户发生操作错误后能及时纠正。

(2)算法设计

在整个系统设计中,构造群决策层次分析法所需的矩阵及其计算是整个程序设计的重要环节。

①构造准则层、子准则层、方案层的转换矩阵

层次分析法中采用各项因素两两比较构造矩阵,而且矩阵中行与列的因素相同,根据这些矩阵中各数据之间存在的相应联系,在程序实现上只比较右上角区域内的因素,即 $n \times n$ 对矩阵中元素,只需比较 $n(n-1)/2$ 次,工作量减少了 50% 以上,而减少的数据则根据与相应数据的对应性直接赋值。这样既

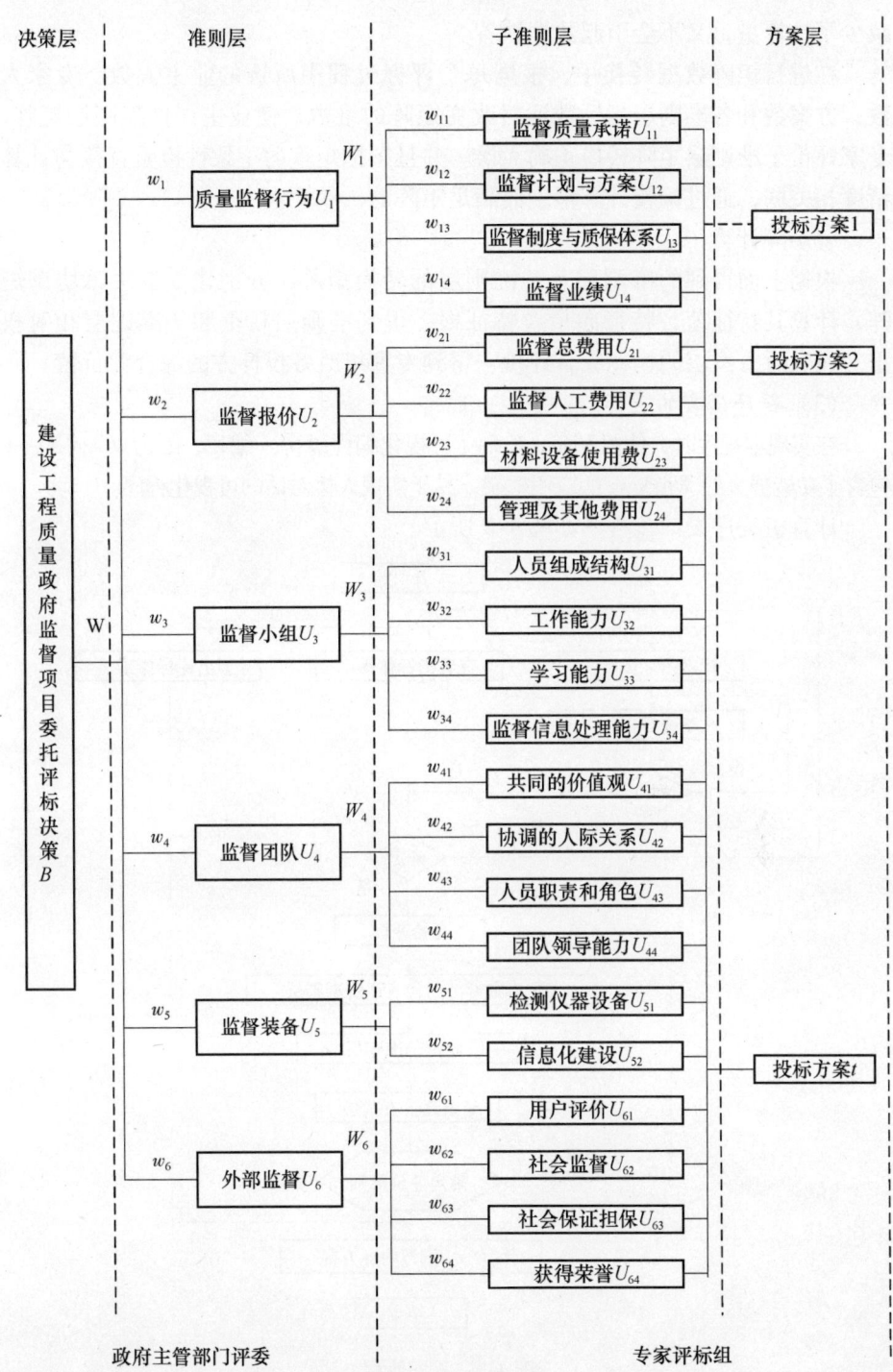

图 4-7 建设工程质量政府监督项目招标改进后评标模型

减少了计算量,又不会引起数据缺省。

在进行矩阵数据转换中,根据每个评标过程中所选的业主人数、专家人数、方案数和各准则层指标数适时改变矩阵的维数,使业主评价准则层矩阵、专家评价子准则层矩阵转换正确无误。并且,把矩阵的一致性检验直接与计算精度相关联,通过调整计算精度而满足矩阵的一致性。

②矩阵计算

根据上面得到的准则层及子准则层的转换矩阵,分别建立群决策协调矩阵,计算其特征值、特征向量及特征根,得到准则层权重和子准则层相对权重。通过对方案层的模糊综合评价,得到专家组对各投标方的综合评价值。

(3) 程序语言的选择

在实现本程序时,使用 Visual C++(可视化编程语言)编程,因为 Visual C++包含了功能强大的 Windows 的应用框架,易于实现人机对话的可视化程序。

计算机程序设计流程图如图 4-8 所示。

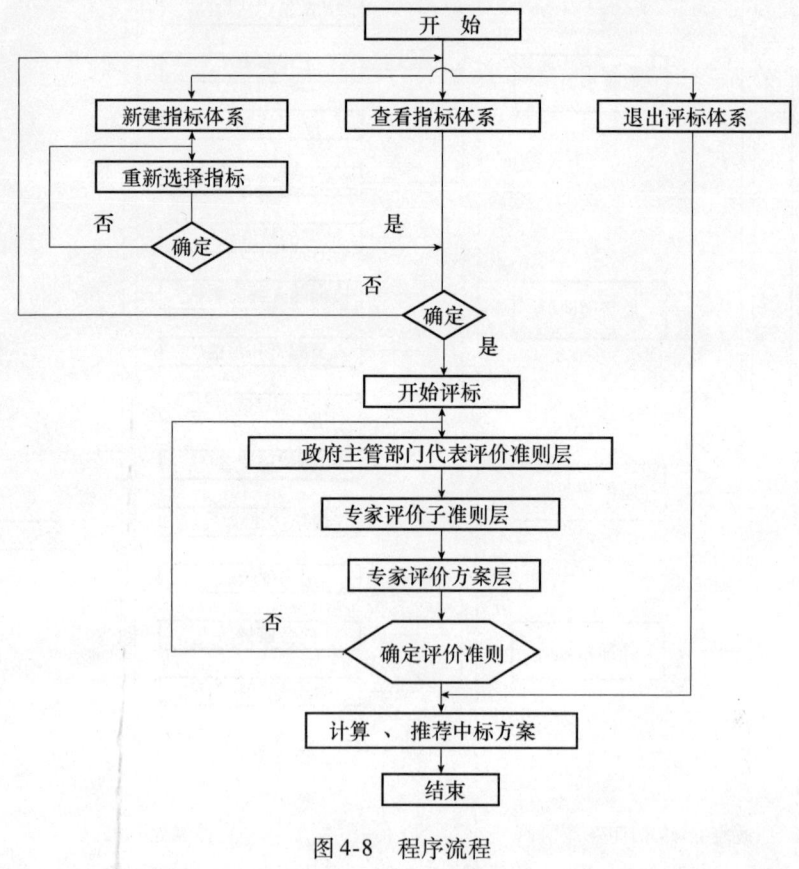

图 4-8 程序流程

4.4 工程项目政府质量监督委托招标评标实例分析

4.4.1 实例背景

根据建设工程质量政府监督市场管理要求，主要应对如下两种情况的建设工程项目质量政府监督实施招标投标：一是大型、特大型建设工程项目；二是在某一区域的大、中型项目超出项目所在地质量监督机构资质范围的建设工程项目。实施招标投标的关键在于评标，评标的科学性是保证招标投标活动有效性的根本途径，科学合理的评标，可以正确引导监督主体投标行为，实现有效竞争，保证具有较强能力、监督工作业绩好的优良监督机构中标，提高对大型工程项目质量政府监督的效益和水平，确保大型建设工程项目质量的国家和公众的根本利益。

设某地区拟建一个大型工程项目，该项目的可行性研究报告已批准，项目的规模、主要技术经济指标也就初步确定，根据规定，该项目的政府质量监督须实施招标方式委托监督机构，为此，所在区域建设行政主管部门向建设工程质量政府监督管理总站提交项目监督委托招标的请示，监督管理总站与项目所在地建设行政主管部门共同编制、审核了相关招标文件，并按规定的程序完成了监督机构资质预审、建设工程项目答疑会，审核合格后的五个监督机构，也按照指标文件规定，按期提交了合乎招标文件要求的投标文件（五个监督机构的投标方案分别为 S_t，$t = 1, 2, 3, 4, 5$）。建设工程质量政府监督管理总站为了充分实现项目所在地建设行政主管部门的意图与质量监督管理专家的经验有机结合，决定项目质量监督的招标评标采用改进层次分析法，具体实施就是按照图4-7所示，建设工程质量政府监督项目招标改进后评标模型：政府主管部门评委负责决策层和准则层的评价和决策，充分结合项目所在地的建设环境和项目特征要求确定准则层的权重。质量监督管理专家组评委，利用自己的专业特长和经验，分析各子准则层对于准则层的隶属权重，并根据各子准则层指标给予各投标方案赋值计分，最后通过程序化的计算模型实现计算自动化，给出评价结果。

4.4.2 评标实施过程

实际评标过程中，各评委在确定权重时，只需要对同一层指标进行两两比较，按照表4-6Saaty标度说明，确定判断矩阵，然后通过计算机计算，对于通过一致性检验后的评委评价结果计算值进行算术平均，就可以得到该层次指标隶属于上一层的综合隶属度。若某一评委对判断矩阵赋值后，其计算结果不能通过一致性检验，则就需要重新检验所给判断矩阵的逻辑一致性，修正判断矩阵，再进行计算，直至通过一致性检验为止。一般情况下，政府主管部门评委 2~3 人，以 3 人为佳；专家评标组评委 5~7 人，大、中型项目宜 5 人，特大型项目宜 7 人。若此次评标，政府主管部门评委 3 人，专家评委 5 人，那么，两个层次的权重确定公式为：

准则层：$W = (w_1, w_2, \cdots, w_6), w_i = \frac{1}{3} \sum_{l=1}^{3} w_{il}$

式中，w_i 表示政府主管部门评委对准则层指标 U_i 判断的综合权重隶属度；w_{il} 表示政府主管部门第 l 评委对准则层指标 U_i 判断的计算权重隶属度；$i = 1, 2, \cdots, 6$；$l = 1, 2, 3$。

子准则层：$W_i = (w_{ij}), w_{ij} = \frac{1}{5} \sum_{l=1}^{5} w_{ijl}$

式中，w_{ij} 表示专家组评委对子准则层 U_{ij} 隶属于准则层指标 U_i 判断的综合权重隶属度；w_{ijl} 表示专家组第 l 评委对子准则层指标 U_{ij} 隶属于准则层指标 U_i 判断的计算权重隶属度；$i = 1, j = 1, 2, 3, 4$；$i = 2, j = 1, 2, 3, 4$；$i = 3, j = 1, 2, 3, 4$；$i = 4, j = 1, 2, 3, 4$；$i = 5, j = 1, 2$；$i = 6, j = 1, 2, 3, 4$；$l = 1, 2, \cdots, 5$。

为了说明使用层次分析法（AHP）进行权重确定的计算过程，这里演示一个政府主管部门评委计算准则层隶属于决策层权重隶属度的详细计算过程，以便使读者了解和掌握 AHP 方法的手算过程。

（1）构造判断矩阵

不管是政府主管部门评委，还是专家组评委，评标依据的递阶层次结构模型都如图 4-6 所示，只是分工不同，各自考虑自己范围内的指标层次关系。政府主管部门评委的任务是确定第二层（准则层）的权重问题，为此，构造判断矩阵是针对决策层 U，将准则层有关指标因素 U_i 之间进行两两比较。设依据其判断，构造判断矩阵为

$$R^1 = \begin{bmatrix} r_{11}^1 & r_{12}^1 & \cdots & r_{16}^1 \\ r_{21}^1 & r_{22}^1 & \cdots & r_{26}^1 \\ \vdots & \vdots & \vdots & \vdots \\ r_{61}^1 & r_{62}^1 & \cdots & r_{66}^1 \end{bmatrix} = \begin{bmatrix} 1 & 7 & 5 & 2 & 5 & 3 \\ \frac{1}{7} & 1 & \frac{1}{2} & \frac{1}{5} & 3 & \frac{1}{4} \\ \frac{1}{5} & 2 & 1 & \frac{1}{4} & 4 & \frac{1}{3} \\ \frac{1}{2} & 5 & 4 & 1 & 5 & 3 \\ \frac{1}{3} & 4 & 3 & \frac{1}{3} & 3 & 1 \\ \frac{1}{5} & 1 & 2 & \frac{1}{5} & 2 & \frac{1}{2} \end{bmatrix}$$

(2) 层次单排序

第一步：将判断矩阵元素按列归一化计算

$$R_{ij}^1 = \frac{r_{ij}^1}{\sum_{i=1}^{n} r_{ij}^1}$$

$R_{11}^1 = \dfrac{r_{11}^1}{\sum_{i=1}^{6} r_{i1}^1} = \dfrac{1}{2.373} = 0.421$ $\qquad$ $R_{12}^1 = \dfrac{r_{12}^1}{\sum_{i=1}^{6} r_{i2}^1} = \dfrac{7}{20} = 0.35$

$R_{13}^1 = \dfrac{r_{13}^1}{\sum_{i=1}^{6} r_{i3}^1} = \dfrac{5}{15.5} = 0.323$ $\qquad$ $R_{14}^1 = \dfrac{r_{14}^1}{\sum_{i=1}^{6} r_{i4}^1} = \dfrac{2}{3.98} = 0.503$

$R_{15}^1 = \dfrac{r_{15}^1}{\sum_{i=1}^{6} r_{i5}^1} = \dfrac{5}{22} = 0.227$ $\qquad$ $R_{16}^1 = \dfrac{r_{16}^1}{\sum_{i=1}^{6} r_{i6}^1} = \dfrac{3}{8.08} = 0.371$

$R_{21}^1 = \dfrac{r_{21}^1}{\sum_{i=1}^{6} r_{i1}^1} = \dfrac{0.143}{2.379} = 0.060$ $\qquad$ $R_{22}^1 = \dfrac{r_{22}^1}{\sum_{i=1}^{6} r_{i2}^1} = \dfrac{1}{20} = 0.05$

$R_{23}^1 = \dfrac{r_{23}^1}{\sum_{i=1}^{6} r_{i3}^1} = \dfrac{0.5}{15.5} = 0.032$ $\qquad$ $R_{24}^1 = \dfrac{r_{24}^1}{\sum_{i=1}^{6} r_{i4}^1} = \dfrac{0.2}{3.98} = 0.050$

$R_{25}^1 = \dfrac{r_{25}^1}{\sum_{i=1}^{6} r_{i5}^1} = \dfrac{3}{22} = 0.136$ $\qquad$ $R_{26}^1 = \dfrac{r_{26}^1}{\sum_{i=1}^{6} r_{i6}^1} = \dfrac{0.25}{8.08} = 0.031$

$R_{31}^1 = \dfrac{r_{31}^1}{\sum_{i=1}^{6} r_{i1}^1} = \dfrac{0.2}{2.373} = 0.084$ $\qquad$ $R_{32}^1 = \dfrac{r_{32}^1}{\sum_{i=1}^{6} r_{i2}^1} = \dfrac{2}{20} = 0.1$

$R_{33}^1 = \dfrac{r_{33}^1}{\sum_{i=1}^{6} r_{i3}^1} = \dfrac{1}{15.5} = 0.065$ $\qquad$ $R_{34}^1 = \dfrac{r_{34}^1}{\sum_{i=1}^{6} r_{i4}^1} = \dfrac{0.25}{3.98} = 0.063$

$R_{35}^1 = \dfrac{r_{35}^1}{\sum_{i=1}^{6} r_{i5}^1} = \dfrac{4}{22} = 0.182$ $\qquad$ $R_{36}^1 = \dfrac{r_{36}^1}{\sum_{i=1}^{6} r_{i6}^1} = \dfrac{0.33}{8.08} = 0.041$

$R_{41}^1 = \dfrac{r_{41}^1}{\sum_{i=1}^{6} r_{i1}^1} = \dfrac{0.5}{2.373} = 0.211$ $\qquad$ $R_{42}^1 = \dfrac{r_{42}^1}{\sum_{i=1}^{6} r_{i2}^1} = \dfrac{5}{20} = 0.25$

$$R_{43}^1 = \frac{r_{43}^1}{\sum_{i=1}^{6} r_{i3}^1} = \frac{4}{15.5} = 0.258 \qquad R_{44}^1 = \frac{r_{44}^1}{\sum_{i=1}^{6} r_{i4}^1} = \frac{1}{3.98} = 0.251$$

$$R_{45}^1 = \frac{r_{45}^1}{\sum_{i=1}^{6} r_{i5}^1} = \frac{5}{22} = 0.227 \qquad R_{46}^1 = \frac{r_{46}^1}{\sum_{i=1}^{6} r_{i6}^1} = \frac{3}{8.08} = 0.371$$

$$R_{51}^1 = \frac{r_{51}^1}{\sum_{i=1}^{6} r_{i1}^1} = \frac{0.333}{2.373} = 0.140 \qquad R_{52}^1 = \frac{r_{52}^1}{\sum_{i=1}^{6} r_{i2}^1} = \frac{4}{20} = 0.2$$

$$R_{53}^1 = \frac{r_{53}^1}{\sum_{i=1}^{6} r_{i3}^1} = \frac{3}{15.5} = 0.194 \qquad R_{54}^1 = \frac{r_{54}^1}{\sum_{i=1}^{6} r_{i4}^1} = \frac{0.33}{3.98} = 0.083$$

$$R_{55}^1 = \frac{r_{55}^1}{\sum_{i=1}^{6} r_{i5}^1} = \frac{3}{22} = 0.136 \qquad R_{56}^1 = \frac{r_{56}^1}{\sum_{i=1}^{6} r_{i6}^1} = \frac{1}{8.08} = 0.124$$

$$R_{61}^1 = \frac{r_{61}^1}{\sum_{i=1}^{6} r_{i1}^1} = \frac{0.2}{2.373} = 0.084 \qquad R_{62}^1 = \frac{r_{62}^1}{\sum_{i=1}^{6} r_{i2}^1} = \frac{1}{20} = 0.05$$

$$R_{63}^1 = \frac{r_{63}^1}{\sum_{i=1}^{6} r_{i3}^1} = \frac{2}{15.5} = 0.129 \qquad R_{64}^1 = \frac{r_{64}^1}{\sum_{i=1}^{6} r_{i4}^1} = \frac{0.2}{3.98} = 0.050$$

$$R_{65}^1 = \frac{r_{65}^1}{\sum_{i=1}^{6} r_{i5}^1} = \frac{2}{22} = 0.091 \qquad R_{66}^1 = \frac{r_{66}^1}{\sum_{i=1}^{6} r_{i6}^1} = \frac{0.5}{8.08} = 0.062$$

第二步：将按列归一化后的元素按行相加计算

$$R_i^1 = \sum_{j=1}^{m} R_{ij}$$

$$R_1^1 = \sum_{j=1}^{6} R_{1j} = 2.195 \qquad R_2^1 = \sum_{j=1}^{6} R_{2j} = 0.359 \qquad R_3^1 = \sum_{j=1}^{6} R_{3j} = 0.535$$

$$R_4^1 = \sum_{j=1}^{6} R_{4j} = 1.568 \qquad R_5^1 = \sum_{j=1}^{6} R_{5j} = 0.877 \qquad R_6^1 = \sum_{j=1}^{6} R_{6j} = 0.466$$

第三步：所得的行和向量归一化，即得 U_i 指标层的权重

$$w_i^1 = \frac{R_i^1}{\sum_{i=1}^{n} R_i^1}$$

$$w_1^1 = \frac{R_1^1}{\sum_{i=1}^{6} R_i^1} = \frac{2.195}{6} = 0.366 \quad\quad w_2^1 = \frac{R_2^1}{\sum_{i=1}^{6} R_i^1} = \frac{0.359}{6} = 0.060$$

$$w_3^1 = \frac{R_3^1}{\sum_{i=1}^{6} R_i^1} = \frac{0.535}{6} = 0.089 \quad\quad w_4^1 = \frac{R_4^1}{\sum_{i=1}^{6} R_i^1} = \frac{1.568}{6} = 0.261$$

$$w_5^1 = \frac{R_5^1}{\sum_{i=1}^{6} R_i^1} = \frac{0.887}{6} = 0.148 \quad\quad w_6^1 = \frac{R_6^1}{\sum_{i=1}^{6} R_i^1} = \frac{0.466}{6} = 0.078$$

以上计算结果可以列表表示，见表 4-9。

表 4-9

R_{ij}	U_1	U_2	U_3	U_4	U_5	U_6	w_i^1
U_1	0.421	0.35	0.323	0.503	0.227	0.371	0.366
U_2	0.060	0.05	0.032	0.050	0.136	0.031	0.060
U_3	0.084	0.1	0.065	0.063	0.182	0.041	0.089
U_4	0.211	0.25	0.258	0.251	0.227	0.371	0.261
U_5	0.140	0.2	0.194	0.083	0.136	0.124	0.148
U_6	0.084	0.05	0.129	0.050	0.091	0.062	0.078

（3）进行一致性检验

第一步：计算构造矩阵的最大特征根 $\lambda_{\max} = \sum_{i=1}^{6} (Rw)_i / nw_i$

$$R^1 w^1 = \begin{bmatrix} 1 & 7 & 5 & 2 & 5 & 3 \\ \frac{1}{7} & 1 & \frac{1}{2} & \frac{1}{5} & 3 & \frac{1}{4} \\ \frac{1}{5} & 2 & 1 & \frac{1}{4} & 4 & \frac{1}{3} \\ \frac{1}{2} & 5 & 4 & 1 & 5 & 3 \\ \frac{1}{3} & 4 & 3 & \frac{1}{3} & 3 & 1 \\ \frac{1}{5} & 1 & 2 & \frac{1}{5} & 2 & \frac{1}{2} \end{bmatrix} \begin{bmatrix} 0.366 \\ 0.060 \\ 0.089 \\ 0.261 \\ 0.148 \\ 0.078 \end{bmatrix} = \begin{bmatrix} 2.727 \\ 0.673 \\ 1.766 \\ 2.074 \\ 1.2359 \\ 0.6984 \end{bmatrix}$$

$$\lambda_{\max} = \sum_{i=1}^{6}(R^1w^1)_i/nw_i = \frac{2.727}{6\times0.366} + \frac{0.673}{6\times0.06} + \frac{1.766}{6\times0.089} + \frac{2.074}{6\times0.261}$$

$$+ \frac{1.2359}{6\times0.148} + \frac{0.6984}{6\times0.078} = 10.627$$

$$C_I = \frac{(\lambda_{\max}-n)}{(n-1)} = \frac{(10.627-6)}{(6-1)} = 0.9254$$

查表 4–3 得，$R_I = 1.24$

因为 $C_R = \frac{C_I}{R_I} = \frac{0.9254}{1.24} = 0.746 > 0.1$

所以，没有通过一致性检验。

这就需要重新检查判断矩阵，经检查，判断矩阵中的第五、第六行数据与前面数据之间存在逻辑上的不一致性，重新修正后的判断矩阵为：

$$R^{1'} = \begin{bmatrix} 1 & 7 & 5 & 2 & 5 & 3 \\ \frac{1}{7} & 1 & \frac{1}{2} & \frac{1}{5} & 3 & \frac{1}{4} \\ \frac{1}{5} & 2 & 1 & \frac{1}{4} & 4 & \frac{1}{3} \\ \frac{1}{2} & 5 & 4 & 1 & 5 & 3 \\ \frac{1}{5} & \frac{1}{3} & \frac{1}{4} & \frac{1}{5} & 1 & \frac{1}{3} \\ \frac{1}{3} & 4 & 3 & \frac{1}{3} & 3 & 1 \end{bmatrix}$$

根据此判断矩阵重新进行计算，计算结果见表 4-10。

表 4-10

R_{ij}	U_1	U_2	U_3	U_4	U_5	U_6	w_i^1
U_1	0.422	0.175	0.364	0.503	0.238	0.379	0.358
U_2	0.060	0.052	0.036	0.050	0.143	0.031	0.064
U_3	0.084	0.103	0.073	0.063	0.190	0.042	0.095
U_4	0.211	0.259	0.291	0.251	0.238	0.379	0.291
U_5	0.084	0.017	0.018	0.050	0.048	0.042	0.045
U_6	0.139	0.207	0.218	0.083	0.143	0.126	0.158

下面对此修改构造矩阵后的计算结果再进行一致性检验。

第一步：计算构造矩阵的最大特征根 $\lambda_{max} = \sum\limits_{i=1}^{6}(Rw)_i/nw_i$

$$R^{1'}w^1 = \begin{bmatrix} 1 & 7 & 5 & 2 & 5 & 3 \\ \frac{1}{7} & 1 & \frac{1}{2} & \frac{1}{5} & 3 & \frac{1}{4} \\ \frac{1}{5} & 2 & 1 & \frac{1}{4} & 4 & \frac{1}{3} \\ \frac{1}{2} & 5 & 4 & 1 & 5 & 3 \\ \frac{1}{5} & \frac{1}{3} & \frac{1}{4} & \frac{1}{5} & 1 & \frac{1}{3} \\ \frac{1}{3} & 4 & 3 & \frac{1}{3} & 3 & 1 \end{bmatrix} \begin{bmatrix} 0.358 \\ 0.064 \\ 0.095 \\ 0.291 \\ 0.045 \\ 0.158 \end{bmatrix} = \begin{bmatrix} 2.662 \\ 0.352 \\ 0.601 \\ 1.964 \\ 0.273 \\ 0.775 \end{bmatrix}$$

$$\lambda_{max} = \sum_{i=1}^{6} \frac{(R^{1'}w^1)_i}{nw_i} = \frac{2.662}{6 \times 0.358} + \frac{0.352}{6 \times 0.064} + \frac{0.601}{6 \times 0.095} + \frac{1.964}{6 \times 0.291}$$
$$+ \frac{0.273}{6 \times 0.045} + \frac{0.775}{6 \times 0.158} = 6.164$$

$$C_I = \frac{(\lambda_{max} - n)}{(n-1)} = \frac{(6.164 - 6)}{(6-1)} = 0.0328$$

因为 $C_R = \dfrac{C_I}{R_I} = \dfrac{0.0328}{1.24} = 0.026 < 0.1$

所以，通过一致性检验。

由此就可以得到这个政府主管部门评委计算准则层的权重隶属度为 $W^1 = (w_1^1, w_2^1, \cdots, w_6^1) = (0.358, 0.064, 0.095, 0.291, 0.045, 0.158)$。

同样可以根据其他两位评委确定的构造判断矩阵计算他们各自对于准则层隶属于决策层的计算权重隶属度，将三人计算结果进行算术平均，就得到评标时准则层的权重隶属度 $W = \dfrac{1}{3}\sum\limits_{l=1}^{3}W^l$。设其他两位评委权重计算结果分别为 $W^2 = (0.327, 0.104, 0.115, 0.257, 0.070, 0.122)$，$W^3 = (0.276, 0.117, 0.123, 0.205, 0.131, 0.152)$，则最后可得到准则层权重为 $W = (0.320, 0.095, 0.111, 0.251, 0.082, 0.144)$。

专家评标组评委计算子准则层对于准则层权重隶属度的 AHP 计算过程，同样可以按以上步骤进行，即五位专家分别构造五个判断矩阵，分别进行权重计算和一致性检验，检验都通过后，将其进行算术平均，即可得到第三层次隶属于第二层次的重权系数 $W_i = (w_{ij})$。设经过计算可得到子准则层隶属度权重分别为 $W_1 = (0.16,$

$0.32, 0.28, 0.24$),$W_2 = (0.45, 0.18, 0.20, 0.17)$,$W_3 = (0.22, 0.31, 0.20,$
$0.27)$,$W_4 = (0.30, 0.15, 0.28, 0.27)$,$W_5 = (0.56, 0.44)$,$W_6 = (0.35, 0.30,$
$0.20, 0.15)$。

以上演示了使用 AHP 方法分别进行两个层次权重隶属度计算与检验过程，下面将是专家评标组评委的核心工作，就是对投标方案的评价，投标方案的评价是根据各个专家对每个方案对于子准则层指标隶属等级的评价得以实现的。

设给定评语集 $V = (V_1, V_2, V_3, V_4) = $（优，良，中，差），并对其评语集相应等级赋值为 $V = (10, 7, 4, 0)$。那么，各个专家的任务就是判断给定各方案在各个子准则层指标的隶属等级，通常可以通过填写表格的形式给予评定。这里只演示五位专家对投标方案 S_1 的评价计算过程，对于五位专家等权重对待，也就是说，投标方案 S_1 对于子准则层每个指标的隶属等级的实际得分，就等于每个专家评定等级所对应该等级的赋值之和的算术平均值。五位专家对投标方案 S_1 的评价结果表示分别见表 4-11，表 4-12，表 4-13，表 4-14，表 4-15。

表 4-11　专家 1 对投标方案 S_1 的评价结果

指标体系 \ 定性等级 \ 分值	评分			
	(10)	(7)	(4)	(0)
监督质量承诺 U_{11}	优	良√	中	差
监督计划与方案 U_{12}	优√	良	中	差
监督制度与质保体系 U_{13}	优	良√	中	差
监督业绩 U_{14}	优	良	中√	差
监督总费用 U_{21}	优	良	中√	差
监督人工费 U_{22}	优	良√	中	差
材料设备使用费 U_{23}	优	良	中√	差
管理及其他费用 U_{24}	优	良	中√	差
人员组成结构 U_{31}	优	良√	中	差
工作能力 U_{32}	优√	良	中	差
学习能力 U_{33}	优	良√	中	差
监督信息处理能力 U_{34}	优	良	中√	差
共同价值观 U_{41}	优√	良	中	差
协调的人际关系 U_{42}	优	良	中√	差
人员职责和角色 U_{43}	优	良	中√	差
团队领导能力 U_{44}	优	良√	中	差

续表

指标体系 \ 定性等级 \ 分值	(10)	(7)	(4)	(0)
检测仪器设备 U_{51}	优	良√	中	差
信息化建设 U_{52}	优	良	中	差√
用户评价 U_{61}	优	良√	中	差
社会监督 U_{62}	优	良	中√	差
社会保证担保 U_{63}	优√	良	中	差
获得荣誉 U_{64}	优	良	中√	差

表 4-12　专家 2 对投标方案 S_1 的评价结果

指标体系 \ 定性等级 \ 分值	(10)	(7)	(4)	(0)
监督质量承诺 U_{11}	优	良	中√	差
监督计划与方案 U_{12}	优√	良	中	差
监督制度与质保体系 U_{13}	优√	良	中	差
监督业绩 U_{14}	优	良√	中	差
监督总费用 U_{21}	优	良√	中	差
监督人工费 U_{22}	优	良	中√	差
材料设备使用费 U_{23}	优	良√	中	差
管理及其他费用 U_{24}	优	良√	中	差
人员组成结构 U_{31}	优√	良	中	差
工作能力 U_{32}	优	良√	中	差
学习能力 U_{33}	优	良	中	差√
监督信息处理能力 U_{34}	优	良	中√	差
共同价值观 U_{41}	优	良√	中	差
协调的人际关系 U_{42}	优	良	中	差
人员职责和角色 U_{43}	优	良√	中	差
团队领导能力 U_{44}	优	良	中√	差
检测仪器设备 U_{51}	优	良√	中	差
信息化建设 U_{52}	优	良	中√	差
用户评价 U_{61}	优√	良	中	差
社会监督 U_{62}	优	良√	中	差
社会保证担保 U_{63}	优	良√	中	差
获得荣誉 U_{64}	优	良	中√	差

表4-13 专家3对投标方案 S_1 的评价结果

指标体系 \ 定性等级 \ 分值	评分			
	(10)	(7)	(4)	(0)
监督质量承诺 U_{11}	优√	良	中	差
监督计划与方案 U_{12}	优	良√	中	差
监督制度与质保体系 U_{13}	优	良	中√	差
监督业绩 U_{14}	优	良√	中	差
监督总费用 U_{21}	优	良√	中	差
监督人工费 U_{22}	优	良√	中	差
材料设备使用费 U_{23}	优	良	中	差√
管理及其他费用 U_{24}	优	良√	中	差
人员组成结构 U_{31}	优	良	中√	差
工作能力 U_{32}	优	良√	中	差
学习能力 U_{33}	优	良	中√	差
监督信息处理能力 U_{34}	优	良√	中	差
共同价值观 U_{41}	优	良√	中	差
协调的人际关系 U_{42}	优√	良	中	差
人员职责和角色 U_{43}	优	良√	中	差
团队领导能力 U_{44}	优√	良	中	差
检测仪器设备 U_{51}	优√	良	中	差
信息化建设 U_{52}	优	良	中√	差
用户评价 U_{61}	优	良	中√	差
社会监督 U_{62}	优	良	中√	差
社会保证担保 U_{63}	优√	良	中	差
获得荣誉 U_{64}	优	良	中√	差

表4-14 专家4对投标方案 S_1 的评价结果

指标体系 \ 定性等级 \ 分值	评分			
	(10)	(7)	(4)	(0)
监督质量承诺 U_{11}	优	良√	中	差
监督计划与方案 U_{12}	优	良√	中	差
监督制度与质保体系 U_{13}	优	良√	中	差
监督业绩 U_{14}	优	良√	中	差
监督总费用 U_{21}	优	良	中√	差

续表

指标体系 \ 定性等级	分值 (10)	(7)	(4)	(0)
		评 分		
监督人工费 U_{22}	优	良√	中	差
材料设备使用费 U_{23}	优	良	中√	差
管理及其他费用 U_{24}	优	良	中√	差
人员组成结构 U_{31}	优	良	中√	差
工作能力 U_{32}	优√	良	中	差
学习能力 U_{33}	优	良√	中	差
监督信息处理能力 U_{34}	优	良√	中	差
共同价值观 U_{41}	优	良	中√	差
协调的人际关系 U_{42}	优	良	中	差√
人员职责和角色 U_{43}	优√	良	中	差
团队领导能力 U_{44}	优	良√	中	差
检测仪器设备 U_{51}	优	良	中√	差
信息化建设 U_{52}	优	良	中	差
用户评价 U_{61}	优	良	中√	差
社会监督 U_{62}	优	良√	中	差
社会保证担保 U_{63}	优	良	中	差
获得荣誉 U_{64}	优	良√	中	差

表 4-15 专家 5 对投标方案 S_1 的评价结果

指标体系 \ 定性等级	分值 (10)	(7)	(4)	(0)
		评 分		
监督质量承诺 U_{11}	优	良√	中	差
监督计划与方案 U_{12}	优	良	中√	差
监督制度与质保体系 U_{13}	优	良	中√	差
监督业绩 U_{14}	优	良	中√	差
监督总费用 U_{21}	优√	良	中	差
监督人工费 U_{22}	优√	良	中	差
材料设备使用费 U_{23}	优√	良	中	差
管理及其他费用 U_{24}	优	良√	中	差
人员组成结构 U_{31}	优	良√	中	差
工作能力 U_{32}	优	良	中√	差
学习能力 U_{33}	优	良	中√	差
监督信息处理能力 U_{34}	优	良	中	差√

续表

指标体系 \ 定性等级 \ 分值	评 分			
	(10)	(7)	(4)	(0)
共同价值观 U_{41}	优	良	中	差√
协调的人际关系 U_{42}	优	良	中√	差
人员职责和角色 U_{43}	优	良	中√	差
团队领导能力 U_{44}	优	良√	中	差
检测仪器设备 U_{51}	优	良	中√	差
信息化建设 U_{52}	优	良	中√	差
用户评价 U_{61}	优	良√	中	差
社会监督 U_{62}	优√	良	中	差
社会保证担保 U_{63}	优	良√	中	差
获得荣誉 U_{64}	优	良√	中	差

由此可得专家组对投标方案 S_1 子准则层指标的隶属评价分值分别为：

$$a_{11}^{S_1} = \frac{1}{5}\sum_{l=1}^{5} a_{11l}^{S_1} = 7 \quad a_{12}^{S_1} = \frac{1}{5}\sum_{l=1}^{5} a_{12l}^{S_1} = 7.6 \quad a_{13}^{S_1} = \frac{1}{5}\sum_{l=1}^{5} a_{13l}^{S_1} = 6.4$$

$$a_{14}^{S_1} = \frac{1}{5}\sum_{l=1}^{5} a_{14l}^{S_1} = 5.8 \quad a_{21}^{S_1} = \frac{1}{5}\sum_{l=1}^{5} a_{21l}^{S_1} = 6.4 \quad a_{22}^{S_1} = \frac{1}{5}\sum_{l=1}^{5} a_{22l}^{S_1} = 7$$

$$a_{23}^{S_1} = \frac{1}{5}\sum_{l=1}^{5} a_{23l}^{S_1} = 5 \quad a_{24}^{S_1} = \frac{1}{5}\sum_{l=1}^{5} a_{24l}^{S_1} = 5.8 \quad a_{31}^{S_1} = \frac{1}{5}\sum_{l=1}^{5} a_{31l}^{S_1} = 6.4$$

$$a_{32}^{S_1} = \frac{1}{5}\sum_{l=1}^{5} a_{32l}^{S_1} = 7.6 \quad a_{33}^{S_1} = \frac{1}{5}\sum_{l=1}^{5} a_{33l}^{S_1} = 4.4 \quad a_{34}^{S_1} = \frac{1}{5}\sum_{l=1}^{5} a_{34l}^{S_1} = 4.4$$

$$a_{41}^{S_1} = \frac{1}{5}\sum_{l=1}^{5} a_{41l}^{S_1} = 5.6 \quad a_{42}^{S_1} = \frac{1}{5}\sum_{l=1}^{5} a_{42l}^{S_1} = 5 \quad a_{43}^{S_1} = \frac{1}{5}\sum_{l=1}^{5} a_{43l}^{S_1} = 6.4$$

$$a_{44}^{S_1} = \frac{1}{5}\sum_{l=1}^{5} a_{44l}^{S_1} = 7 \quad a_{51}^{S_1} = \frac{1}{5}\sum_{l=1}^{5} a_{51l}^{S_1} = 6.4 \quad a_{52}^{S_1} = \frac{1}{5}\sum_{l=1}^{5} a_{52l}^{S_1} = 1.8$$

$$a_{61}^{S_1} = \frac{1}{5}\sum_{l=1}^{5} a_{61l}^{S_1} = 6.4 \quad a_{62}^{S_1} = \frac{1}{5}\sum_{l=1}^{5} a_{62l}^{S_1} = 6.4 \quad a_{63}^{S_1} = \frac{1}{5}\sum_{l=1}^{5} a_{63l}^{S_1} = 8.2$$

$$a_{64}^{S_1} = \frac{1}{5}\sum_{l=1}^{5} a_{64l}^{S_1} = 5.2$$

此综合评价分值与其子准则层指标相应的权重隶属度相乘，可以得到其相应考虑权重的评分。

$$a_1^{S_1} = \sum_{j=1}^{4} a_{1j}^{S_1} w_{1j} = 7 \times 0.16 + 7.6 \times 0.32 + 6.4 \times 0.28 + 5.8 \times 0.24 = 6.736$$

$$a_2^{S_1} = \sum_{j=1}^{4} a_{2j}^{S_1} w_{2j} = 6.4 \times 0.45 + 7 \times 0.18 + 5 \times 0.2 + 5.8 \times 0.17 = 6.126$$

$$a_3^{S_1} = \sum_{j=1}^{4} a_{3j}^{S_1} w_{3j} = 6.4 \times 0.22 + 7.6 \times 0.31 + 4.4 \times 0.2 + 4.4 \times 0.27 = 5.832$$

$$a_4^{S_1} = \sum_{j=1}^{4} a_{4j}^{S_1} w_{4j} = 5.6 \times 0.3 + 5 \times 0.15 + 6.4 \times 0.28 + 7 \times 0.27 = 6.112$$

$$a_5^{S_1} = \sum_{j=1}^{4} a_{5j}^{S_1} w_{5j} = 6.4 \times 0.56 + 1.8 \times 0.44 = 4.376$$

$$a_6^{S_1} = \sum_{j=1}^{4} a_{6j}^{S_1} w_{6j} = 6.4 \times 0.35 + 6.4 \times 0.3 + 8.2 \times 0.2 + 5.2 \times 0.15 = 6.58$$

4.4.3 评标结果与应用

此合成的评价分值与准则层指标一一对应，表示考虑子准则层权重下的准则层综合评价分值，这些准则层指标综合评价分值再乘以准则层指标相应的权重之和，就可得到该投标方案 S_1 的最后综合评价值：

$$\begin{aligned}B_1 = \sum_{i=1}^{6} a_i^{S_1} w_i &= 6.736 \times 0.320 + 6.126 \times 0.095 + 5.832 \times 0.111 + 6.112 \\ &\quad \times 0.251 + 4.376 \times 0.082 + 6.58 \times 0.144 = 6.226\end{aligned}$$

同样，专家可以对其他 4 个投标方案 $S_t(t=2,3,4,5)$ 按照表 4-6 至表 4-10 的格式对它们进行各子准则指标隶属等级评价，根据表中各等级的赋值依次进行合成计算 $a_{ij}^{S_t}$，$a_i^{S_t}$，最后可计算得到它们的最后综合评价得分值 B_t。这里省略评价等级表及其计算过程，只给出它们的最后得分值分别为 $B_2 = 7.086$，$B_3 = 5.873$，$B_4 = 6.385$，$B_5 = 6.862$。

根据以上评价计算结果，五个投标方案综合评价顺序为 S_2，S_5，S_4，S_1，S_3。根据此评价结果选择监督机构的优先次序就是 S_2，S_5，S_4，S_1，S_3。

4.5 政府工程质量监督人员绩效考核评价

建设工程质量政府监督市场能否高效运行，提高政府质量监督的有效性，其最基础的关键在于质量监督人员是否有效地实施质量执法监督，是否严格执行质量监督的法律、规格与标准，是否科学公正地开展质量监督活动。为此，保证建设工程质量政府监督目标的实现，以市场管理角度来讲，就必须加强对监督人员的考核、评价与管理。监督人员评价是对监督活动主体的评价，具体实施是对监督执业人员业绩考核与评价。

4.5.1 工程质量政府监督人员绩效考核评价的意义

（1）强化监督市场要素管理的需要

建设工程质量政府监督的社会化、专业化，必然要求提高监督主体——质量监督人员的素质和能力。质量监督活动是受政府委托的执法过程，质量监督是一项专业性很强的技术工作，能否保证政府质量监督的有效性，关键在于监督人员的知识、业务水平和执法监督的工作能力。要提高监督人员的素质和能力，规范监督人员的执法行为，提高监督工作的科学性，就必须通过加强对监督人员业绩的全面考核与评价，来促进其不断扩展知识、增强能力、提高水平，而且需要把监督人员市场准入的执业资格培训、考核与业绩评价结合起来，把考核评价结果与其职称、职务晋升和降级结合起来，与注册和清退制度结合起来，这样才能有效地管理好市场活动的主体要素，净化市场，保证监督的效果。

（2）实现监督人员科学激励的前提

建设工程质量政府监督是受政府委托的执法监督，一旦确定监督机构在其区域周围内就有一定的局部垄断性，是一个不完全竞争市场，具有明显的委托代理行为，委托代理关系的信息不对称现象和逆向选择行为的存在，要求委托人通过有效的激励约束机制，激发代理人——监督机构从严执法的能动性。同样，建设工程质量政府监督实施法人负责制，监督机构法人与其项目监督人员之间也有着委托代理的行为，也必须对其实施科学的激励与约束。当然，这样就需要设计科学合理的激励约束机制，但如何准确地把握激励约束的尺度，对监督人员的执法行为、能力、品质、工作态度、工作业绩等实施全面综合考核评价是前提。只有建立在科学考核评价基础上的激励与约束机制的实施才会有效，才能真正起到奖优罚劣、奖勤罚懒，以监督人员高效的执法工作，促进建设工程质量政府监督的有效与科学。

（3）督促监督人员与时俱进、提高能力的需要

政府质量监督人员绩效考核综合评价不仅看业绩、看结果，而且重视监督人员知识结构的完善、业务培训的持续、品质素质的优化、能力水平的提高、工作态度的端正、监督行为的规范、社会反映的良好等。这样的考核制度，可以全面反映质量监督人员从事政府质量监督的过程和效果，必然促使监督人员全面提高自身素质和修养、创造性地学习、开拓性地执法监督，以质量监督人员能力的综合提升来实施监督市场要素的改善，保证政府质量监督实现可持续发展。

4.5.2 工程质量政府监督人员绩效考核评价内容与指标体系

建设工程质量政府监督人员的绩效评价可以从两个层次实施，既包括政府质量

监督管理总站从市场管理角度的注册、年检和市场要素管理需要的考核；也包括监督机构从自身发展要求出发，对其相关人员实施目标管理要素的业绩考核。但考核目标和目的的重点在于规范监督人员执法行为，提高监督人员业务水平和素质，增强监督人员现场监督的能力，以监督人员高效工作保证政府质量监督的效益与效果。

（1）工程质量政府监督人员绩效考核评价的主要内容

建设工程质量监督人员绩效考核评价可包括五个方面的内容：知识结构与培训、品德素质能力、工作态度与业绩、监督行为和外部监督。

①知识结构与培训

从考核监督人员知识培训水平及基本技能要求处理，既考虑其知识面与掌握情况，又重视知识更新与培训，使其能够具备与建筑技术发展相适应的知识体系和技能技巧。主要包括强制性标准与法规、检测手段与方法、信息系统与计算机手段工作实践经验与经历、工程管理基本理论、外语水平与应用、新技术新规范学习、资质考核培训、岗位阶段培训和创新学习能力。

②品德素质与能力

执法监督对其监督人员有更高的职业道德和品德修养的要求，也有管理决策与处理问题能力的要求，监督人员绩效考核评价需要将其纳入评价的范畴。这方面的考核可包括身体素质与精力、吃苦敬业精神、执法公正与水平、判断与决策能力、处理问题能力、组织协同能力、分析概括能力和语言表达能力。

③监督工作行为

监督行为决定监督工作的成败，规范监督工作行为是提高监督有效性的基础，也是考核监督人员绩效的重点和难点。它的考核评价主要包括监督制度执行、监督计划实施、监督程序规范、监督执法行为、监督现场到位和监督记录与备案登记。

④工作态度与业绩

工作态度的好坏、指导监督行为、工作业绩的高低反映监督的效果，把工作态度与业绩结合起来考察监督人员能够较为合理地反映监督结果的可靠性和水平。工作态度与业绩考核评价包括工作态度与表现、监督工作量、监督项目一次备案率、监督项目优良率、执法监督效果和监督处罚情况。

⑤外部认可与评价

工程质量监督是受政府委托的执法监督，其目的就是要维护国家和公众的工程质量利益。监督效果的好坏由相关利益主体对其进行评价具有一定的客观性。因此，监督人员绩效考核综合评价不可或缺外部认可与评价。外部认可与评价可以从以下几个方面考虑：用户评价、建设主体反映、公众监督、社会影响与声誉和公共媒体评价。

（2）工程质量政府监督人员绩效考核综合评价指标体系

根据建设工程质量监督人员绩效考核评价的内容，建设工程政府质量监督人员绩效考核综合评价的三个层次指标体系，如图4-9所示。

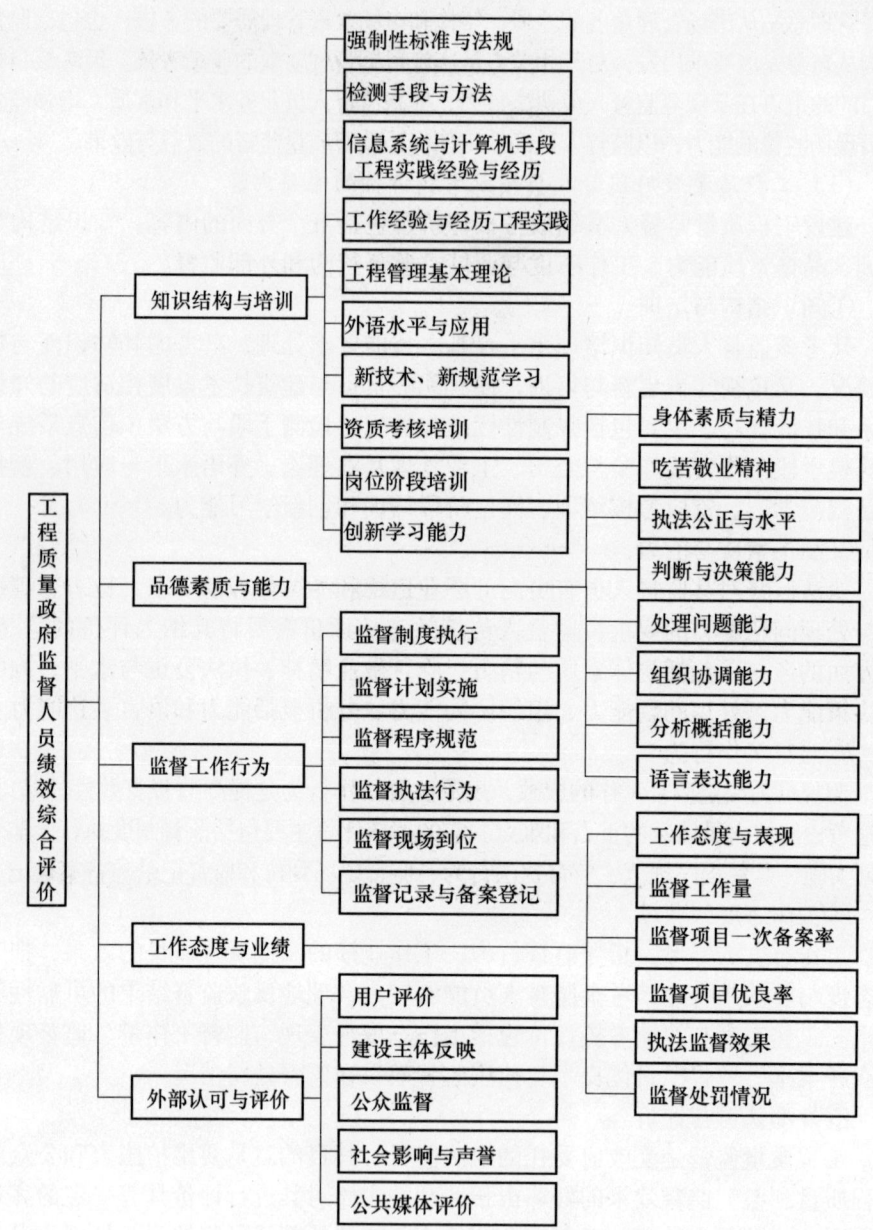

图 4-9 工程质量政府监督人员绩效考核综合评价指标体系

4.5.3 工程质量政府监督人员绩效考核多级模糊评价方法

在图 4-10 中所示的评价指标集中,从两个层次定义了政府质量监督人员

第4章 工程质量政府监督行业管理评价

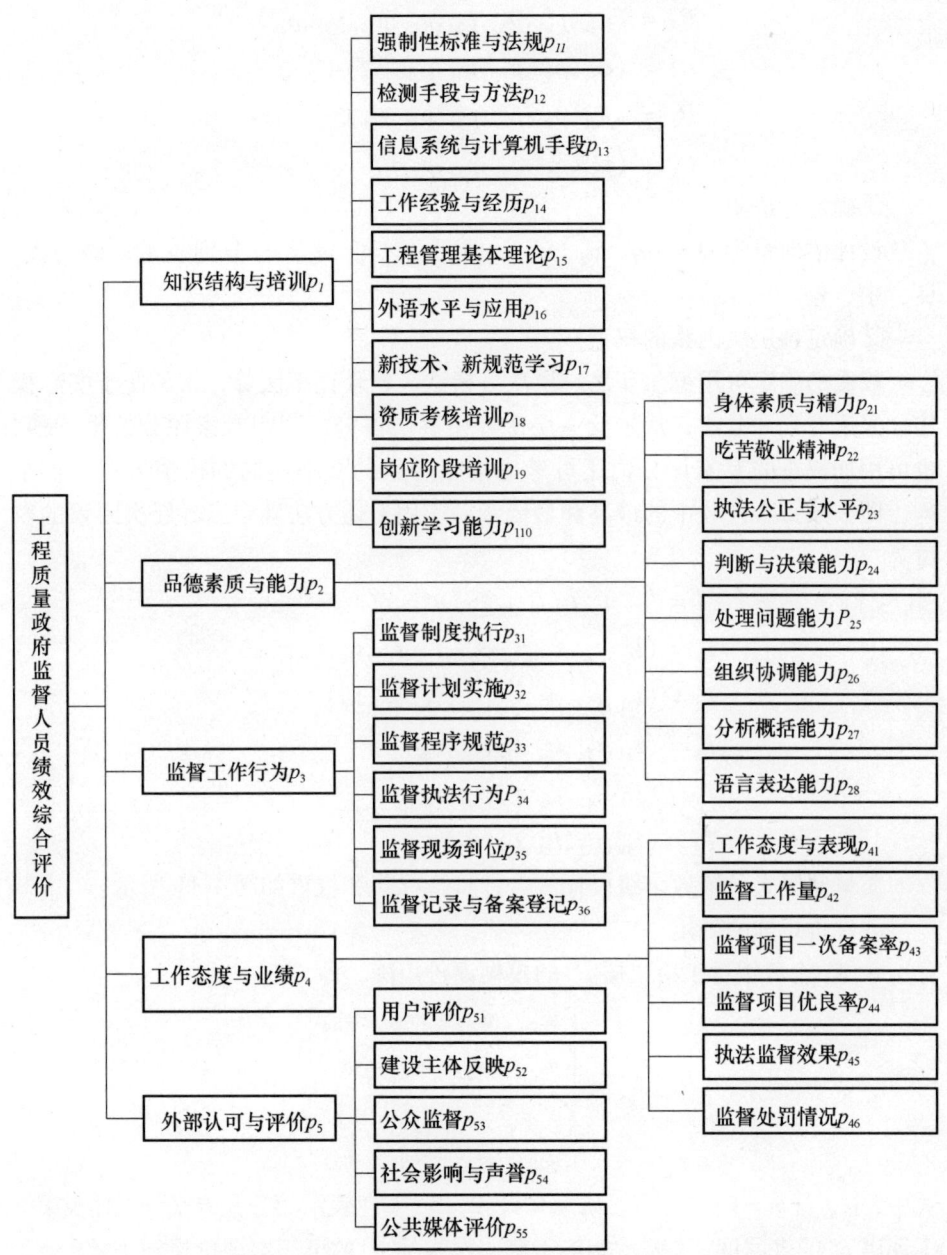

图 4-10 工程质量政府监督人员绩效考核综合评价指标集

绩效评价指标，分别为

$$P = (p_1, p_2, p_3, p_4, p_5)$$

$$P_1 = (p_{11}, p_{12}, p_{13}, p_{14}, p_{15}, p_{16}, p_{17}, p_{18}, p_{19}, p_{110})$$

$$P_2 = (p_{21}, p_{22}, p_{23}, p_{24}, p_{25}, p_{26}, p_{27}, p_{28})$$
$$P_3 = (p_{31}, p_{32}, p_{33}, p_{34}, p_{35}, p_{36})$$
$$P_4 = (p_{41}, p_{42}, p_{43}, p_{44}, p_{45}, p_{46})$$
$$P_5 = (p_{51}, p_{52}, p_{53}, p_{54}, p_{55})$$

①确定评语集

设评语向量为 $O = (o_1, o_2, o_3, o_4)$，o_1、o_2、o_3、o_4 分别表示评语为优、良、中、差。

②确定各层次因素的权重

权重的确定可用德尔菲法、层次分析法、连环比率法等，为了便于实际操作，采用专家评分法，从较低一层次开始逐层评分，可用专家评分的平均值，也可用加权重的专家评分，还可考虑剔除专家的极端偏向的极值方法，再平均，即去掉每个评分中的最高和最低者。应用上述方法确定出各层次因素的权重为

$$T = (t_1, t_2, t_3, t_4, t_5)$$
$$T_1 = (t_{11}, t_{12}, t_{13}, t_{14}, t_{15}, t_{16}, t_{17}, t_{18}, t_{19}, t_{110})$$
$$T_2 = (t_{21}, t_{22}, t_{23}, t_{24}, t_{25}, t_{26}, t_{27}, t_{28})$$
$$T_3 = (t_{31}, t_{32}, t_{33}, t_{34}, t_{35}, t_{36})$$
$$T_4 = (t_{41}, t_{42}, t_{43}, t_{44}, t_{45}, t_{46})$$
$$T_5 = (t_{51}, t_{52}, t_{53}, t_{54}, t_{55})$$

质量监督人员绩效多级模糊综合评价指标集和权重如图 4-11 所示。

③评价矩阵的确定

令 W_i 表示相对于第二层 P_i 的模糊评价矩阵，即

$$W_i = \begin{bmatrix} w_{i11} & w_{i12} & w_{i13} & w_{i14} \\ w_{i21} & w_{i22} & w_{i23} & w_{i24} \\ \vdots & \vdots & \vdots & \vdots \\ w_{ik1} & w_{ik2} & w_{ik3} & w_{ik4} \end{bmatrix}$$

式中，w_{imn}（$m = 1, 2, \cdots, k$；$n = 1, 2, 3, 4$）表示第三层指标 p_{im} 对于第 n 个评语 o_n 的隶属度，k 表示相应于第二层指标 P_i 的第三层评价指标个数。w_{imn} 的值根据专家评分结果进行整理，得到相对于指标 p_{im} 的评语中有 a_{m1} 个 o_1 级评语，a_{m2} 个 o_2 级评语，a_{m3} 个 o_3 级评语，a_{m4} 个 o_4 级评语，则

$$w_{imn} = a_{mn} / \sum_{t=1}^{4} a_{mt} \quad (n = 1, 2, 3, 4)$$

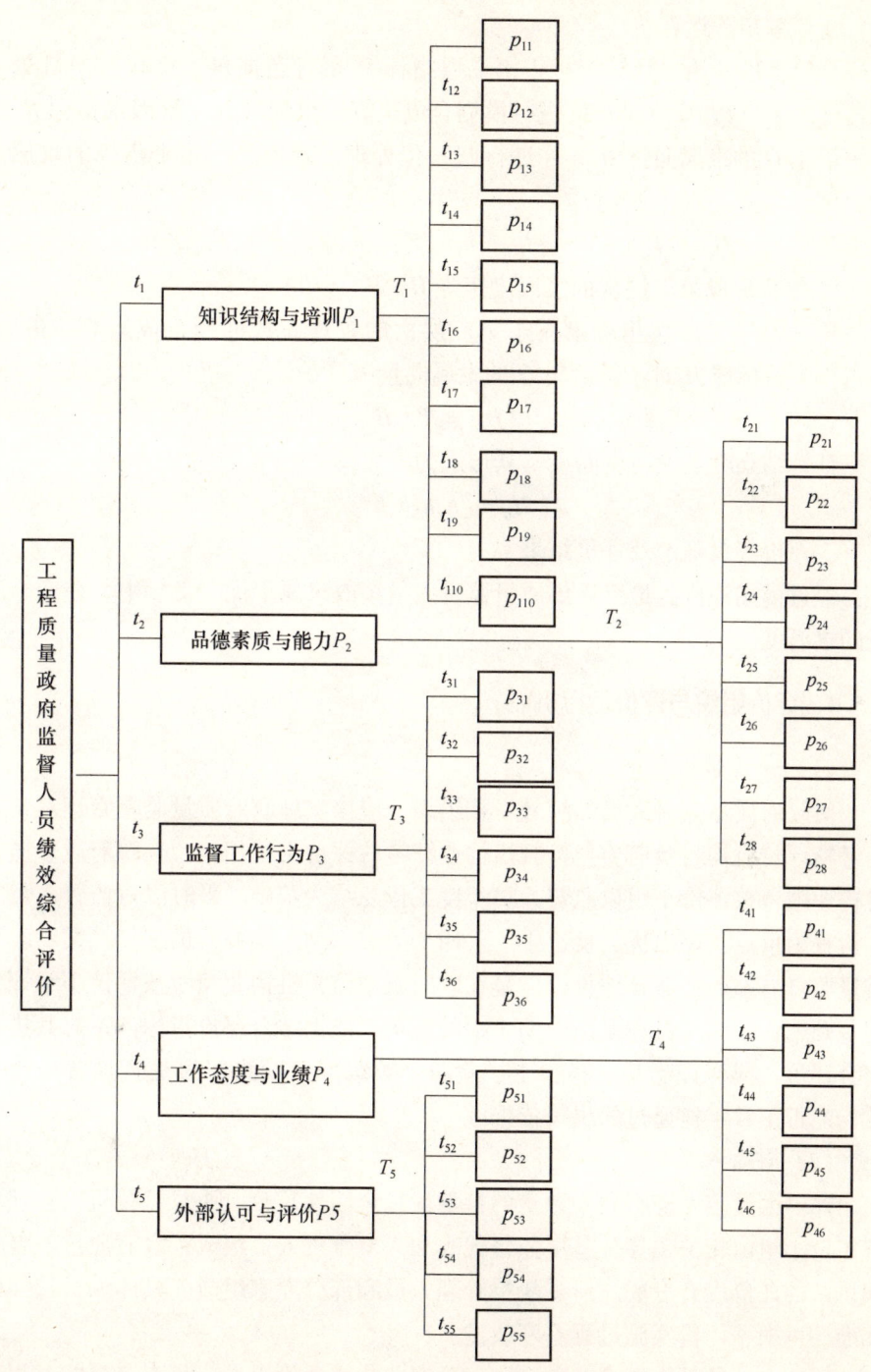

图 4-11 评价指标集和权重示意图

④模糊矩阵运算

从第三层开始,计算相对于第二层指标 P_i 的评价向量,用权重向量 $T_i = (t_{i1}, t_{i2}, t_{i3}, t_{i4}, t_{i5})$ 与 W_i 进行模糊合成运算,得到其上一层因素指标 P_i 对于评语集 O 的隶属向量 H_i。并进行归一化处理,求得上一层个指标的隶属向量,即

$$H_i = T_i \cdot W_i = [h_{i1} \quad h_{i2} \quad h_{i3} \quad h_{i4}](i = 1,2,3,4)$$

H_i 组合形成第二层次的隶属度矩阵 H,$H = [H_i]$。

H_i 再与第二层次指标隶属于第一层次的权重系数进行合成运算,最后,即可得到目标层 H 对于评语集 O 的隶属向量 H_0。

$$H_0 = T \cdot H$$

计算结果就是隶属度向量,其形式为

$$H_0 = [h_1 h_2 h_3 h_4]$$

⑤评价等级确定及评价结果

经过模糊评价,最终得到质量监督人员绩效隶属于优、良、中、差四个等级的隶属度。

4.5.4 评价组织与评价运行机制

(1) 评价组织

对政府质量监督人员的绩效考核组织,应该实施政府质量监督管理总站业务考核评价机构与政府质量监督机构业绩考核评价小组相结合。政府质量监督机构业绩考核评价小组以监督人员年度工作总结为基础,平时以对监督人员工作检查为重点,评出优、良、中、差四个等级,纳入监督人员工作档案。政府质量监督总站业务考核评价机构是在政府质量监督机构业绩考核评价小组评价的基础上,按照人员注册与中期年检的要求,依据结合评价指标体系对其进行综合评价,同样评出优、良、中、差四个等级,并以此作为是否具备注册条件、能否正常年检通过的决策依据。

(2) 评价人员

评价人员应考虑有利于评价的科学性和全面性,政府质量监督机构业绩考核评价小组由相关领导、基层监督代表和人事管理人员组成;政府质量监督管理总站的评价应有专职注册、年检管理人员和部分专家组成。具体人员选择的标准,可根据评价实施过程不断改进。

评价人员的基本要求有两个:一是专业化,评价人员应具有丰富的过程监督实践经验、熟悉评价指标体系和方法、能准确把握评价细则和尺度、精通评

定程序和过程、工作认真负责;二是具有良好的道德修养,评价客观公正,具有良好的行业信誉和权威。

(3) 评价依据

评价依据应包括三个方面:

一是限定在已确定的评价指标体系和评价方法的基础上;

二是建立在专家讨论基础上所拟定的评价细则,把握分值标准和尺度;

三是各种因素的评价应结合当地、各部门的实际情况,同时满足标准的时代特征与要求。

(4) 评价制度与运行机制

①评价原则

评价应体现综合评价以人为本、客观公正、时间界定、简洁实用、科学合理的原则。

②完善评价制度

规范评价程序,制定评价人员职责,规定评价时间和期限,建立评价公正制度,开展评价人员定期培训制度,建立评定专家库制度,完善评价人员结果签字负责制度,规范评价人员考核制度,健全评价监督制度,等等。

③评价手段计算机化

利用计算机实现评价过程计算的准确性和客观公正性,减少评价劳动工作量,提高评价工作效率和及时性。

④评价运行机制

监督人员业绩考核评价坚持由下而上、有序进行的运行规律,以监督人员年度总结为基础,先有监督机构对其的评价,再实施质量监督管理总站的注册、年检评价。

4.6 政府质量监督人员绩效考核评价实践

4.6.1 案例背景

某质量监督机构为了加强对质量监督人员的管理,调动质量监督人员工作的积极性,要求质量监督人员每年书面完成工作总结,并成立了专门的绩效考核评价小组。由监督机构负责人,基层监督代表和人事管理人员组成 5 人小组,对所属人员工作绩效进行定期综合考核评价,根据评价结果对监督人员工作绩效划分为优、良、中、差四个等级。评价结果纳入监督人员工作档案,作为奖励与惩罚,晋升与处理的依据。评价小组根据个人的知识结构与培训、品德素质与能力、监督工作行为、工作态度与业绩、外部认可与评价五个方面对其进行综合评价。

4.6.2 评价过程

绩效考核评价小组根据监督机构整体情况和阶段性发展要求，确定该机构质量监督人员绩效综合评价三个层次的权重系数分别为：

$T = (t_1, t_2, t_3, t_4) = (0.15, 0.18, 0.25, 0.22, 0.2)$；

$T_1 = (t_{11}, t_{12}, t_{13}, t_{14}, t_{15}, t_{16}, t_{17}, t_{18}, t_{19}, t_{110})$
$= (0.20, 0.12, 0.08, 0.18, 0.08, 0.07, 0.04, 0.08, 0.07, 0.08)$；

$T_2 = (t_{21}, t_{22}, t_{23}, t_{24}, t_{25}, t_{26}, t_{27}, t_{28})$
$= (0.1, 0.15, 0.20, 0.13, 0.12, 0.15, 0.08, 0.08)$；

$T_3 = (t_{31}, t_{32}, t_{33}, t_{34}, t_{35}, t_{36}) = (0.18, 0.12, 0.15, 0.25, 0.18, 0.12)$；

$T_4 = (t_{41}, t_{42}, t_{43}, t_{44}, t_{45}, t_{46}) = (0.2, 0.2, 0.15, 0.1, 0.25, 0.1)$；

$T_5 = (t_{51}, t_{52}, t_{53}, t_{54}, t_{55}) = (0.2, 0.15, 0.25, 0.2, 0.2)$。

质量监督人员绩效考核模糊评价的评语集为 $O = (o_1, o_2, o_3, o_4) = ($优，良，中，差$)$，各位评价小组成员的任务就是根据监督人员工作总结和表现对第三个层次的35个指标分别对于评语集各评语的隶属度进行模糊判断评价。为了简便计算它们设5位评价小组成员的影响因子是相等的，则每个指标的隶属度就等于5位成员各项评价结果的算术平均值。经评价小组成员对该监督者在各个指标隶属度评价，可得到以下结果。

$W_{11} = (0.1, 0.5, 0.4, 0)$； $W_{12} = (0, 0.4, 0.5, 0.1)$；

$W_{13} = (0, 0.2, 0.3, 0.5)$； $W_{14} = (0.3, 0.5, 0.2, 0)$；

$W_{15} = (0.2, 0.3, 0.4, 0.1)$； $W_{16} = (0, 0, 0.4, 0.6)$；

$W_{17} = (0, 0.4, 0.3, 0.3)$； $W_{18} = (0.3, 0.4, 0.2, 0.1)$；

$W_{19} = (0.2, 0.6, 0.2, 0)$； $W_{110} = (0, 0.3, 0.5, 0.2)$；

$W_{21} = (0, 0.3, 0.5, 0.2)$； $W_{22} = (0.3, 0.5, 0.2, 0)$；

$W_{23} = (0, 0.4, 0.3, 0.3)$； $W_{24} = (0, 0.5, 0.2, 0.3)$；

$W_{25} = (0.1, 0.4, 0.4, 0.1)$； $W_{26} = (0, 0.3, 0.5, 0.2)$；

$W_{27} = (0, 0.4, 0.3, 0.3)$； $W_{28} = (0, 0.3, 0.4, 0.3)$；

$W_{31} = (0.4, 0.3, 0.2, 0.1)$； $W_{32} = (0.2, 0.4, 0.4, 0)$；

$W_{33} = (0.1, 0.6, 0.3, 0)$； $W_{34} = (0.1, 0.4, 0.5, 0)$；

$W_{35} = (0.2, 0.4, 0.3, 0.1)$； $W_{36} = (0.1, 0.3, 0.5, 0.1)$；

$W_{41} = (0.4,0.4,0.2,0)$; $W_{42} = (0.3,0.4,0.2,0.1)$;
$W_{43} = (0.2,0.5,0.3,0)$; $W_{44} = (0.1,0.4,0.3,0.2)$;
$W_{45} = (0.2,0.4,0.3,0.1)$; $W_{46} = (0.3,0.3,0.4,0)$;
$W_{51} = (0.3,0.3,0.3,0.1)$; $W_{52} = (0.2,0.6,0.2,0)$;
$W_{53} = (0.2,0.4,0.3,0.1)$; $W_{54} = (0,0.3,0.6,0.1)$;
$W_{55} = (0,0.3,0.5,0.2)$。

根据以上评价小组成员的对监督人员在第三层次指标的隶属度判断，可以得出 W_i 相对于第二层次 P_i 的模糊评价矩阵为：

$$W_1 = \begin{bmatrix} 0.1 & 0.5 & 0.4 & 0 \\ 0 & 0.4 & 0.5 & 0.1 \\ 0 & 0.2 & 0.3 & 0.5 \\ 0.3 & 0.5 & 0.2 & 0 \\ 0.2 & 0.3 & 0.4 & 0 \\ 0 & 0 & 0.4 & 0.6 \\ 0 & 0.4 & 0.3 & 0.3 \\ 0.3 & 0.4 & 0.2 & 0.1 \\ 0.2 & 0.6 & 0.2 & 0 \\ 0 & 0.3 & 0.5 & 0.2 \end{bmatrix}$$

$$W_2 = \begin{bmatrix} 0 & 0.3 & 0.5 & 0.2 \\ 0.3 & 0.5 & 0.2 & 0 \\ 0 & 0.4 & 0.3 & 0.3 \\ 0 & 0.5 & 0.2 & 0.3 \\ 0.1 & 0.4 & 0.4 & 0.1 \\ 0 & 0.3 & 0.5 & 0.2 \\ 0 & 0.4 & 0.3 & 0.3 \\ 0 & 0.3 & 0.4 & 0.3 \end{bmatrix}$$

$$W_3 = \begin{bmatrix} 0.4 & 0.3 & 0.2 & 0.1 \\ 0.2 & 0.4 & 0.4 & 0 \\ 0.1 & 0.6 & 0.3 & 0 \\ 0.1 & 0.4 & 0.5 & 0 \\ 0.2 & 0.4 & 0.3 & 0.1 \\ 0.1 & 0.3 & 0.5 & 0.1 \end{bmatrix}$$

$$W_4 = \begin{bmatrix} 0.4 & 0.4 & 0.2 & 0 \\ 0.3 & 0.4 & 0.2 & 0.1 \\ 0.2 & 0.5 & 0.3 & 0 \\ 0.1 & 0.4 & 0.3 & 0.2 \\ 0.2 & 0.4 & 0.3 & 0.1 \\ 0.3 & 0.3 & 0.4 & 0 \end{bmatrix}$$

$$W_5 = \begin{bmatrix} 0.3 & 0.3 & 0.3 & 0.1 \\ 0.2 & 0.6 & 0.2 & 0 \\ 0.2 & 0.4 & 0.3 & 0.1 \\ 0 & 0.3 & 0.6 & 0.1 \\ 0 & 0.3 & 0.5 & 0.2 \end{bmatrix}$$

根据以上隶属度模糊矩阵 W_i，逐层次与权重向量 T_i 进行合成运算，就可以得到上一层同等指标 P_i 对于评语集 O 的隶属度向量 H_i，$H_i = T_i \cdot W_i$，

$H_1 = T_1 \cdot W_1 = [0.20, 0.12, 0.08, 0.18, 0.08, 0.07, 0.04, 0.08, 0.07, 0.08)]$

$$\begin{bmatrix} 0.1 & 0.5 & 0.4 & 0 \\ 0 & 0.4 & 0.5 & 0.1 \\ 0 & 0.2 & 0.3 & 0.5 \\ 0.3 & 0.5 & 0.2 & 0 \\ 0.2 & 0.3 & 0.4 & 0 \\ 0 & 0 & 0.4 & 0.6 \\ 0 & 0.4 & 0.3 & 0.3 \\ 0.3 & 0.4 & 0.2 & 0.1 \\ 0.2 & 0.6 & 0.2 & 0 \\ 0 & 0.3 & 0.5 & 0.2 \end{bmatrix}$$

$= [0.128, 0.392, 0.342, 0.138]$

$H_2 = T_2 \cdot W_2 = [0.10, 0.15, 0.20, 0.13, 0.12, 0.15, 0.08, 0.08]$

$$\begin{bmatrix} 0 & 0.3 & 0.5 & 0.2 \\ 0.3 & 0.5 & 0.2 & 0 \\ 0 & 0.4 & 0.3 & 0.3 \\ 0 & 0.5 & 0.2 & 0.3 \\ 0.1 & 0.4 & 0.4 & 0.1 \\ 0 & 0.3 & 0.5 & 0.2 \\ 0 & 0.4 & 0.3 & 0.3 \\ 0 & 0.3 & 0.4 & 0.3 \end{bmatrix}$$

第4章 工程质量政府监督行业管理评价

$$= [0.057, 0.399, 0.345, 0.209]$$

$$H_3 = T_3 \cdot W_3 = [0.18, 0.12, 0.15, 0.25, 0.18, 0.12]$$

$$\begin{bmatrix} 0.4 & 0.3 & 0.2 & 0.1 \\ 0.2 & 0.4 & 0.4 & 0 \\ 0.1 & 0.6 & 0.3 & 0 \\ 0.1 & 0.4 & 0.5 & 0 \\ 0.2 & 0.4 & 0.3 & 0.1 \\ 0.1 & 0.3 & 0.5 & 0.1 \end{bmatrix}$$

$$= [0.184, 0.4, 0.368, 0.048]$$

$$H_4 = T_4 \cdot W_4 = [0.20, 0.20, 0.15, 0.10, 0.25, 0.10]$$

$$\begin{bmatrix} 0.4 & 0.4 & 0.2 & 0 \\ 0.3 & 0.4 & 0.2 & 0.1 \\ 0.2 & 0.5 & 0.3 & 0 \\ 0.1 & 0.4 & 0.3 & 0.2 \\ 0.2 & 0.4 & 0.3 & 0.1 \\ 0.3 & 0.3 & 0.4 & 0 \end{bmatrix}$$

$$= [0.26, 0.405, 0.27, 0.065]$$

$$H_5 = T_5 \cdot W_5 = [0.20, 0.15, 0.25, 0.20, 0.20]$$

$$\begin{bmatrix} 0.3 & 0.3 & 0.3 & 0.1 \\ 0.2 & 0.6 & 0.2 & 0 \\ 0.2 & 0.4 & 0.3 & 0.1 \\ 0 & 0.3 & 0.6 & 0.1 \\ 0 & 0.3 & 0.5 & 0.2 \end{bmatrix}$$

$$= [0.14, 0.37, 0.385, 0.105]$$

据此形成第二层次矩阵 H

$$H = \begin{bmatrix} H_1 \\ H_2 \\ H_3 \\ H_4 \\ H_5 \end{bmatrix} = \begin{bmatrix} 0.128 & 0.392 & 0.342 & 0.138 \\ 0.057 & 0.399 & 0.345 & 0.209 \\ 0.184 & 0.4 & 0.368 & 0.048 \\ 0.26 & 0.405 & 0.27 & 0.065 \\ 0.14 & 0.37 & 0.385 & 0.105 \end{bmatrix}$$

再将 H_i 与第二层次指标隶属于第一层次的权重系数进行合成运算,最后,就可得到目标层 P 对于评语集 O 的隶属向量 H_0,

$$H_0 = T \cdot H = [0.15, 0.18, 0.25, 0.22, 0.20] \begin{bmatrix} 0.128 & 0.392 & 0.342 & 0.138 \\ 0.057 & 0.399 & 0.345 & 0.209 \\ 0.184 & 0.4 & 0.368 & 0.048 \\ 0.26 & 0.405 & 0.27 & 0.065 \\ 0.14 & 0.37 & 0.385 & 0.105 \end{bmatrix}$$

$$= [0.16066, 0.39372, 0.3418, 0.10562]$$

4.6.3 评价等级确定及评价结果

评价等级的确定可以采用两种不同的形式。一是根据评价结果最后的评价语集 O 中 O_1，O_2，O_3，O_4 值的相对大小来判断，其最大值对应的评语集即可定为其等级；二是根据评价结果最后评语集 O 中的 $\sum O_i$ 叠加值来判断，确定 $\sum_{i=1}^{k} O_i \geq O^*$ 某值时的 K 值所对应的评语集，即为该评价结果的等级，可以确定 $O^* = 0.7$（或 0.75）。

根据计算结果 $H_0 = [0.16066, 0.39372, 0.3418, 0.10562]$，按照隶属值最大原则确定评价等级，该监督人员的年度考核评定等级为"良"。

根据计算结果 $H_0 = [0.16066, 0.39372, 0.3418, 0.10562]$，按照累计隶属度值确定评价等级。若 $O^* = 0.75$，因为，$\sum_{i=1}^{2} O_i = 0.55438(K=2)$，$\sum_{i=1}^{3} O_i = 0.89618(K=3)$，因为 $\sum_{i=1}^{3} O_i = 0.89618 > 0.75(K=3)$，则 $K=3$ 所对应的等级为评价等级，即"中"。

从以上评价结果来看，不同的标准，明显可以得出差异的评价结果，因此，确定科学合理的评价准则和评价标准很重要。从另一个角度来看，这样的量化评价过程，除了可以确定质量监督人员业绩考核等级外，还可以根据隶属度大小给所有参与评价的质量监督人员业绩进行排序，这样既可以实现对个体评价的绝对性——隶属等级，又可以实现对团队整体评价的相对性——排序。

第5章 建设主体群体行为分析与阶段质量监督

在工程质量形成的过程中,各个阶段、各个环节都存在着各建设主体的利益矛盾,政府监督的主要对象不是某个主体的个别行为,而是建设主体的群体质量行为。如何建立相关质量监督的政策和措施,需要研究和分析这些主体的质量学习过程,质量行为形成的动因,质量行为的活动方式及其产生的结果。

5.1 政府监督下建设主体群体行为特征

5.1.1 政府质量监督机构与建设各主体利益分析

(1) 各主体之间利益关系

建设市场主体包括业主、勘察设计、承包商、建设监理、材料、设备生产供货商、社会检测机构等,他们都是相互独立的经济主体存在和活动于建设市场,他们相互之间的交易活动是以委托代理关系为典型形成的合约关系,在这种合约关系下,一方的行为既受到其他协作者的影响和约束,又对合约形成的组织的总和活动效果产生影响。工程质量的形成就是通过他们之间的相互合约条件下所有参与主体质量行为和活动结果的综合,他们的利益关系和行为活动都会对工程质量的形成产生一定的影响。

各建设主体就经济意义分析,他们都是追求自己的最优目标——效用最大化。这些利益目标不一致的关系,既存在于两个单一主体之间,也存在于一个主体与几个主体之间。比如业主与承包商之间,业主希望承包商采用适当的行为最大限度地满足业主的效用,其目的是以最小的代价、最优的质量、最短的时间购买建筑物——一种"契约产品",以达到其投资的经济性与效率的目的。包括选用符合工程设计要求和强制性技术标准的建筑材料、构配件和设备并对其进行检验,按照施工技术标准进行施工等。而承包商并不一定完全为业主的利益服务,甚至不惜牺牲业主的利益而谋取私利。按经济学家的观点,导致这种利益偏离与冲突的关键性原因是业主与承包商之间存在信息不对称,他们之间存在着委托代理的关系。承包商比业主掌握有更多的建设信息,承包商更了解建筑的结构、建材的性能、施工组织设计、工程技术方案以及各种技术方案和质量标准,承包商最清楚自己是否具备与该工程项目要求相符的工程技术水平,也最清楚自己从事工程建设中的人、物、财等投入和转化过程,也就是说承包商拥有不被业主所知道,要获知也必须付出相当成本的私人信息。

由于委托人与代理人之间这种信息分布的非对称,代理人可以利用私人信息优势的两种方式获得对委托人的对策优势地位。一种可以解释为契约前的对策优势,代理人可以利用委托人难以观察到的私人信息而获得信息优势,使委托人处于不利的战略选择地位,即"选向选择"问题。二是契约后的对策优势,代理人利用委托人难以观察到的私人行为(窝工、怠工、偷工减料等)而获得信息优势地位。这种信息优势地位的获得通常是代理人在委托代理合同签订后采取的一种有利于自身收益而损害委托人利益的私人行动,即"道德风险"问题。

信息的不对称性,尤其是行为的不可充分观察性,被合同关系联系在一起的业主与承包商之间就会产生一种"非协议——非效益",这种问题的存在也正是具有专业特长和职业道德的监理工程师实施建设监理制度的必要性所在。否则,承包商就可以利用自己的"信息优势",通过减少自己的要素投入或采取合同后机会主义行为来达到自我效用的满足,而不顾自我兑现承诺,实现业主利益。常见的表现有:擅自修改工程设计,降低材料的等级标准,偷工减料,雇用低技术水平的工人和管理人员,不按照工程设计图纸或者施工技术标准施工,不按要求对建筑材料、构配件和设备预先进行检验,不按规定对隐蔽工程验收和对现场试块进行见证检验等,最终造成工程质量不符合规定的质量标准。

同样这种信息不对称和利益不一致存在于业主与勘察设计主体之间、业主与监理主体之间、监理与设计、监理与承包商、业主、承包商与供货商之间,更复杂地存在于三个或三个以上主体之间。

(2) 质量监督机构与各主体之间利益关系

工程质量政府监督机构是受政府部门委托对工程质量的执法监督,其目的是在保证建设工程安全使用和环境质量的前提下,实现自身监督的利益和效用最大化。政府建设工程质量的全面、全过程、全方位监督过程,决定了政府质量监督机构在各建设阶段同各建设主体之间就建设工程质量利益的多阶段、多主体、多因素、多层次的博弈过程。

勘察设计质量的博弈:涉及勘察设计主体、业主、监理主体以及设计审查主体,存在着同这些主体之间每个主体的博弈对策问题,更主要是同这些主体多层次复杂的博弈对策问题。

施工准备质量的博弈：涉及业主、设计单位、承包商、监理单位、材料设备供货商之间的博弈对策，主要通过对设计审查的监督、招投标活动及其结果的监督和各种合同契约的监督，使监督机构的监督思想和策略渗透于施工准备过程中，实现其施工准备阶段的质量监督效益目标。

施工质量的博弈对策：涉及所有参加建设的各主体，主要是同业主、承包商、监理单位、供应商、检测单位的博弈分析，主要通过现场的定期检查和巡回抽查，把施工前准备阶段的质量策略落到实处，实现建设工程实体质量的有效性。

竣工质量的博弈对策：涉及包括用户在内的所有主体，主要是同业主和用户之间的博弈对策问题，通过竣工备案登记制度的必要措施实现竣工工程质量目标。

总之，工程质量政府监督的过程，是质量监督机构就工程质量形成的全过程，在建设各阶段同所有建设主体进行利益博弈对策的过程，是多阶段、多目标、多方位和多因素的管理博弈过程，进行这样一个管理过程的管理激励与约束机制的设计是一个新课题。侯光明教授对这种情形下的管理合作与非合作博弈机制式表述进行了深入的研究，可以把复杂的多因素、多目标、多阶段博弈问题较完整地表述出来，这种机制式表述将大大扩展博弈问题的研究深度及研究范围，从而为研究复杂博弈问题提供了新的理论工具。

5.1.2 建设主体群体学习行为的马尔可夫过程

根据行为科学理论，建设主体的行为是由主体的内在需求和外部环境决定的，建设各主体的独立性，决定了在市场经济条件下，他们各自的内在需求必然是以追求自身利益最大化为目标。研究建设主体群体学习行为就是要揭示各类建设主体质量行为活动决策的一般规律性。

为了便于解释建设主体的群体学习行为，可简单地将其分为两类，一类是监督者，另一类是被监督者。政府质量监督机构是监督者，不同类的建设主体就是被监督者，他们有业主、勘察设计、监理、承包商、供货商、检测主体，这里分别将其作为一类研究，研究每一类主体的群体行为特征。

针对被监督者有两种行为：一是违约行为，即违反规定的建设行为；二是履约行为，即按规定履行质量职责。监督者对此进行管制，可以选择监督和不监督两种策略。这是因为，监督管理活动是需要成本的，监督力度越大，其成本越高；反之，监督力度越小，其成本越低。因此，合理规范被监督群体的行为，应该采取适度的监督力度。

在工程质量政府监督管理环境下，各类建设主体的个体根据自己的价值标准选择是否采取建设质量行为，受自身利益等因素的驱动，群体中有一些个体会采取违约行为，监督者就是要采取监督手段来规范建设主体的违约行为，可用概率表示建设主体质量行为转移过程，见表5-1。

表 5-1 转移概率

	履约	违约
监督力度大	$1-\lambda_i$	λ_i
监督力度小	μ_i	$1-\mu_i$

因为群体中各个体的价值标准不一致，即 λ_i，μ_i 对于不同的个体是不同的，这样可用一个数学上称之为"生灭过程"的数学模型来描述群体的转移行为。这个转移过程满足："若已知现在所处的状态，则将来的转移情况与过去所处的状态无关"，是一个齐次马尔可夫过程。即不管各类建设主体群体采取某种行为的多少，在一定条件下，最后一定会达到一个稳定的状态。

假设 λ_i，μ_i 具有很好的性质，满足"生灭过程"的要求。那么可以求出没有采取这种行为的主体的概率是

$$p_0 = \left(1 + \sum_{k=1}^{\infty} \frac{\lambda_0 \lambda_1 \cdots \lambda_k}{\mu_0 \mu_1 \cdots \mu_k}\right)^{-1}$$

式中，p_0 取决于各类建设主体的群体质量行为的转移概率 λ_i 和 μ_i，若 λ_i 越小，μ_i 越大，那么 p_0 越大，即不采取该行为的主体越多。

5.1.3 建设主体群体行为规律

根据以上分析可知，在某种监督力度下，虽然各主体的行为是随机的，但随着时间的推移，采取该行为的主体的概率是固定的，具有统计规律性。因此，政府主管部门和质量监督机构制定监督政策和策略就要分析研究主体群学习行为的规律性，揭示建设主体质量行为的内在特征，以有效地规范主体群体质量行为，从总体上规划政府对工程质量的监督策略和力度，激励与惩罚相结合，以激励为主，引导建设主体群体质量行为朝着有利于实现公众和国家质量目标努力，从根本上保证建设工程质量总体水平不断提高。

5.2 工程质量政府阶段监督构想

5.2.1 质量形成的阶段特性与政府质量监督阶段划分

建设工程质量形成过程的客观内在规律性，即从可研决策阶段质量目标的研究与规划，设计阶段质量目标技术实现的具体化，施工阶段质量目标实体

化,到竣工使用阶段质量功能的实现与完善,完整地反映了建设工程质量形成过程的必然规律。建设工程质量形成的过程性,必然伴随工程建设主体的质量行为和质量活动,是相互之间互为依据的严密的系统过程,全面科学的质量目标规划,是建设工程质量形成的首要环节,严格按照所规划的质量目标从事勘察设计、施工建设、维护保养是确保建设工程质量标准、实现建设工程质量功能、发挥建设工程质量效益的必不可少的主要环节。加强建设工程质量形成各阶段的质量监督管理,是提高建设工程质量的实际需要,是建设工程质量全过程全面监督管理的核心内容,建设工程质量行为和质量活动渗透于建设工程质量形成的全过程,不同阶段,有不同的行为特征,有不同的活动方式和活动结果。政府对建设工程质量形成阶段监督管理,就是从质量形成过程来看政府对建设工程质量的监督管理,也是建设工程质量监督机构从事建设工程质量监督管理所必须遵循的客观过程。根据建设工程质量主体行为和活动特征,以及建设工程质量形成的本质过程对建设工程质量监督管理的要求,政府对建设工程质量监督可划分为三个阶段:施工前建设工程质量监督管理,施工中建设工程质量监督管理和竣工后的建设工程质量监督管理。

5.2.2 工程质量政府阶段监督管理构想

政府建设工程质量阶段监督管理从整体上看,是从建设工程质量形成的先后顺序描述政府对其形成过程的各阶段质量行为和活动结果的监督管理,是以建设工程的实体质量是否形成为界限将其分为施工前的质量监督管理、施工中的质量监督管理和交付使用后的质量监督管理三个方面,是实现全面、全过程质量监督管理思想的具体体现,在具体监督过程中自始至终贯穿事前、事中、事后控制监督相结合的思想,把质量投入要素、质量转化过程和质量的过程产出、中间产出、最终产出的监督相结合,以投入监督和转化过程监督为重点,保证产出品质量,体现了事前主动控制监督思想,并且着重是对公众和社会可能产生不利影响因素的预控监督和中间监督。

(1) 施工前质量监督管理

对施工前质量监督管理,主要是有关文件审查的监督管理,由于施工前的活动并没有事实上形成对国家和公众质量利益的损失,而且就其投入花费来讲,与施工实体质量形成的投入相比,远远小得多,因此,对其质量行为和活动结果的监督,重点是放在对其产出结果的审查监督把关上,一旦发现其违反有关法律、法规和强制性标准,可以通过直接的经济处罚和法律制裁,使直接责任主体承担由其失误疏忽、或有意所造成的质量责任,通过事后产出成果的监督管理和依法处罚,并将其不良行为记录在案,纳入责任主体和责任人的信用档案，形成信用约束力，促使建设主体改进质量管理保证体系，有效促进质量体系良性运作，规范所有主体各个层次、各个环节的质量行为，严格内部质量管理制度和质量检查控制，确保通过足够的投入、有效的转化，实现其产出品的质量满足有关法律、法规和强制性标准的要求。开展这些卓有成效的质量活动和质量工作，其基本出发点就是避免自己由于产出质量不合格而带来的自身利益的损失，政府的强制性监督使各主体的直接利益同国家、公共质量利益有效地联系起来，实现最终建设工程质量活动的目标——为社会提供安全、可靠、经济实用、优雅舒适的生产、生活空间，保证建设工程的安全使用和环境质量。同时，通过施工前对有关建设工程质量行为和活动结果，尤其是质量活动产出的严格监督管理，有效地预防建设实体质量形成中可能造成的质量问题和质量损失，从整体上看，对于保证建设工程国家和公众实际利益不受损失来说，这种事前的监督把关是极其必要的，也是事前控制和杜绝质量事故发生的主动监督思想。

影响建设工程实体质量形成的主要要素有三个方面：

①第一方面是建设工程规划设计的质量。它是建设实施的大纲，是实体质量目标的技术规划，是建设施工的依据标准；

②第二方面是招投标活动的质量。招投标是通过市场竞争选择建设主体的有效方法，良性竞争可以使有质量能力、社会信誉好、技术力量强的建设主体中标成为建设工程实体质量形成过程中的直接建设者和参与者。若建设主体为了自身的短期利益，可能出现招投标过程中寻租行为，而选择一些不具备相应资质、没有必要的质量保证的主体，尤其在我国，尽管改革开放、市场经济使投资环境广泛向国际、国内社会开放，但是国有投资仍然占有主导地位，再加上国有投资建设项目的管理存在着投资者和准业主的事实上的利益分离，承担建设工程项目管理的准业主就很有可能利用手中掌握国有建设项目建设管理的权力，进行权钱交易，公款私囊，为寻租者提供可乘之机，相互勾结，暗箱操作，从招投标开始就种下了低劣质量的种子——选择不具备资质的承包商、供应商、设计、监理主体等，这些行为，在我国目前市场机制并不健全的情况下，尤其需要加强政府对其行为及其结果进行监督管理，体现市场治理同质量监督管理的有机结合，从源头治理工程质量差的问题——把好建设主体质量能力关，对于招投标的监督管理就质量监督而言，主要是对其结果的审查和监督，其目的是为了保证建设工程质量行为和活动结果的有效性。因为建设主体是建设工程质量的直接参与者、直接生产者、直接管理者，是建设工程质量形成的内在因素，保证建设工程质量，首先要保证其内在要素的素质，尤其是建设主体的选择，它决定了建设过程中的质量行为和质量的主要要素投入，这是

"以人为本"的质量监督管理思想的体现。

施工前招投标质量监督包括四个内容：一是设计招投标的监督；二是施工承包招投标的监督；三是委托监理招投标监督；四是大型设备、材料订购招投标的监督。对设计招投标的监督，主要是检查监督其资质、能力，重点是保证设计单位在施工中的质量服务和质量活动能有效到位。对于施工承包招投标的监督是招投标质量监督的重点，因为施工过程是以施工主体为主线的质量行为和活动结果长期建设活动的过程，施工主体是其过程中最活跃、最直接的生产力，因此，对其质量能力的监督是决定实体质量的关键。委托监理招投标监督是专业化社会监督的有效保证，是保证建设过程监督有效性的关键，施工过程中的质量控制、进度控制、投资控制、环境质量控制的全程，现场的专业性、技术性监督管理的责任主要由现场监理者承担，它是决定建设项目管理成效的主要因素。材料、设备采购招投标的监督是保证建设实施物质投入质量的过程监督，选择行为规范、信誉好的材料、设备生产供应商，是保证物质投入质量的关键。

③第三方面是对有关建设工程合同的监督。合同是建设过程中约束建设主体的法律依据，使建设工程质量监督管理规范化、法制化，这些离不开有效、科学、完整的合同约束和合同管理，政府质量监督同样要通过有效的合同规范其主体的质量行为。

以上施工前质量监督管理的重点是对业主质量行为的监督管理，业主是所有这些活动的组织者、决策者，这也是规范建设业主质量行为和活动结果的重要措施，通过对以上三个方面的监督管理，进而保证建设工程实体质量形成中的主要投入要素，再通过对其实施中的转化行为，体系运作的监督管理，就可以有效地保证建设工程整体质量。

（2）施工中质量监督管理

施工中政府质量监督管理应围绕三大分部的现场监督，开展事前，事中和事后巡回闭环监督管理。

三大分部即地基基础工程质量、主体结构工程质量和环境质量。

事前监督是通过对质量活动的投入要素的监督实现质量监督预检，投入要素包括各主体人、财、物、工艺方法、环境的投入监督。

事中监督主要是监督各要素的转化过程和转化中的工作质量，把各主体各项质量责任制度的落实和质量保证体系的良性运转作为事中监督的重要内容。

事后监督是对各个阶段、各个环节的中间产出结果及最终产出结果的有效性和符合性的监督，通过产出监督发现问题寻找原因，提出改进措施，促使下一循环过程的事前、事中管理与监督。

事前监督是以必要的要素投入保证建设工程质量的基础监督，是事中监督和事后监督有效性的前提,事中监督是施工过程中活劳动的转化过程和工作质量的监督,是以事前必要的要素投入为条件,事后的产出为终结的中间实现过程的监督,主要通过行为规范化、制度化、体系的良性运作来有效地保证其中间转化过程的有效性,以工作质量保工序质量,实现产出质量。

施工过程中的监督管理是以施工主体为主线,业主、监理、设计、材料、设备生产或供应主体及检测主体的协作配合的全面、全过程的监督管理,其方法主要是通过现场的地基基础质量验收监督、主体结构的验收监督和随机抽查监督为主要形式,把各方主体的质量行为和活动结果纳入监督的范畴,环境质量的监督渗透于各个监督全过程,是质量监督中的重要组成部分,通过施工中的监督,关键是保证各主体的质量行为规范,质量活动结果有效,国家和公众质量利益通过实体有效操作全面得以实现,保证施工过程的质量处于受控状态,确保施工阶段的建设工程质量。

(3) 竣工后质量监督管理

竣工后建设工程质量政府监督管理是建设工程投入使用的把关监督管理。首先要保证不符合质量标准要求的工程不能投入使用,避免低劣工程对国家和公共使用者造成直接的危害和影响;其次是把装修、维修和维护的质量监督纳入建设工程全寿命质量监督管理的范畴:一是要杜绝或减少由于装修、维护过程中的违规行为造成对已有建设工程地基基础、主体结构和环境质量的破坏,引发质量事故;二是避免由于维修、维护的质量达不到要求给国家和公众用户的生产生活环境造成直接损失。在这一阶段的监督应着重把好两大关:一是严格对其竣工验收备案的审查、监督,确保备案登记的可靠性、权威性和有效性。二是加强对装修、维护过程中的质量监督管理,使建设工程全寿命期内的质量目标得到有效实现,为用户创造安全、舒适、健康的生产、生活环境,使建设工程质量实现可持续发展。

5.3 基于政府质量阶段管理的监督业务实施评价构想

根据建设工程质量政府监督管理评价整体构想,开展以质量行为和质量体系监督评价为主要内容理论与实践研究的建设工程质量政府监督评价,按照监督管理评价的对象不同分为监督行业管理评价和监督业务实施评价两大部分。除了监督行业管理评价包括行业群体管理评价、行业市场管理评价和政府质量监督绩效考核人员评价三部分内容外,依据工程质量形成的阶段性特征,政府质量监督机构在工程施工前、施工中和竣工后须对监督业务实施评价,针对这三个阶段的质量形成内在规律和质量活动特征,其评价的内容包括监督前实施能力评价、监督中主要分部工程质量监督评价和竣工备案评价三部分。

第6章 施工前政府质量监督与质量实施能力评价

6.1 施工前工程质量政府监督管理

施工前建设工程质量政府监督管理是通过对建设业主申报监督手续时各种有关规定的资料的审查监督，实现政府对施工前建设活动的质量控制监督，主要包括三个方面的监督：一是对设计审查的监督，以保证设计质量标准；二是对招投标活动的监督，重点是施工招投标的监督，实现市场监督与质量监督的有效结合，通过质量监督审查促进市场竞争的规范化和良性运转，通过市场有效运作，保证质量监督的有效性；三是对合同文本的监督，重点是施工合同的监督，把质量管理的规范化和法制化落实到合同条款中，以合同的法律效力约束各建设主体的质量行为和活动结果。通过对这三方面的内容的审查监督，实现政府对建设工程质量实施过程的预控监督。

6.1.1 施工前工程质量政府监督管理的目的

建设工程质量施工前政府监督管理的目的就是通过对建设单位质量目标规划的审核保证国家有关规划方针、环境目标的实现；通过对勘察设计单位质量行为和活动成果的监督审核，保证建设工程地基基础、主体结构、使用功能、环境质量等符合国家有关法律、法规和强制性标准，为施工建设提供准确可靠的依据；通过对建设单位、勘察设计单位、施工单位和建设监理单位的有关资质和质量活动监督，保证工程建设前期工作严格按照基本建设程序进行，各主体在资质规定的范围内从事建设活动，维护良好的建设市场程序，保证建设工程质量体系的高效运作。

6.1.2 施工前工程质量政府监督管理的意义

从建设工程质量形成的本质上看，可研决策阶段所形成的质量目标是建设工程质量成败的关键，能否保证国家和公共建设工程质量利益不受损失，很大程度上决定于质量目标是否全面客观科学地反映国家和公共建设工程质量要求，这个质量目标就是工程建设各环节的指导纲领，没有正确的质量纲领，就不能有效地保证建设工程质量需求的实现。因此，对此阶段建设工程质量活动和行为实施政府监督管理，是政府维护建设工程质量公共利益的需要，是保证建设工程结构安全、使用功能和环境质量的首要一步。

建设工程质量是设计规划出来的，而不仅仅是施工活动的结果，选择资质、信誉良好的勘察设计单位，提高建设工程勘察设计质量是保证建设工程结构安全、使用功能和环境质量技术上可实现的前提，勘察设计活动是质量目标的具体化，是施工建设的重要依据，保证建设工程质量，必须加强对勘察设计单位质量行为和质量活动的监督管理，必须加强对勘察设计成果的审查监督，保证勘察设计文件严格符合建设工程有关法律、法规和工程勘察设计强制性目标，准确反映和落实质量目标。

施工前，建设单位建设工程质量活动频繁，质量目标的规划，设计计划任务书的编写，勘察设计单位的选择，施工承包的招投标活动，建设监理单位的委托，大型设备的采购活动等都是建设工程质量保证的关键环节，为了更好地落实业主法人责任制，规范建设工程龙头主体——业主的质量行为，就必须加强对业主从事这些活动的监督管理，全面开展施工前的建设工程质量政府监督管理。

建设工程质量施工前监督管理是加强建设工程质量行为监督管理的重要措施，施工前对各建设主体的资质、信誉、质量保证体系进行全面了解和监督管理，使各方主体在其规定的合法业务范围内从事建设活动，以体系健全，保证工作质量，以工作质量提高工程质量，这是建设工程质量监督"以人为本"、"事前控制"思想的具体体现，是建设工程质量监督管理的核心工作之一。

实施建设工程质量施工前监督管理，是建设工程质量全过程监督管理的重要阶段，是全面有效开展建设工程质量监督管理的基础，是保证建设工程质量体系良性运作的基本措施，是建立健全质量监督保证体系，实现建设工程质量监督目标的重要环节。

6.1.3 施工图审查质量监督管理

（1）施工图设计文件质量要求

施工图设计文件的质量要求是严格按照有关标准、规范规定要求，创造性地实现建设工程的质量功能和目标，它包括对勘察成果的质量要求——施工图设计的主要依据之一，施工图设计文件要求——是对建设工程项目的建筑构筑物等、设备、管线等工程对象物的尺寸、布置、选用材料、构造、相互关系、施工及安装质量要求的详细图纸和说明，是指导施工的直接依据，是设计阶段质量控制的重点。

（2）施工图设计审查监督内容

施工图设计审查监督的内容是由建设工程质量标准和目标所决定的。一是对审查内容的监督，包括对地质勘察报告的审查以及对施工图设计文件中涉及安全、公众利益和强制性标准、规范的内容进行审查。二是对审查过程和审查结果的监督，包括审查机构、程序、审查人员活动及其结果的监督。三是通过内容和审查结果的监督，反映和揭示勘察设计过程中各主体质量行为及活动结果、质量体系及运作情况，进而实现对其各主体在勘察设计阶段质量行为的监督，促进其质量行为规范化，质量体系健全完善、良性运转，保证勘察设计质量。

6.1.4 招投标质量监督管理

建设工程实行招标投标制度是我国建筑市场的一项重要改革，招投标活动已经渗透到建设工程任务委托的各个环节，有建设项目可行性研究的招投标，规划设计方案竞赛，勘察设计招投标，工程监理招投标，材料、设备采购招投标，施工承发包招投标，甚至建筑企业内项目班子的确定、岗位人员的选择都在有效地使用招投标竞聘制度，这是市场竞争机制在建设工程活动中的有效应用，市场的竞争有利于改善市场要素，活跃建筑市场，提高建设工程质量。这里主要指建设工程承发包的招投标活动，对其活动过程中加强政府质量监督管理是市场竞争与政府执法监督有机结合治理工程质量差问题的有效方法，是关系到有效保护公众和国家建设工程质量利益的关键环节，通过监督管理，将会促进主体健全质量保证体系，规范建设工程质量行为，全面提高建设工程整体质量水平。

建设工程招投标管理，是指对建设工程招投标活动过程、参加招投标单位的招标、投标行为以及招投标活动结果的有效性管理。经过十多年的招投标管理实践，我国在建立有形市场、规范招投标行为、促进建筑市场良性发育等方面取得了很大进步。但是，招标投标活动在我国仍然处于发展阶段，存在的问题依然很多。一是招投标活动主体整体素质仍然不高，招投标活动中的自主规范能力不强，行为不规范；二是投资主体的业务素质不高，再加上国有投资项目——建设单位这个准法人的责任和意识不强，招投标行为的法律约束不力，权钱交易等腐败现象不能根绝。三是招投标评价体系的理论研究和实际操作都不成熟，给招投标参与者和管理者都留有作弊的可乘之机。这些问题最终结果就是没有真正起到优胜劣汰，甚至使不具备资格的投标单位中标，造成建设过程管理混乱，粗制滥造，工程质量低劣，有的酿成质量隐患，有的甚至造成工程质量恶性事故，危及人民的生命和财产安全，在社会造成了极坏的影响，带来社会稳定问题。

工程质量责任重如泰山，这是各级政府和所有社会各界饱受历史教训的共识。"百年大计，质量第一"一直是我国建设工程管理的指导方针，工程质量管理是一个庞大的系统工程，需要所有参与工程建设主体依靠技术进步，提高质量保证能力和管理水平，需要政府主管部门依法加大监督管理力度，更需要各方努力创造良好的建筑市场氛围，通过环境的改善和要素的提高，以体系良性运作、高效运转为动力，全面推进建设工程质量的提高。加强建设工程前期管理，以资质准入管理、建设市场管理、工程招投标管理和政府建设工程质量监督有机结合，联合互动，强化招投标过程中的质量监督管理，将有效地提高建设工程质量，为更多的投资业主提供质量保证环境，为我国新时期经济建设奠定良好的基础。

(1) 工程质量形成特征及招标投标质量监督管理的必要性

①建设工程质量形成过程

建设工程质量形成有其客观规定的内在规律性，是按照建设工程实施建设的基本建设规定程序逐步递阶形成的。它是从分析确定建设工程质量需求着手，到通过各个阶段规定的必要的建设活动实现其质量特性、功能需求的满足为止，形成了建设工程质量的全部内涵。建设工程质量按其形成的先后次序主要分为五个阶段：可行性研究与决策阶段、勘察设计阶段、施工准备阶段、工程建设施工阶段和工程的使用与维修阶段。每个阶段按其各自规定的任务和内容，履行工程质量形成过程中的各自职责，五个阶段的任务全面完成，构成了建设工程质量的完整体系。同时，各个阶段的质量形成过程和各自特定的质量任务和内容之间有着其内在的、互为依据的必然联系，每一阶段建设工程的质量活动及其结果都是建设工程质量形成的必要组成部分。因此，系统全面地实施各个阶段的质量形成的任务和内容，是实现建设工程质量整体优化的前提。招标投标管理中的质量活动和质量监督管理属于建设准备阶段质量行为的重要组成部分，是施工建设阶段质量形成过程的规划和事前控制，是保证建设工程建设主体质量能力和素质的关键把关，市场竞争和政府监管有机结合构成对建设主体质量行为准入选择的有效机制，是保证施工阶段建设工程质量的基础，是建设工程质量监督管理树立系统的观点、全面的观点、全过程的观点和整体优化观点的有机组成。

②政府对建设工程质量的全过程、全面管理

政府对建设工程质量的全面管理有两个方面的含义。一是对在中华人民共和国境内从事建设工程的新建、扩建、改建等有关活动均纳入政府对建设工程质量管理的范畴，涵盖了所有建设工程项目的建设活动。建设项目不管是个人投资、企业投资，不管是外资、中外合资，还是国有主体投资的建设项目，一样都属于政府建设工程质量监督管理的范围。二是对全部参与建设工程建设的建设单位、勘察单位、设计单位、施工单位、检测单位、工程监理单位以及建筑材料、构配件、设备的生产或供应单位的建设工程质量行为和活动实施监督管理，涵盖了建设工程质量形成的所有责任主体。建设项目参与工程建设的建设主体，不管是什么层次，哪一个国籍，都应接受建设工程质量的政府监督管理。

政府对建设工程质量的全过程管理是指政府对建设工程的所有过程实施监督管理。包括可研决策阶段的质量管理，工程勘察设计阶段的质量管理，工程施工准备阶段的质量管理，工程施工建设阶段的质量管理和使用维修阶段的质量管理。可研决策、勘察设计是建设工程质量目标的规划阶段，是决定建设工程质量的关键；施工阶段是建设工程产品实体质量形成阶段，是决策和设计质量规划目标的实物化阶段，是实现质量目标的关键；使用维护阶段是建设工程质量的维护和完善阶段，是实现全寿命期建设工程质量目标必不可少的阶段。施工阶段质量目标的实现影响因素多，关系复杂，但是最关键的就是质量的投入，投入的核心因素是人的质量和素质，人的群体质量能力和水平，保证这一关键因素——人的质量的关键，就是施工准备阶段的招标投标活动中的质量监督管理，它是事前控制施工阶段质量要素的关键环节，这是因为中标单位的确定，其资质、能力和水平就已确定，质量投入的人及人的群体的要素也就基本确定，它是形成工作质量和工序质量的技术操作者和实现者，提高施工阶段建设工程产品质量，应该首先把好招标投标阶段的质量监督控制关，保证信誉好，质量体系健全，管理水平高，质量保证能力强的施工企业优先中标承揽建设工程的施工任务，进而保证建设工程质量目标的有效实现。

③招标投标阶段质量监督管理的必要性

招标投标阶段加强建设工程质量监督管理是施工前建设工程质量监督管理的重要组成部分，通过对建设单位、施工单位、监理单位等主体招投标参加者的有关资质、质量活动的监督管理，保证工程建设前期准备工作按照基本建设程序进行，各主体在其资质规定的范围内从事建设活动，有利于维护良好的建设市场秩序，保证建设工程质量体系的高效运作。

根据建设工程质量管理控制的计划（Plan）、实施（Do）、检查（Check）和处理（Action）的 PDCA 循环要求，对投标单位投标活动中的质量监督审核，严格投标文件中有关质量管理方法、措施的审查，是对施工阶段质量计划控制监督的基础,是对投标单位质量保证能力的确认和审查。

施工前,建设单位建设工程质量活动频繁,招标投标活动是建设单位工程质量活动的一个方面,规范建设工程建设业主的质量行为,更好地落实建设工程业主负责制,就必须加强对业主从事招标活动中的质量行为的监督管理,保证建设工程建设健康有序发展。

通过对招标投标活动中的质量行为的监督,更好了解建设主体的资质、信誉、质量保证体系,确保各方在其法律规定的合法业务范围内从事建设活动,以体系健全保证工作质量,以工作质量提高工序和工程质量,这是建设工程质量监督重视"以人为本"、"事前控制"思想的具体体现。

建设工程招投标实行低价中标的发展要求,必须在招标投标活动中更好地严把质量行为和质量能力关,是防止任何以无限度降低价格扰乱建设市场的重要措施,是保证工程建设顺利进行的前提条件。因此,招投标中应更加重视质量保证体系、质量资信的监督管理,使招投标这一市场行为真正起到优胜劣汰的作用,促进建设市场健康有序的发展。

(2) 招标投标质量行为监督管理的主要内容

建设工程实行招标投标制度是规范建设市场活动的重要制度之一,是在我国建设投资主体以公有投资为主的条件下,落实建设项目法人负责制,规范准法人——建设单位市场行为的重要措施,是保证和提高建设工程质量的重要手段,对建设工程招投标活动的监督重点是建设单位、设计单位、施工单位的市场行为是否符合有关规定的要求。

①对建设单位招标活动的质量行为监督

建设单位应具有开展招投标工作的相应资质的人员和能力,不具备条件的须委托相应资质的专门招投标代理机构主持招投标工作,并书面签订委托合同。

建设单位或委托代理机构必须按照招标投标法规定开展招投标活动。

建设单位或委托代理机构应认真编写招标文件,拟定合同条款,对投标单位资质进行考查审核,确定具有相应资质等级不少于一定数量的投标单位进行招标投标。

招投标活动必须严格按照法定程序进行,确保公平、公开、公正的竞争环境。

招投标活动中,建设单位不得明示或暗示投标单位以低于成本价竞标或违反强制性标准的要求,降低质量要求。

建设单位须按规定进行招投标活动的档案管理,并妥善保管有关招投标活动的各种文件、资料等。

②对施工单位投标活动的质量监督

参加投标活动的施工单位、设计单位必须具有相应的资质和资格要求，按照招标投标法规定的程序从事投标活动。

参加投标的施工单位、设计单位必须提供真实可靠的资质、业绩的资料，对提供资料的真实性负法律责任。

中标单位与建设单位须签订书面施工合同或设计合同，并明确规定建设工程质量要求。

施工单位、设计单位在投标时应明确承诺项目的主要负责人和主要技术、质量负责人。

③建设单位招标发包工程应当具备的条件和建设工程项目招标应当具备的条件须符合有关法律、法规规定

④公开、公正、平等竞争的原则

公开、公正、平等竞争的原则是保证择优选择承包单位的条件，应对投标单位的报价、工期、主要材料用量、施工方案、质量业绩、企业信誉等进行综合评价，突出对投标单位质量资信、质量保证能力和体系的考核，择优确定中标单位。

⑤开标管理符合规定要求

按照招标文件确定的开标时间和地点，当众开标。

(3) 招标投标质量行为监督管理措施

随着国际经济一体化、建设工程国际化趋势日趋明显，建立和完善符合国际统一规则的建设工程招投标管理制度，按照国际惯例有效规范管理建设工程招投标市场，是摆在我国建筑行业面前的新问题，面对加入 WTO 后的挑战，新时期建设工程招投标活动管理应从以下七个方面得到改善和加强。

①招投标活动过程规范化

招投标活动过程规范化是指从招标单位资质的审查、招标工程项目条件的审查、招标通知的公示、招标文件的编写、审核、发放、投标单位的申请、资质审查、能力考核、投标文件的编写、审核、提交、接收、保管、招投标评标人员资质审核、开标、评标、定标、签订中标合同等一系列招投标活动，严格按照法律规定的程序进行。招投标活动程序规范化是保证招标投标顺利实施的前提，是防止和杜绝招投标非法行为，权钱交易，暗箱操作的组织措施，是规范和培养良性招标市场的保证，是公开、公平、公正从事招标投标活动的基础，是以根本上保证招投标行为法律化的条件，招投标活动过程的规范化，将

有利于招标投标活动的健康有序的发展。

②招投标活动内容国际化

一是随着国际经济一体化，建设市场国际化，招投标活动的有关规定要符合国际惯例，建立统一的规则。二是在建设主体的多层次国际化，建立对所有主体的公平、公开、公正的招投标市场，按照国际惯例开展招投标活动。三是低价中标是国际工程招投标的发展趋势，通过建设工程相关管理的改革，促进和保证低价中标的有效实施。四是招投标文件文本、评标、方法应结合国际建筑业发展的新特点，突出招投标活动中的质量管理监督，通过招投标活动的正确引导，使建设工程质量水平有整体提高。

③招投标活动责任明确化

招投标活动是一项严格的法律程序活动，既有一般活动的经济性的特点，更有依法从事各项活动的法律责任，责任明确是规范活动程序的保证，各项活动都应有明确的法律责任，使招投标参与者从事招标活动时，履行法律规定的权利和义务的同时，承担其法律责任，把每项活动的责任方、责任人明确列入规范文本，是打击招投标行为犯罪、保证招标活动及其结果法律效力的法律保证。同时，使每个招投标主体和活动执行人了解其每项活动应负的责任，有利于规范招投标行为，提高招投标活动的透明度和公平公正性。

④加强建设工程风险和保险管理，保证建设工程顺利进行

发达国家建设工程管理成功经验之一，就是健全完善的建设工程强制性保险制度，建设工程实行强制性保险制度是建设工程实施活动及其结果的社会保障体系，是社会机构参与建设工程监督管理的一种方式，是促进建设主体严格履约、提高质量意识、优质完成建设任务的驱动力和经济措施。我国应尽快在招投标活动中引入招投标双方的社会履约责任保险，利用社会组织的监督管理力量，促进建设主体依法从事建设活动，提高法律和责任意识，保证建设工程顺利进行，投资效益有实现。通过实践，一是对我国建设主体提供熟悉国际工程管理实践的机会，二是国际化的管理更有利于国际建设主体的投资和参与建设，有利于把国际先进的建设工程管理技术、方法引入国内建设市场，促进我国建设业技术进步。三是为我国全面推行高效的建设工程风险管理和保险制度积累理论和实践的经验。

⑤建立有效的资信管理制度

建立有效的资信管理制度，通过计算机网络使建设主体的资信档案高效地服务于建设工程招标活动管理。建设主体资信是从事建设活动的无形资本，建立规范有效的资信管理制度，使企业活动的业绩明确地记录下来，是

政府管理主体和社会认识主体的基础性资料，也是鼓励建设主体规范建设活动，创造建设业绩的有效机制，建设主体资信作为招标投标管理的条件，对于更好地通过招投标活动优胜劣汰起到积极的作用。资信管理制度管理的原则是实事求是，准确可靠。资信管理是记录企业经营活动结果的见证，应该把活动结果的执行者较为准确全面地反映出来，为社会认识建设主体形象提供可靠的依据，比如，建设主体完成的优良工程，应该记载其项目名称、项目等级、完成时间、项目经理、技术员责任、质量管理者以及建设单位管理者等。这样的资料，可为招标投标中选择施工单位、选择项目班子提供可靠的参考。

⑥规范社会监理行为，提高招投标活动的社会保障能力

规范、高效的社会监理专业技术服务是工程建设招标活动结果有效实施的社会保障。通过招投标活动最终只是选定中标单位，签订中标合同，确立建设主体体系，工程建设施工是一个漫长的复杂的系统过程，建设实施活动中的可变因素很多，环境千变万化，影响因素变化频繁，尤其建设工程活动中人的操作占主导地位，客观事实上，需要一个既懂专业技术，又懂经济法律，积累有丰富的建设工程管理经验的专业化队伍对建设工程实施的全过程进行全面系统的管理，符合这一条件的无疑就是规范有效的社会监理服务，国外建设工程管理的经验也深刻地证明了这一点，高效的工程监理专业服务是保证工程建设顺利进行的社会保证，我国虽然实行工程监理制度已十多年，但是工程监理活动还很不规范，一是监理队伍本身素质不高；二是建设单位对建设监理的认识不够。形成了工程建设监理不到位。监理范围、程度、力度都不够，这直接影响了我国建设工程管理发展，积极有效地推行工程监理制度，充分地发挥工程监理的积极性和作用，是保证招标投标活动结果高效实现的组织措施，是实现建设目标的有利保障。

⑦改革招投标评价体系，促进招投标的健康发展

建设工程要真正起到优胜劣汰，除了规范建设招投标活动程序外，更要使招投标评价体系朝着有利于促进建设管理发展的方向改革，也就是朝着提高建设工程质量的方向发展，使得有较高质量保证能力和较好质量业绩与资信的投标单位中标，中标是评标的结果，评标的依据是评价体系，因此，改革招投标评价体系，是促进工程质量持续提高的潜在动因。

一是在评价指标中加重质量资信的比重。

二是对质量资信的时效性加以考虑，离此次招投标活动越近的业绩考核的权重越大，以促进建设主体质量的持续改进。

三是把投标主体的质量管理体系和项目组织能力纳入评价指标体系，促进

建设工程管理良性健康发展。

四是把在本区获得优质工程和外地获得优质工程适当加以区分，鼓励资信良好，质量保证能力强，主体素质高的建设主体继续留在所管辖区域，为所管辖区域整体质量的提高做出贡献。

五是在资信管理制度未建立之前，严格禁止非法挂靠的不良主体浑水摸鱼，扰乱招投标市场秩序。在这些措施实施的条件下，为建设工程质量保证体系有效运转打下良好的基础，使建设主体朝着正确的方向提高自身能力，合法、公正竞争获得工程承建权，为实施低价中标创造质量环境条件，促进我国建筑业的整体发展。

建设工程质量监督管理是一项复杂的系统工程，建立健全质量管理保证体系是系统良性运作的前提，各个环节始终把质量管理放在首位是提高工程质量的根本保证，招投标活动中加强质量监督管理是保证施工工程质量的决定因素，因此必须抓紧抓好，抓出成效。

6.1.5 施工合同文件监督管理

工程合同构成建设主体之间建设行为的法律约束文件，这些文件可使各建设主体的建设行为和活动结果规范化、法制化，达到有关国家法律、法规和强制性标准的规定。工程合同文件涉及委托勘察设计需要勘察设计合同，委托监理需要监理合同，订购设备、材料需要签订设备、材料合同，经过招投标活动选定施工主体后，业主和施工主体之间需要就建设工程施工过程中的双方责任和义务、工程质量标准及有关事项形成施工合同文本。工程合同贯穿工程建设的全过程，工程合同文件对于规范建设主体行为、实现建设工程目标起到了法律约束作用。加强对工程合同的监督和管理，特别是对施工合同的监督和管理，是政府公平、公正维护建设主体的合法利益，有效保护建设工程公众和国家利益不受损失，规范建设主体建设工程质量行为和活动结果，有效地保证建设工程质量的需要，把对合同的监督管理纳入质量监督管理的范畴，是依法从事建设工程质量监督和管理的需要，是建设工程建设和管理规范化和法制化的需要，因此，应该引起建设管理者和各建设主体的高度重视，以提高建设工程管理水平和建设工程质量保证能力，促进建设工程整体质量的全面提高。

对于建设工程施工合同的质量监督应注意两个方面的内容，一是合同的规范化和标准化。二是合同中有关质量方面的条款应详尽、全面，涵盖施工工程质量形成的全过程。

工程施工合同的规范化和标准化具体有两方面内容：

一是国内建设工程项目施工合同须选择采用建设工程施工合同标准文本，按此合同的程序、条款、内容的规定签订工程施工合同。

二是国际工程承包和涉及国际承包商、投资商的建设工程项目施工合同须积极推行采用国际工程合同规范文本 FIDIC 合同条款，以合同文件国际化促进建设工程管理国际化。

合同条款中有关质量的条款应尽可能详尽是指针对具体建设工程项目的特殊性，把业主和用户的质量目标准确地以法律条款纳入合同范围，并且把有关质量的标准、检查验收的方法、检查验收的程序、质量责任、义务、职责，包括有关质量的法律、法规和强制性标准的目录（含建设工程环境质量的要求）都在法律规定的条件下以规范的条文写入工程施工合同有关条款，以合同的法律约束力规范各方建设主体的质量行为和活动结果，有效地保证建设工程质量目标的实现。

工程施工承包合同文件要求：

工程施工承包合同文件中，分别规定了参建各方质量控制方面的权利和义务的条款，有关各方必须履行在合同中的承诺。因此，施工单位要依据合同的约定进行质量管理与控制。

《中华人民共和国合同法》关于合同的履行中规定："合同内容有关质量要求不明确的，按照国家标准、行业标准履行；没有国家标准、行业标准的，按照通常标准或者符合合同目的的特定标准履行。"

《合同法》还规定："质量不符合约定的，应该按照当事人的约定承担违约责任。受害方根据标的的性质及损失的大小，可以合理选择要求对方承担修理、更换、重作、退货、减少价款或者报酬等违约责任。"

《合同法》第十六章建设工程合同中规定："施工合同的内容包括工程范围、建设工期、中间交工工程的开工和竣工时间、工程质量、工程造价、技术资料交付时间、材料和设备的供应责任、核算和结算、竣工验收、质量保修范围和质量保证期、双方相互协作等条款。"

隐蔽工程在隐蔽以前，承包人应当通知发包人核查。

建设工程竣工后，发包人应当根据施工图纸设计说明书、国家颁发的施工验收规范和质量检验标准及时进行验收。

因施工人的原因致使建设工程质量不符合约定的，发包人有权要求施工人在合理期限内无偿修理或者返工、改建。

因承包人的原因致使建设合理使用期限内造成人身和财产损害的，承包人应当承担损害赔偿责任。

《建筑法》和《合同法》均规定："施工总承包的建筑工程主体结构的施

工必须由总承包单位自行完成。"

禁止总包单位将工程分包给不具备相应资质条件的单位,禁止分包单位将其承包的工程再分包。

6.1.6 其他准备活动监督管理

施工准备阶段是业主质量活动最频繁的阶段,除了对施工图设计审查、招投标和合同三大内容监督外,业主为施工开工做好有关程序的准备也是极其重要的。施工准备阶段其他准备活动的监督管理主要包括对建设业主施工准备活动的监督管理,对监理单位施工准备活动的监督管理和对开工许可的监督管理三个方面。

(1) 对建设业主施工准备活动的监督管理

对建设单位施工准备活动的监督管理包括以下几个方面:

建设单位办理建设工程质量监督登记时应向工程质量监督机构提交以下有关资料:规划许可证;施工、监理中标通知书;施工、监理合同及其单位资质证书(复印件);施工图设计文件审查意见;其他规定需要的文件资料。

建设单位工程项目报建审批手续齐全。

建设单位应遵照基本建设程序和规定:按规定报送施工图审查。按规定委托监理。下列建设工程必须实行监理:国家重点建设工程,大中型公用事业工程,成片开发建设的住宅小区工程,利用外国政府或者国际组织贷款、援助资金的工程,国家规定必须实行监理的其他工程。

建设单位无明示或者暗示勘察设计单位、监理单位、施工单位违反强制性标准,降低工程质量和迫使承包方任意压缩合理工期等行为。

按合同规定,由建设单位采购的建材、构配件和设备必须采取招标形式,并与中标单位签订书面供货合同,明确并符合质量要求。

建设单位不得肢解工程。

(2) 对监理单位施工准备活动的监督管理

实行监理的建设工程项目应该有建设监理委托手续及合同,监理人员资格证书与承担任务相符。

工程项目的监理机构专业人员配套,负责制落实。

制定监理规划,并按照监理规划进行监理。

(3) 对开工许可的监督管理

①建设工程施工许可证申请条件

已经办理该建设工程用地批准手续。

已取得规划许可证。

需要拆迁的，其拆迁进度要符合施工要求。

已经确定建筑施工企业和建设监理单位。

有满足施工需要的经审查合格的施工图纸和技术资料。

有保证工程质量和安全的具体措施。

建设资金已经落实。

法律、行政法规规定的其他条件。

已按规定办理质量监督手续。

②对开工许可监督管理

需要领取施工许可证的建筑工程范围。凡是《建筑法》适用范围内的建筑工程，除国务院建设行政主管部门确定的限额以下的小型工程，以及按照国务院规定的权限和程序批准开工报告的建筑工程外，均应申请领取施工许可证；未领取许可证的，不得开工。申请领取施工许可证，是对建设工程施工所应具备的基本条件的审查，是事前控制制度。

施工许可证的有效期限。建设单位应当自领取施工许可证之日起三个月内开工。因故不能按期开工的，应当向发证机关申请延期；延期以两次为限，每次不超过三个月。既不开工又不申请延期或者超过延期时限的，施工许可证自行废止。

开工报告审查的主要内容：资金到位情况，投资项目市场预测，设计图纸是否满足施工要求，现场条件是否具备"三通一平"等要求。

6.2 工程质量实施能力分析与评价

建设工程质量是指建设工程满足国家现行的有关法律、法规、技术标准、设计文件及合同中对工程的安全、使用、经济、美观等特性的综合要求的能力之总和。质量是一种能力，它的实现是各建设主体质量行为及活动结果的总和，而建设主体质量行为的规范与否及活动结果的好与坏除了建设市场的竞争和监督管理外，其核心取决于各建设主体的质量保证能力，各建设主体的质量保证能力，是各主体人力资本、物力资本、知识资本和管理机制运行的综合体现，它们的活动过程和活动结果都是质量能力形成的主要因素，这些是质量实现的基础和前提，从政府对建设工程质量过程监督管理控制的环节来看，进行施工前建设工程项目质量能力综合评价，是做出是否同意对其实施监督管理的重要依据，它是施工前质量监督管理成功与否的关键，也是保证建设工程实体质量形成的重要环节，通过评价达到两个目的：

一是对建设项目质量能力全面审查，对于不具备质量保证能力的不予监督登记，不能开工建设。

二是评价的过程是监督机构全面有效了解项目质量能力的过程，对于准予监督登记的项目，针对项目质量能力特点，做出有的放矢的质量监督规划，确保实体建设中的有效监督管理，全面提高建设工程质量。

实施建设工程质量能力评价要做到以下五点：

一是必须建立科学的评价体系，它是评价科学性的前提；

二是培育有素的监督评价人员，是保证评价有效的关键；

三是健全评价制度，是规范监督行为，保证评价的公正、公开的基础，也是实现监督规范化、法制化的前提；

四是评价结果要有效地指导质量监督管理工作，实现评价的目的；

五是评价进一步促进各方主体规范质量行为和活动结果，尤其是业主质量行为的规范，通过评价推动主体提高自身素质和质量保证能力，实现建设市场要素的增强，使建设市场在法律约束下良性健康发展。

6.2.1 工程项目质量能力评价的意义和作用

建设工程项目质量能力评价的意义和作用可概括为以下五方面：

（1）质量能力评价是监督机构认识主体的基础

质量能力评价是在各建设主体关系已经确立，准许监督登记和开工前的主体资质与能力的把关和审查，通过对施工前三大内容的监督审查：即设计审查监督、招投标监督和合同监督，结合已确立主体的资信考察，对主体实施工程建设的能力做出综合判断，判断评价的过程就是监督机构认识、考核各参建主体的过程，通过对各主体资信、业绩、质量保证体系、主要项目负责人的能力的评价，针对准备实施建设项目的技术难度情况，定性定量相结合，对确立的主体实施项目能力做出预估评价，由此确定是否准予监督登记和开工，对于评估达不到预估能力要求的，不予监督登记，有效科学地把好主体能力关。

（2）质量能力评价是监督机构设计事后监督审查的重要手段

质量能力评价的重要内容之一就是对设计成果及其审查结果的监督，这是事后设计质量监督的重要手段，设计质量、设计水平是决定建设工程质量水平的关键环节，设计是建设工程质量的技术规划，设计质量能否达到有关法律、法规和强制性技术标准的质量能力要求是保证建设工程质量的关键环节，对设计成果及其审查结果的监督，就是监督其质量能力的符合性，监督的重要措施就是审查设计成果的完整性，具备应有的深度，监督审查的人员资质、资信、审查的程度、审查的结果、审查核算书、审查独立性等，确保设计质量。

（3）质量能力评价是有的放矢制定监督计划的前提

建设工程质量政府监督的主要任务除了对地基基础、主体结构和环境质量的重点内容监督外，就是监督各方建设主体各个阶段的质量行为，质量行为监督的重点是保证各主体建立健全质量保证体系并使其良性运转，通过督促各主体质量保证体系的有效运作，以质量体系保证建设工程质量，质量能力评价可以使监督机构较为全面地了解和认识参建各主体，发现项目实施可能出现的问题和各主体的薄弱环节，指派有针对性专长的监督班子，制定有重点的监督计划，预防和杜绝主体可能发生的违规质量行为，保证建设工程质量有效实现。

（4）质量能力评价是事前控制、以人为本的监督思想的重要体现

质量能力评价是基于对已确定的建设主体能力、主体资信以及主体对项目的保证程度的考核分析结果，始终以主体的人、人的组织作为重点考核对象，把人和组织的能力、业绩和资信的记录放在首位，就工程建设实体实施而言，是事前投入的把关，也是对施工前，各主体的质量行为和质量保证体系运作的监督，通过设计成果和设计审查的监督，把业主主体、勘察设计主体、设计监理主体、设计审查主体的质量活动及活动结果做出全面的审查监督，通过设计质量和审查质量的监督，可以发现这些主体设计活动期间的质量行为和质量保证体系有效运转的情况，并以这种事后的监督和惩罚促使主体规范设计活动，保证设计成果的质量。通过对招投标、合同的审查监督，了解承建施工主体、业主主体、监理主体的质量行为和活动结果，这也是各主体质量保证体系有效运作的重要组成部分，鼓励他们以质量和信誉获得竞争能力，实现市场要素的改善，促进市场健康良性发展。同时合同的监督，把有关质量条款规范地纳入合同之中，以法制化促进主体质量行为改进，质量保证体系良性运转，提高整体质量能力，保证建设工程质量持续改进。

（5）质量能力评价是规范建设业主质量行为的重要措施

我国是社会主义国家，在工程建设中的公有投资仍然占有很大的比例，国有投资项目的建设管理一个突出特点就是资本所有者（国家）和资本使用管理决策者（准业主）分离，建设活动中的"寻租行为"及腐败现象依然严重，因此，加强对业主行为的监督，无疑是建设工程质量政府监督的重点，施工前，业主质量活动频繁，设计委托、设计管理、设计审查、招投标、大型设备订购、各种工程合同的订立以及建设有关手续的审批办理都离不开业主的参与，它在工程建设中处于龙头地位，而且掌握有建设工程项目的发包权，普遍又存在管理机构人员素质不高，各级领导打电话、写条子时有发生，这些都在不时地危及准业主建设活动中的质量行为，它的质量行为的失误和错误，是导致建设工程质量差的根源，如委托了不具备资质的设计、施工单位，收受贿赂使用低劣建材、设备，串通承包主体偷工减料、粗制滥造，损坏国家和公共建设工程质量利益等等，这些都需要对其实施必要的监督，施工前的质量监督和

质量能力评价，可以对业主的质量行为做出进一步的审查监督把关，把由业主违规行为所可能造成的损失减少到最低程度。严格的监督和评价，有利于规范业主行为，保证建设工程质量实施能力。

6.2.2 工程质量实施能力评价的主要内容及评价体系

（1）影响工程项目质量实施能力的主要因素

建设工程项目质量实施能力是指建设主体在一定的环境条件下，对实施其资质范围工程建设任务的质量保证能力，是反映主体有效完成建设项目目标的可靠性，对其进行分析评价的主要目的就是要把好不具备一定能力要求的主体不准予实施建设任务的关，它的分析评价主要考虑两个方面的因素：一是项目本身属性及其设计特性和建设所在地市场环境条件的客观因素。二是实施项目建设的各参与主体的条件，这是项目质量能力的主观因素。项目本身属性主要包括项目类别，项目的技术复杂程度，项目创新技术应用等。项目设计特性包括设计成果的水平和设计审查的可靠性和结论，设计文件是指导建设工程实施的依据，它是质量标准的技术规划，因此，设计成果本身的质量和设计审查的质量对于建设工程质量实施是极其重要的，建设工程所在地市场环境因素，包括建设市场管理、招投标市场管理、建筑材料市场、建设场地环境特征、建设所在地公众质量意识、建设工程担保与保险市场、建设市场主体要素整体质量、建设市场主体信誉制度等，以上为建设工程质量实施的客观因素，项目等级越高，复杂性越大，应用新技术、新工艺越多，建设工程质量实施的难度越大，对主体素质的要求就越高，建设市场环境越规范，越能有效地促进建设主体的质量行为和活动结果，越能有效地保证质量目标的实施和质量水平的提高；反之，市场混乱、市场环境要素及体系运作不规范，也势必加大建设工程项目质量目标实施的难度。除了有效的内部机制良性运转外，还必须具有克服市场环境不利因素影响，协调处理环境关系的能力，参与工程建设的主体是建设工程项目质量形成的主观因素，也是内在动力和直接生产力，它们的活劳动与物化劳动的整合构成建设工程项目质量的全部内涵。单就参与主体来说也有直接参与主体和间接参与主体之分，施工主体，勘察设计主体，设备、材料生产供应主体的活动是建设工程质量的直接组成部分，属于直接主体；业主管理活动，监理主体，检测主体的主要活动是对实施直接主体的监督管理和控制协调，对于质量形成来说是间接发生作用的，是通过直接主体的活动体现出来的。直接主体与间接主体共同协调一致工作，构成建设工程质量形成的有效能力，保证建设工程质量目标的有效实现。对于直接主体的能力要素来说，主要包括质量方针和战略，质量保证体系、项目班子、项目负责人、人员素质、质量保证制度，资质与资信、技术创新能力、设备装备能力等。

（2）工程项目质量实施能力评价的主要内容

建设工程项目本身评价：项目规模、技术复杂程度、项目类别、项目技术创新程度、项目实施的工艺技术程度、项目的环境要求、项目的质量标准。特别要注意的是在质量实施能力评价中项目本身属性的评价是反向的，它要反映项目越大、越复杂、技术难度越高，实施的困难性就越大的特性。

①项目设计保证能力的评价。一是对设计成果本身及其设计行为能力的评价；二是对设计审查情况的评价。设计评价主要通过设计成果的审查来度量设计过程中的主体能力及设计成果本身的完整性、科学性、符合性。设计审查情况的评价包括对设计审查机构、人员的资质、行为，审查的程度，审查的计算过程以及审查结论的监督评价。通过对这几方面的评价，对建设工程项目实施的设计规划性标准做出界定，分析判断其有效指导工程实施建设的能力。

②建设主体实施能力评价。建设主体实施能力评价是项目实施能力评价的核心，它是以人为本建设管理思想的重要体现，对其能力的评价从两个方面进行，一是各主体资质能力、社会信誉、业绩对拟建项目的保证能力，主要从各主体的资质等级、不良行为记录、过去完成项目的社会反映、拟建项目班子组成人员、主体质量保证体系和认证体系几个方面进行综合分析评估；二是通过各主体在该项目前期的质量行为及活动结果分析其行为的规范性和能力。通过对各招投标活动的过程及结果的监督，对各种合同的监督以及在设计过程中的各主体行为表现及其结果的监督进行主体行为能力分析评价，主体本身的综合资质和在前期项目活动中的表现结合起来，反映了各主体对于该拟建项目实施中的保证能力，监督的主体主要包括业主、设计、施工、监理四个主体。

③建设环境因素评价。建设环境因素评价主要指建设项目拟建区域范围内整体建设市场和社会环境，这也是项目有效实施不可或缺的重要组成部分，对建设环境因素评价主要从以下几个方面考虑：

一是项目所在地有形建筑市场的规范程度，包括招投标市场管理、城市规划管理、城市建设管理、工程造价管理、工程建设信息化管理、主体业绩及绩效管理、主体的资质审批与管理等等。

二是建筑材料市场，建筑材料市场包括两大块，即生产和供应。建设工程的大量耗材特性，决定了其大部分设备、材料、构配件的就地取材的合理性，建筑材料、设备生产、供应市场中的市场主体和市场繁荣程度是建设工程有效实施的物质基础，直接影响建设工程项目实施能力。

三是建筑产品检测市场，这里的检测主要指具有独立法人资格、依法承担检测法律责任的社会化监测机构所构成的市场，他们的检测能力、检测水平、检测行为公正性直接影响项目质量的社会认识，规范、科学、公正的检测市场主体是推动建设工程质量水平提高不可缺少的重要动力，是依法科学监督的基础，也是有效社会保证体系建立和完善的条件，检测主体的质量认证情况、质量行为对所在区域质量能力提高起着极其重要的作用。

四是社会保证与担保，对建设工程实施社会保证和担保是国际成功惯例，是建设工程监督体系的重要组成部分，有效、规范的社会保证和担保体系的良性运作，对于规范建设主体行为，加强建设工程实施的社会监督是必不可少的，主要从区域保证机构的主体行为，保证、担保市场活动，以及保证、担保机制的运作情况评价该区域的社会保证与担保的可靠性，进而评价其社会保证与担保对建设工程实施保证能力。

（3）工程项目质量实施能力评价体系

通过对建设工程项目实施能力影响因素分析，揭示了建设工程项目实施能力评价的主要内容，这些内容按层次结构分类归纳起来就构成了有效评价其实施能力的指标体系，建设工程项目实施能力综合评价指标体系如图6-1所示。

6.2.3 工程质量实施能力多级模糊综合评价方法

（1）建立评价指标集

在图6-1所示的评价指标体系中，定义了与评价目标 B 建设工程项目质量实施能力相关的三个层次指标集，分别为

$$U = (U_1, U_2, U_3, U_4)$$

$U_1 = (U_{11}, U_{12}, U_{13}, U_{14})$; $U_2 = (U_{21}, U_{22})$;

$U_3 = (U_{31}, U_{32}, U_{33}, U_{34})$; $U_4 = (U_{41}, U_{42}, U_{43}, U_{44})$

$U_{11} = (U_{111}, U_{112}, U_{113})$; $U_{12} = (U_{121}, U_{122}, U_{123})$;

$U_{13} = (U_{131}, U_{132}, U_{133})$; $U_{14} = (U_{141}, U_{142}, U_{143})$;

$U_{21} = (U_{211}, U_{212}, U_{213})$; $U_{22} = (U_{221}, \cdots, U_{225})$;

$U_{31} = (U_{311}, \cdots, U_{314})$; $U_{32} = (U_{321}, \cdots, U_{326})$;

$U_{33} = (U_{331}, \cdots, U_{336})$; $U_{34} = (U_{341}, \cdots, U_{346})$;

$U_{41} = (U_{411}, \cdots, U_{416})$; $U_{42} = (U_{421}, \cdots, U_{424})$;

$U_{43} = (U_{431}, \cdots, U_{434})$; $U_{44} = (U_{441}, \cdots, U_{445})$

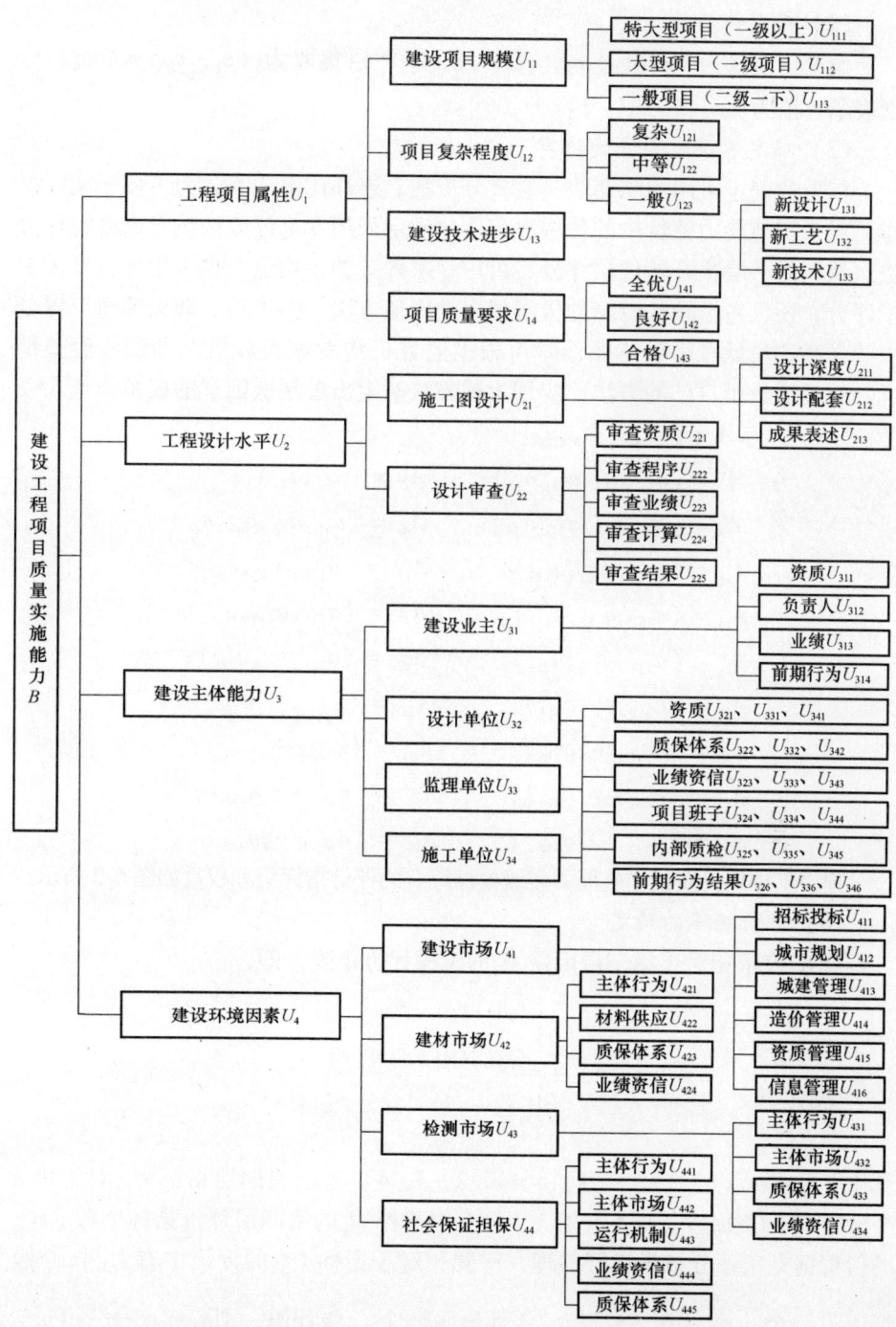

图 6-1 建设工程项目质量实施能力综合评价指标体系

(2) 确定评语集

设评语向量为 $V = (v_1, v_2, v_3, v_4)$，本评语集取为 (v_1, v_2, v_3, v_4) 分别表示评语为优、良、中、差。

(3) 确定各层次因素的权重

权重的确定可用德尔菲法、层次分析法、连环比率法等。为了便于实际操作，对于实施能力评价中的各层次权重的确定采用专家评分法或专家修正评分法，从较低一层次开始逐层评分，可用专家评分的平均值，也可用加权重的专家评分，还可考虑剔除专家的极端偏向的极值方法，再平均，即去掉每个评分中的最高和最低者，具体操作时可根据监督机构专家组成情况和实际经验情况，选择适合于自己的方法。应用上述方法确定出各层次因素的权重为

$$A = (a_1, a_2, a_3, a_4)$$

$$A_1 = (a_{11}, a_{12}, a_{13}, a_{14}); \qquad A_2 = (a_{21}, a_{22});$$

$$A_3 = (a_{31}, a_{32}, a_{33}, a_{34}); \qquad A_4 = (a_{41}, a_{42}, a_{43}, a_{44})$$

$$A_{11} = (a_{111}, a_{112}, a_{113}); \qquad A_{12} = (a_{121}, a_{122}, a_{123});$$

$$A_{13} = (a_{131}, a_{132}, a_{133}); \qquad A_{14} = (a_{141}, a_{142}, a_{143});$$

$$A_{21} = (a_{211}, a_{212}, a_{213}); \qquad A_{22} = (a_{221}, \cdots, a_{225});$$

$$A_{31} = (a_{311}, \cdots, a_{314}); \qquad A_{32} = (a_{321}, \cdots, a_{326});$$

$$A_{33} = (a_{331}, \cdots, a_{336}); \qquad A_{34} = (a_{341}, \cdots, a_{346});$$

$$A_{41} = (a_{411}, \cdots, a_{416}); \qquad A_{42} = (a_{421}, \cdots, a_{424});$$

$$A_{43} = (a_{431}, \cdots, a_{434}); \qquad A_{44} = (a_{441}, \cdots, a_{445})$$

建设工程项目质量实施能力多级模糊综合的评价指标集和权重如图 6-2 所示。

(4) 评价矩阵的确定

令 R_{ij} 表示相对于第三层因素 U_{ij} 的模糊评价矩阵，即

$$R_{ij} = \begin{bmatrix} r_{ij11} & r_{ij12} & r_{ij13} & r_{ij14} \\ r_{ij21} & r_{ij22} & r_{ij23} & r_{ij24} \\ \vdots & \vdots & \vdots & \vdots \\ r_{ijk1} & r_{ijk2} & r_{ijk3} & r_{ijk4} \end{bmatrix}$$

其中，$r_{ijmn}(m=1, 2, \cdots, k; n=1, 2, 3, 4)$ 表示第四层指标 U_{ijm} 对于第 n 个评语 v_n 的隶属度，k 表示相应于第三层指标 U_{ij} 的第四层评价指标个数。r_{ijmn} 的值根据专家评分结果进行整理，得到相对于指标 U_{ijm} 的评语中有 s_{m1} 个 v_1 级评语，s_{m2} 个 v_2 级评语，s_{m3} 个 v_3 级评语，s_{m4} 个 v_4 级评语，则 $r_{ijmn} = \dfrac{s_{mn}}{\sum\limits_{t=1}^{4} s_{mt}}$ ($n =$

1,2,3,4)。

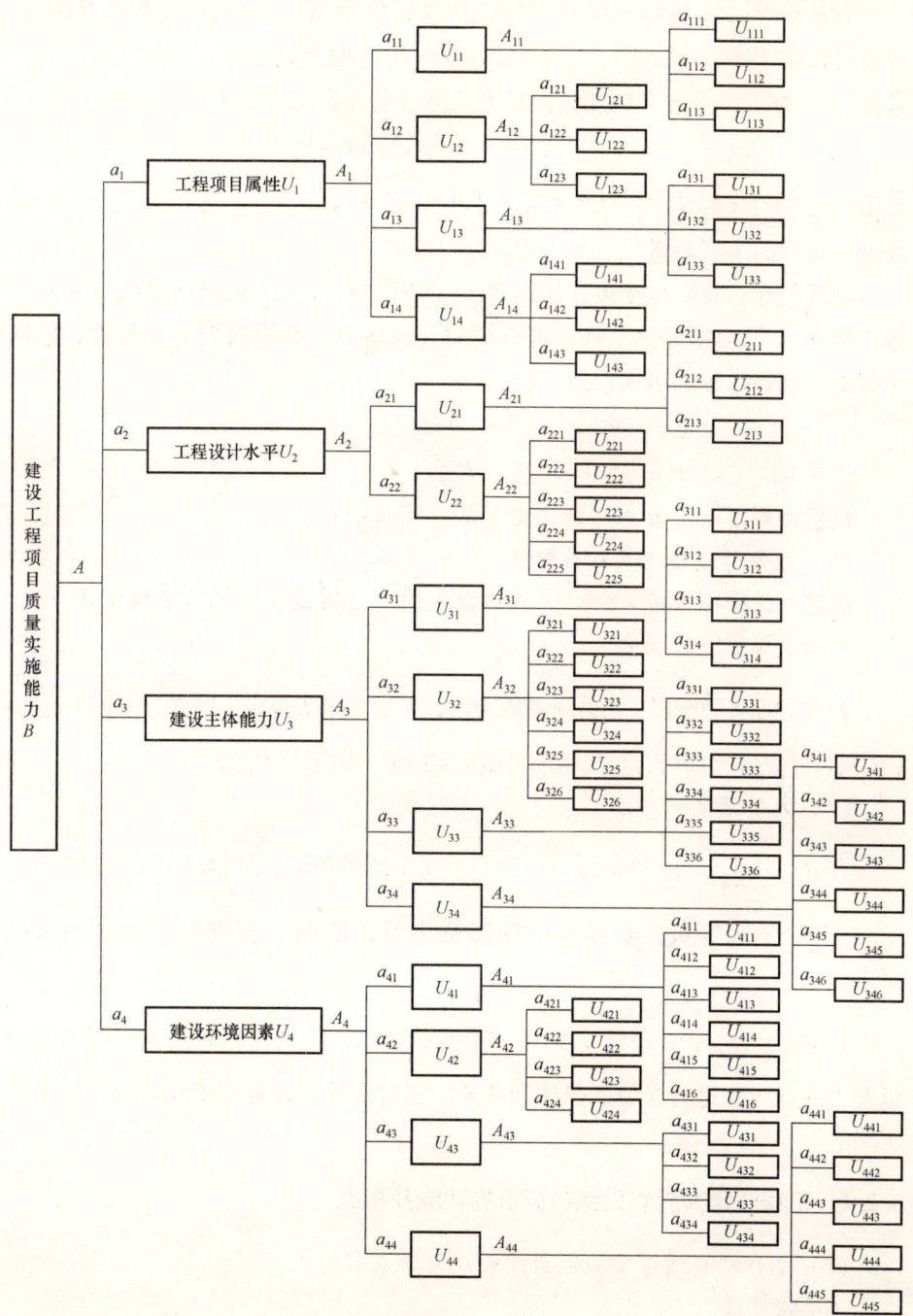

图 6-2 评价指标集和权重示意图

（5）模糊矩阵运算

先从第四层（最低一层）开始，计算相应于第三层指标 U_{ij} 的评价向量，用权重向量 $A_{ij}=(A_{ij1},A_{ij2},\cdots,A_{ijk})$ 与 R_{ij} 作模糊合成运算，得到其上一层因素指标 U_{ij} 对于评语集 V 的隶属向量 U_{ij}（仍用它表示隶属向量）。

$$B_{ij}=A_{ij}\cdot R_{ij}=(b_{ij1},b_{ij2},b_{ij3},b_{ij4})$$

其中，$b_{ijn}=\bigcup\limits_{l=1}^{k}(A_{ijl}\cap r_{ijln})(n=1,2,3,4)$，并对 b_{ij1}，b_{ij2}，b_{ij3}，b_{ij4} 进行归一化处理，得到的隶属向量仍表示为 B_{ij}。

同理类推，将对应于第二层因素 U_i 的第三层因素的隶属向量按行并在一起，得到 B_i 的模糊评价矩阵，进行模糊合成运算，并进行归一化处理，依次求得上一层各指标的隶属向量，即

$$B_i=[b_{i1}\quad b_{i2}\quad b_{i3}\quad b_{i4}]\quad(i=1,2,3,4)$$
$$B=[b_1\quad b_2\quad b_3\quad b_4]$$

最后得到目标层 B 对于评语集 V 的隶属向量 B。

（6）评价等级确定及评价结果

经过三级模糊评价，最终得到建设工程项目质量实施能力隶属于优、良、中、差四个等级的隶属度。

若规定必须75%以上的意见才能确定其评价结果的等级，即 $B_g=\sum\limits_{l=1}^{g}b_l(g=1,2,3,4)$，$B_g>75\%$ 时，该工程项目质量实施能力属于第 B_g 级。

（7）评价结果的应用

若 $B_g=\sum\limits_{l=1}^{g}b_l>75\%(g=1,2,3)$ 准予监督登记，且根据其分别属于 v_1，v_2，v_3 三个不同等级，安排相应的监督力量，确保工程质量最终达到目标要求。

若 $B_3=\sum\limits_{l=1}^{3}b_l\leq75\%$，则不准予监督登记，并责令项目业主，对前期质量能力准备工作进行必要的修改和补充，通过定性、定量评价相结合，把好开工关。

6.2.4 工程质量实施能力综合评价的功能及特点

（1）工程项目质量实施能力综合评价的基本功能

①反映功能

建设工程项目质量实施能力综合评价是监督机构组织有经验的专家对建设

工程项目能力的认识评价，反映基于专家小组集体的综合看法，反映功能真正体现项目实际具有的实施能力的条件，就是充分了解项目实施各方面的信息，其中完整、健全的各主体资信、业绩、不良记录档案的信息化，是进行综合评价的最基础资料。

②监测预测功能

监测是指综合评价基于专家小组对建设工程项目质量实施能力在规定指标体系的满足程度的评价，是主观智能对各指标因素的测评，检测的可靠性、准确性依赖于专家的经验和水平。预测功能是指这种综合评价是基于过去已形成的事实、资料和信息的分析，预估将来可能的结果，是一种前瞻性、事前监督控制思想的综合应用，其目的是尽可能通过专家的评价事前尽早发现问题，及早修正，防患于未然。监测和预测功能体现政府建设工程质量监督管理思想已经发展到体系监督管理，以体系良性运作和体系要素健康发展保证建设工程质量。

③比较功能

多级模糊综合评价方法的应用，给出了模糊评语集，通过对建设工程项目质量实施能力的综合评价最终结果给出该项目实施能力的等级属于哪一个，事实上形成自然的比较，一是就每个项目而言，由于评价的模糊性，其结果是基于专家认识的判断，它更接近了评语集中的某一等级，具有测评比较的概念。二是不同项目通过测评评价，可以根据其结果属于不同等级，对项目质量实施能力做出比较认识判断，区分不同项目能力的优劣。

（2）工程质量实施能力综合评价的特点

①具体性

评价的具体性体现在三个方面：一是针对工程项目是具体特定的，它包括项目本身的属性，项目设计质量，项目主体的具体组成，项目所在地的环境条件都是可及物，是事实。二是评价的过程是专家就具体各项指标项目实施能力的测评，是具有针对性特征。三是评价的结果各有相对确切标准，就是所属等级以上的积分 >75% 所在的等级为其评价等级。

②模糊量化性

建设工程项目质量实施能力准确地说没有数值标准，是一个模糊概念，用多级模糊综合评价方法就是将一些难以量化的属性指标给予模糊意义的量化，转化为可度量比较的相对取值，其量化是综合评价的重要手段，通过数学方法的应用，综合评价的过程和结果都将以相对的取值给予表述，现代化计算机手段为进行量化分析评价提供有效的支持，为量化方法实施的可能性、方便性奠定了基础。

③解释说明性

多极模糊评价是专家通过对所限定指标体系中各指标因素的测评，测评数据和综合评价结果都具有给定的明确内涵。它是专家对建设工程项目质量实施能力的认识，是对项目质量能力的数学表述和反映，是通过一系列的比较、分析、运算，阐述项目质量能力，通过评价，对于监督机构管理人员提供警示、协调、监督运作的依据，为监督机构科学有效地安排监督任务提供决策支持。

④时间性

评价的时间性主要体现在两个方面：一方面是评价的时间界定应该以业主为龙头的前期准备工作完成为基础，申请办理监督手续，准备开工条件。第二方面是评价内容中的指标因素具有时间性，如项目类型的划分，项目技术进步，各主体的业绩、资信以及环境因素等都是针对当时条件的分析和测评。

⑤综合性

建设工程项目质量实施能力是综合因素的体现，正像指标体系所涵盖的内容一样，包括许多因素和许多方面，是一种综合能力的测评，其目的是要全面反映项目能力的本身特征，综合体现项目的实际情况，考虑环境和市场的影响对其实施能力的作用，这与建设工程质量形成的多阶段、多因素的复杂性相一致，是准确预测反映项目实施结果的实际要求。

⑥可比性

通过一系列的分析、测评、评价、运算，最后给出项目质量实施能力一个相对数值的表述，它具有明显的可比性，其结论给出相应的等级，也具有可比性，且这种比较赋值是基于专家经验实现的，具有权威性和解释说明的可靠性。

6.2.5 评价组织及机制

(1) 评价组织

进行建设工程项目质量实施能力评价是政府监督机构项目监督决策的预测分析过程，它是有效实施有的放矢监督的基础，因此，应引起监督机构的高度重视，设定专门组织，一般应由3~5人专家组成，选择具有丰富工程监督管理经验的专家，进行必要的评价方法的培训，熟悉评价方法的实质，能够较准确地把握评价标准和尺度，精通评价程序和过程。由专家组对所拟监督的项目做出综合评价，为安排监督任务和监督计划提供依据。

(2) 评价依据

评价的主要依据包括三个方面：一是限定的指标体系是评价的基础。二是专家组讨论拟定的评价细则是把握评价尺度的依据。三是各种因素考虑的范围应确定具体的时间界线。其中，评价准则科学细化是评价依据可靠性的关键，主要指最低层的评价标准要具体细化，给出科学可行的评价标准分值，尽量减少人为因素的主观影响，保证评价的公正性、独立性、科学性、可靠性。

(3) 评价制度

①评价的原则

根据评价的功能和特点，进行综合评价应该坚持五项基本原则：一是综合评价的原则；二是以人为本的原则；三是客观公正的原则；四是时间界定的原则；五是简洁实用的原则。

②完善评价制度

评价制度主要包括，专家组人员的职责，评价期限要求规定，评价公示制度，评价人员培训制度，评价的程序等等。

(4) 评价手段

利用计算机实现评价过程计算是保证评价准确性，减少评价计算烦琐的必要手段，也是保证评价方法适用性的条件，通过计算机程序把评价计算过程自动化，减少人的劳动和手工计算的误差，提高评价的效率。

6.3 工程质量实施能力评价实例应用

6.3.1 实例背景

某质量监督机构根据所在区域建设环境与建设条件特征，经过专家评议、定量分析计算已经积累了各类建设工程质量实施能力评价的相关权重系数。质量监督实施能力评价小组由5人组成，根据评价结果向主要负责人提供监督任务分配的建议，为监督机构法人决定是否接受项目监督任务、合理调配项目监督人员提供决策依据。

若某建设业主根据项目所在地域政府质量监督隶属关系，向该监督机构提出质量监督申请，并按规定要求提供了项目相关资料。

6.3.2 评价过程

质量监督机构实施能力评价小组，根据项目分类和特征，已经确定各级模糊综合评价权重系数分别为：

$A = (0.2, 0.2, 0.4, 0.2)$；

$A_1 = (0.2, 0.3, 0.3, 0.2)$，　　　$A_2 = (0.6, 0.4,)$，

$A_3 = (0.2, 0.3, 0.2, 0.3)$，　　　$A_4 = (0.2, 0.3, 0.25, 0.25)$；

$A_{11} = (0.2, 0.3, 0.5)$，　　　$A_{12} = (0.2, 0.3, 0.5)$，

$A_{13} = (0.3, 0.3, 0.4)$, $\qquad A_{14} = (0.1, 0.5, 0.4)$;

$A_{21} = (0.5, 0.3, 0.2)$, $\qquad A_{22} = (0.2, 0.2, 0.2, 0.3, 0.5)$;

$A_{31} = (0.2, 0.3, 0.3, 0.2)$, $\qquad A_{32} = (0.1, 0.2, 0.2, 0.2, 0.2, 0.1)$,

$A_{33} = (0.1, 0.2, 0.2, 0.3, 0.1, 0.1)$,

$A_{34} = (0.1, 0.2, 0.2, 0.3, 0.1, 0.1)$;

$A_{41} = (0.2, 0.1, 0.2, 0.1, 0.2, 0.2)$, $A_{42} = (0.3, 0.4, 0.2, 0.1)$,

$A_{43} = (0.3, 0.2, 0.4, 0.1)$, $\qquad A_{44} = (0.2, 0.1, 0.3, 0.2, 0.2)$。

项目实施能力模糊综合评价的评语集为 $V = ($优，良，中，差$)$。专家小组评价的主观判断任务，就是根据业主报送材料和建设市场环境，对项目实施能力的第四层次61个指标对于评语集各评语的隶属度进行模糊判断评价。设5位专家评价的影响因子是相等的，则每个指标的隶属度就等于5位专家各项评价结果的算术平均值。经过评价分析计算，评价小组对该项目第四层各个指标隶属度评价结果及其分析如下：

$U_{111} = (0,0,0,0)$， $U_{112} = (0.1,0.6,0.3,0)$， $U_{113} = (0,0,0,0)$

即该项目根据分类属大型项目，大型项目分四类，专家评价结果是属于1类的隶属度为0.1，2类的隶属度为0.6，3类的隶属度为0.3，4类的隶属度为0（项目级别越小，项目规模越大，实施能力要求越高，同样主体能力下完成的难度越大）。

$U_{121} = (0,0,0.2,0.8)$， $U_{122} = (0.7,0.3,0,0)$， $U_{123} = (0,0,0,0)$

即该项目的复杂程度介于复杂与中等复杂之间，专家评价结果属于复杂项目复杂隶属度的第1、2类为0，第3类为0.2，第4类为0.8；属于中等复杂项目的复杂程度隶属度为第1类的0.7，第2类的0.3，第3、4类为0（项目越复杂，实施越困难，复杂程度1级最复杂）。该项目不属于一般复杂程度。

$U_{131} = (0.1,0.5,0.3,0.1)$， $U_{132} = (0,0.1,0.6,0.3)$， $U_{133} = (0.3,0.5,0.2,0)$

即该项目的设计要求属于1级难度的隶属度为0.1，属于2级难度的隶属度为0.5，属于3级难度的隶属度为0.3；该项目工艺要求属于1级的隶属度为0，属于2级的为0.1，属于3级的为0.6，属于4级的为0.3；该项目技术要求属于1级的隶属度为0.3，属于2级的为0.5，属于3级的为0.2，属于4级的为0。

$U_{141} = (0,0,0.2,0.8)$， $U_{142} = (0.7,0.3,0,0)$， $U_{143} = (0,0,0,0)$

即该项目实施要求质量标准为优良以上，根据专家评价实现的可能性达到全优目标的1、2级隶属度为0，3级隶属度为0.2，4级隶属度为0.8，通过努力有可能全优，但就其主体和环境条件来看，难度较大；根据合同要求，主体能力正常实施管理条件下达到良好标准没有多大问题，专家认为达到良好标准

1级的隶属度为0.7，2级的隶属度为0.3，3、4级的隶属度为0；合同要求优良以上，所以合格的各级隶属度为0。

$U_{211} = (0.7, 0.2, 0.1, 0)$，$U_{212} = (0.8, 0.1, 0.1, 0)$，$U_{213} = (0.6, 0.4, 0, 0)$

即专家认为设计深度隶属于优、良、中、差的隶属度分别为（0.7，0.2，0.1，0）；设计配套能力达到优、良、中、差的隶属度分别为（0.8，0.1，0.1，0）；设计成果的表述达到优、良、中、差的隶属度分别为（0.6，0.4，0，0），也就是专家基本认为设计满足质量要求。

$U_{221} = (0.3, 0.7, 0, 0)$，$U_{222} = (0.8, 0.2, 0, 0)$，$U_{223} = (0.4, 0.5, 0.1, 0)$，
$U_{224} = (0.3, 0.7, 0, 0)$，$U_{225} = (0.6, 0.4, 0, 0)$

即专家认为设计审查者的资质满足工程项目的程度达到优、良、中、差的隶属度分别为（0.3，0.7，0，0）；设计审查的过程符合规定要求的优、良、中、差隶属度分别为（0.8，0.2，0，0）；设计审查单位的业绩达到优、良、中、差的隶属度为（0.4，0.5，0.1，0）；设计审查的计算过程、依据、结果达到优、良、中、差的隶属度为（0.3，0.7，0，0）；设计审查结果达到优、良、中、差的隶属度为（0.6，0.4，0，0）。从总体看设计审查较为认真，专家比较满意。

$U_{311} = (0, 0.2, 0.6, 0.2)$，$U_{312} = (0.1, 0.3, 0.6, 0)$，
$U_{313} = (0.2, 0.5, 0.3, 0)$，$U_{314} = (0.3, 0.6, 0.1, 0)$

即专家对业主资质而言，满足项目要求能力的优、良、中、差隶属度为（0，0.2，0.6，0.2），业主自行组织完成该项目工程任务的能力不佳；业主项目负责人的能力满足项目要求的优、良、中、差的隶属度为（0.1，0.3，0.6，0），业主确定的项目负责人完成这样的工程项目专家认为存在较大难度；业主工程管理的业绩达到优、良、中、差的隶属度为（0.2，0.5，0.3，0），专家认为项目业主的过去的项目管理业绩还可以；业主项目准备阶段的前期行为属于优、良、中、差隶属度为（0.3，0.6，0.1，0），专家对业主在该项目的前期工作较为满意。

$U_{321} = (0.4, 0.6, 0, 0)$，$U_{322} = (0.3, 0.5, 0.2, 0)$，$U_{323} = (0.3, 0.6, 0.1, 0)$，
$U_{324} = (0.4, 0.5, 0.1, 0)$，$U_{325} = (0.3, 0.5, 0.2, 0)$，$U_{326} = (0.5, 0.4, 0.1, 0)$

即专家对项目的设计单位资质就所设计项目要求而言隶属优、良、中、差的隶属度为（0.4，0.6，0，0），设计单位资质完全可以完成该项目设计任务；设计单位质量保证体系达到优、良、中、差的隶属度为（0.3，0.5，0.2，0），设计单位质量保证体系较为健全；设计单位的设计业绩和资信达到优、良、中、差的隶属度为（0.3，0.6，0.1，0），设计单位的业绩和资信良好；设计单位项目班子属于优、良、中、差的隶属度为（0.4，0.5，0.1，0），设

计单位对该项目设计较重视，项目组成人员业务较为过硬；设计单位内部质量检查体系隶属优、良、中、差的隶属度为（0.3，0.5，0.2，0），内部质量检查与审核较完善；设计单位前期工作行为达到优、良、中、差的隶属度为（0.5，0.4，0.1，0），前期行为较为规范。

$$U_{331} = (0.5, 0.4, 0.1, 0), \quad U_{332} = (0.4, 0.4, 0.2, 0),$$
$$U_{333} = (0.3, 0.5, 0.2, 0), \quad U_{334} = (0.6, 0.3, 0.1, 0),$$
$$U_{335} = (0.3, 0.5, 0.2, 0), \quad U_{336} = (0.7, 0.2, 0.1, 0)$$

即专家对该项目监理公司的资质认为满足项目要求标准的优、良、中、差的隶属度为（0.5，0.4，0.1，0），达到项目要求的资质标准；监理公司质量保证体系隶属优、良、中、差的隶属度为（0.4，0.4，0.2，0），监理公司质量保证体系较为健全，监理公司监理工作业绩和资信隶属优、良、中、差的程度为（0.3，0.5，0.2，0），就该项目而言，监理公司过去的业绩和资信还可以；监理公司配备的项目监理班子隶属于优、良、中、差的程度为（0.6，0.3，0.1，0），专家认为监理公司项目班子组成较强；监理公司内部质量检查和审核隶属于优、良、中、差的隶属度为（0.3，0.5，0.2，0），监理公司内部质监体系较完善；监理公司在该项目前期工作行为表现隶属于优、良、中、差的隶属度为（0.7，0.2，0.1，0），专家认为监理公司在该项目前期阶段质量行为很好。

$$U_{341} = (0.3, 0.5, 0.2, 0), \quad U_{342} = (0.3, 0.4, 0.2, 0.1),$$
$$U_{343} = (0.2, 0.4, 0.3, 0.1), \quad U_{344} = (0.3, 0.5, 0.2, 0),$$
$$U_{345} = (0.2, 0.6, 0.2, 0), \quad U_{346} = (0.4, 0.5, 0.1, 0)$$

即专家对项目施工主体情况分析评价结果为施工主体资质满足项目要求的隶属度为（0.3，0.5，0.2，0），认为项目施工主体资质能力能较好满足项目施工要求；施工主体质量保证体系满足工程施工要求的隶属度为（0.3，0.4，0.2，0.1），认为施工主体质量保证体系运作较好；施工主体业绩与资信隶属于优、良、中、差的隶属度为（0.2，0.4，0.3，0.1），认为选定的施工单位过去类似工程业绩与资信还可以；施工主体确定项目班子对于完成项目施工任务的能力隶属于优、良、中、差的隶属度为（0.3，0.5，0.2，0），认为项目班子组成较为理想；施工主体内部质量检查体系隶属于优、良、中、差的隶属度为（0.2，0.6，0.2，0），认为施工单位内部质量检查体系较为完整健全；施工主体前期工作质量行为隶属于优、良、中、差的隶属度为（0.4，0.5，0.1，0），认为施工单位前期工作质量行为良好。

$$U_{411} = (0.3, 0.5, 0.1, 0.1), \quad U_{412} = (0.2, 0.3, 0.4, 0.1),$$

第6章 施工前政府质量监督与质量实施能力评价

$U_{413} = (0.3, 0.4, 0.2, 0.1)$， $U_{414} = (0.3, 0.4, 0.2, 0.1)$，
$U_{415} = (0.2, 0.4, 0.3, 0.1)$， $U_{416} = (0.1, 0.3, 0.4, 0.2)$

即专家对项目所在地建设市场分析评价主要结果是：招标投标管理隶属于优、良、中、差各等级的隶属度为 (0.3, 0.5, 0.1, 0.1)，认为招投标市场管理较为规范；城市规划管理水平隶属于优、良、中、差的程度为 (0.2, 0.3, 0.4, 0.1)，专家认为项目所在地的城市规划水平一般偏上；城市建设管理水平隶属于优、良、中、差的程度为 (0.3, 0.4, 0.2, 0.1)，认为项目所在地的城市建设管理水平较好；工程造价管理水平对于评语集的隶属度为 (0.3, 0.4, 0.2, 0.1)，认为工程造价管理水平较高；资质管理水平对于评语集的隶属度为 (0.2, 0.4, 0.3, 0.1)，认为项目所在地建设主体资质管理较为规范；信息管理水平隶属于评语集的隶属度为 (0.1, 0.3, 0.4, 0.2)，认为项目所在地建设工程质量管理信息化程度一般。

$U_{421} = (0.1, 0.2, 0.4, 0.3)$， $U_{422} = (0.2, 0.3, 0.4, 0.1)$，
$U_{423} = (0.1, 0.3, 0.4, 0.2)$， $U_{424} = (0.1, 0.2, 0.5, 0.2)$

即专家对项目所在地建材市场分析评价主要结果是：建筑材料生产主体质量行为隶属于评语集的优、良、中、差各等级的隶属度为 (0.1, 0.2, 0.4, 0.3)，认为项目所在地建材主体质量行为一般偏下；材料供应体系质量行为隶属于评语集的优、良、中、差的隶属度为 (0.2, 0.3, 0.4, 0.1)，认为建材供应环节质量行为属于一般偏上；建材系统的质量保证体系隶属于优、良、中、差的程度为 (0.1, 0.3, 0.4, 0.2)，认为建材质量保证体系较为健全；建材市场业绩隶属于评语集的隶属度为 (0.1, 0.2, 0.5, 0.2)，认为建材市场业绩一般。

$U_{431} = (0, 0.2, 0.5, 0.3)$， $U_{432} = (0, 0.1, 0.5, 0.4)$，
$U_{433} = (0, 0.1, 0.6, 0.3)$， $U_{434} = (0, 0.2, 0.7, 0.1)$

即专家对项目所在地检测市场分析评价结果是：检测主体质量行为隶属于优、良、中、差的隶属度为 (0, 0.2, 0.5, 0.3)，认为项目所在地质量检测单位检测质量行为属于一般偏下；检测主体市场发育隶属于优、良、中、差的隶属度为 (0, 0.1, 0.5, 0.4)，认为项目所在地质量检测主体市场发育不良；检测系统质量保证体系隶属于优、良、中、差的隶属度为 (0, 0.1, 0.6, 0.3)，认为项目所在地质量检测质量保证体系也属于一般偏下；检测业绩与资信隶属于评语集的优、良、中、差的隶属度为 (0, 0.2, 0.7, 0.1)，认为项目所在地检测业绩与资信一般。

$U_{441} = (0.2, 0.3, 0.4, 0.1)$， $U_{442} = (0.2, 0.4, 0.3, 0.1)$，

$U_{443} = (0.1, 0.4, 0.4, 0.1)$, $U_{444} = (0, 0.3, 0.5, 0.2)$,
$U_{445} = (0.2, 0.4, 0.4, 0)$

即专家对项目所在地社会保证担保体系的工程质量社会监督评价结果为：社会保证担保主体质量行为隶属于评语集的优、良、中、差的隶属度为 (0.2, 0.3, 0.4, 0.1)，认为项目所在地社会保证担保主体质量行为属于一般偏上；社会保证担保主体市场发育隶属于优、良、中、差的隶属度为 (0.2, 0.4, 0.3, 0.1)，认为项目所在地社会保证担保主体市场发育还算良好，主体市场结构构成较为合理；社会保证担保市场运行机制隶属于优、良、中、差的隶属度为 (0.1, 0.4, 0.4, 0.1)，认为项目所在地社会保证担保市场运行机制较为完善，实际市场运作还算可以；社会保证担保主体业绩与资信隶属于优、良、中、差的隶属度为 (0, 0.3, 0.5, 0.2)，认为项目所在地社会保证担保业绩与资信属于一般偏上；社会保证担保主体质量保证体系属于优、良、中、差的隶属度为 (0.2, 0.4, 0.4, 0)，认为项目所在地社会保证担保主体质量保证体系较为健全。

根据以上分析与评价结果确定各层评价矩阵，由最低层开始，递阶向上一层，进行模糊矩阵合成计算。

先进行第三层次模糊矩阵计算：

$$R_{11} = \begin{bmatrix} 0 & 0 & 0 & 0 \\ 0.1 & 0.6 & 0.3 & 0 \\ 0 & 0 & 0 & 0 \end{bmatrix} \quad R_{12} = \begin{bmatrix} 0 & 0 & 0.2 & 0.8 \\ 0.7 & 0.3 & 0 & 0 \\ 0 & 0 & 0 & 0 \end{bmatrix}$$

$$R_{13} = \begin{bmatrix} 0.1 & 0.5 & 0.3 & 0.1 \\ 0 & 0.1 & 0.6 & 0.3 \\ 0.3 & 0.5 & 0.2 & 0 \end{bmatrix} \quad R_{14} = \begin{bmatrix} 0 & 0 & 0.2 & 0.8 \\ 0.7 & 0.3 & 0 & 0 \\ 0 & 0 & 0 & 0 \end{bmatrix}$$

$$R_{21} = \begin{bmatrix} 0.7 & 0.2 & 0.1 & 0 \\ 0.8 & 0.1 & 0.1 & 0 \\ 0.6 & 0.4 & 0 & 0 \end{bmatrix} \quad R_{22} = \begin{bmatrix} 0.3 & 0.7 & 0 & 0 \\ 0.8 & 0.2 & 0 & 0 \\ 0.4 & 0.5 & 0.1 & 0 \\ 0.3 & 0.7 & 0 & 0 \\ 0.6 & 0.4 & 0 & 0 \end{bmatrix}$$

$$R_{31} = \begin{bmatrix} 0 & 0.2 & 0.6 & 0.2 \\ 0.1 & 0.3 & 0.6 & 0 \\ 0.2 & 0.5 & 0.3 & 0 \\ 0.3 & 0.6 & 0.1 & 0 \end{bmatrix} \quad R_{32} = \begin{bmatrix} 0.4 & 0.6 & 0 & 0 \\ 0.3 & 0.5 & 0.2 & 0 \\ 0.3 & 0.6 & 0.1 & 0 \\ 0.4 & 0.5 & 0.1 & 0 \\ 0.3 & 0.5 & 0.2 & 0 \\ 0.5 & 0.4 & 0.1 & 0 \end{bmatrix}$$

第6章　施工前政府质量监督与质量实施能力评价

$$R_{33} = \begin{bmatrix} 0.5 & 0.4 & 0.1 & 0 \\ 0.4 & 0.4 & 0.2 & 0 \\ 0.3 & 0.5 & 0.2 & 0 \\ 0.6 & 0.3 & 0.1 & 0 \\ 0.3 & 0.5 & 0.2 & 0 \\ 0.7 & 0.2 & 0.1 & 0 \end{bmatrix} \quad R_{34} = \begin{bmatrix} 0.3 & 0.5 & 0.2 & 0 \\ 0.3 & 0.4 & 0.2 & 0.1 \\ 0.2 & 0.4 & 0.3 & 0.1 \\ 0.3 & 0.5 & 0.2 & 0 \\ 0.2 & 0.6 & 0.2 & 0 \\ 0.4 & 0.5 & 0.1 & 0 \end{bmatrix}$$

$$R_{41} = \begin{bmatrix} 0.3 & 0.5 & 0.1 & 0.1 \\ 0.2 & 0.3 & 0.4 & 0.1 \\ 0.3 & 0.4 & 0.2 & 0.1 \\ 0.3 & 0.4 & 0.2 & 0.1 \\ 0.2 & 0.4 & 0.3 & 0.1 \\ 0.1 & 0.3 & 0.4 & 0.2 \end{bmatrix} \quad R_{42} = \begin{bmatrix} 0.1 & 0.2 & 0.4 & 0.3 \\ 0.2 & 0.3 & 0.4 & 0.1 \\ 0.1 & 0.3 & 0.4 & 0.2 \\ 0.1 & 0.2 & 0.5 & 0.2 \end{bmatrix}$$

$$R_{43} = \begin{bmatrix} 0 & 0.2 & 0.5 & 0.3 \\ 0 & 0.1 & 0.5 & 0.4 \\ 0 & 0.1 & 0.6 & 0.3 \\ 0 & 0.2 & 0.7 & 0.1 \end{bmatrix} \quad R_{44} = \begin{bmatrix} 0.2 & 0.3 & 0.4 & 0.1 \\ 0.2 & 0.4 & 0.3 & 0.1 \\ 0.1 & 0.4 & 0.4 & 0.1 \\ 0 & 0.3 & 0.5 & 0.2 \\ 0.2 & 0.4 & 0.4 & 0 \end{bmatrix}$$

$$B_{11} = A_{11} \cdot R_{11} = (0.2, 0.3, 0.5) \cdot \begin{bmatrix} 0 & 0 & 0 & 0 \\ 0.1 & 0.6 & 0.3 & 0 \\ 0 & 0 & 0 & 0 \end{bmatrix}$$
$$= (0.03, 0.18, 0.09, 0)$$

$$B_{12} = A_{12} \cdot R_{12} = (0.2, 0.3, 0.5) \cdot \begin{bmatrix} 0 & 0 & 0.2 & 0.8 \\ 0.7 & 0.3 & 0 & 0 \\ 0 & 0 & 0 & 0 \end{bmatrix}$$
$$= (0.21, 0.09, 0.04, 0.16)$$

$$B_{13} = A_{13} \cdot R_{13} = (0.3, 0.3, 0.4) \cdot \begin{bmatrix} 0.1 & 0.5 & 0.3 & 0.1 \\ 0 & 0.1 & 0.6 & 0.3 \\ 0.3 & 0.5 & 0.2 & 0 \end{bmatrix}$$
$$= (0.15, 0.38, 0.35, 0.12)$$

$$B_{14} = A_{14} \cdot R_{14} = (0.1, 0.5, 0.4) \cdot \begin{bmatrix} 0 & 0 & 0.2 & 0.8 \\ 0.7 & 0.3 & 0 & 0 \\ 0 & 0 & 0 & 0 \end{bmatrix}$$
$$= (0.35, 0.15, 0.02, 0.08)$$

$$B_{21} = A_{21} \cdot R_{21} = (0.5, 0.3, 0.2) \cdot \begin{bmatrix} 0.7 & 0.2 & 0.1 & 0 \\ 0.8 & 0.1 & 0.1 & 0 \\ 0.6 & 0.4 & 0 & 0 \end{bmatrix}$$

$$= (0.71, 0.21, 0.08, 0)$$

$$B_{22} = A_{22} \cdot R_{22} = (0.2, 0.2, 0.2, 0.3, 0.1) \cdot \begin{bmatrix} 0.3 & 0.7 & 0 & 0 \\ 0.8 & 0.2 & 0 & 0 \\ 0.4 & 0.5 & 0.1 & 0 \\ 0.3 & 0.7 & 0 & 0 \\ 0.6 & 0.4 & 0 & 0 \end{bmatrix}$$

$$= (0.45, 0.44, 0.02, 0)$$

$$B_{31} = A_{31} \cdot R_{31} = (0.2, 0.3, 0.3, 0.2) \cdot \begin{bmatrix} 0 & 0.2 & 0.6 & 0.2 \\ 0.1 & 0.3 & 0.6 & 0 \\ 0.2 & 0.5 & 0.3 & 0 \\ 0.3 & 0.6 & 0.1 & 0 \end{bmatrix}$$

$$= (0.15, 0.4, 0.41, 0.04)$$

$$B_{32} = A_{32} \cdot R_{32} = (0.1, 0.2, 0.2, 0.2, 0.2, 0.1) \cdot \begin{bmatrix} 0.4 & 0.6 & 0 & 0 \\ 0.3 & 0.5 & 0.2 & 0 \\ 0.3 & 0.6 & 0.1 & 0 \\ 0.4 & 0.5 & 0.1 & 0 \\ 0.3 & 0.5 & 0.2 & 0 \\ 0.5 & 0.4 & 0.1 & 0 \end{bmatrix}$$

$$= (0.35, 0.52, 0.13, 0)$$

$$B_{33} = A_{33} \cdot R_{33} = (0.1, 0.2, 0.2, 0.3, 0.1, 0.1) \cdot \begin{bmatrix} 0.5 & 0.4 & 0.1 & 0 \\ 0.4 & 0.4 & 0.2 & 0 \\ 0.3 & 0.5 & 0.2 & 0 \\ 0.6 & 0.3 & 0.1 & 0 \\ 0.3 & 0.5 & 0.2 & 0 \\ 0.7 & 0.2 & 0.1 & 0 \end{bmatrix}$$

$$= (0.47, 0.38, 0.15, 0)$$

$$B_{34} = A_{34} \cdot R_{34} = (0.1, 0.2, 0.2, 0.3, 0.1, 0.1) \cdot \begin{bmatrix} 0.3 & 0.5 & 0.2 & 0 \\ 0.3 & 0.4 & 0.2 & 0.1 \\ 0.2 & 0.4 & 0.3 & 0.1 \\ 0.3 & 0.5 & 0.2 & 0 \\ 0.2 & 0.6 & 0.2 & 0 \\ 0.4 & 0.5 & 0.1 & 0 \end{bmatrix}$$

$$= (0.28, 0.47, 0.21, 0.04)$$

$$B_{41} = A_{41} \cdot R_{41} = (0.2, 0.1, 0.2, 0.1, 0.2, 0.2) \cdot \begin{bmatrix} 0.3 & 0.5 & 0.1 & 0.1 \\ 0.2 & 0.3 & 0.4 & 0.1 \\ 0.3 & 0.4 & 0.2 & 0.1 \\ 0.3 & 0.4 & 0.2 & 0.1 \\ 0.2 & 0.4 & 0.3 & 0.1 \\ 0.1 & 0.3 & 0.4 & 0.2 \end{bmatrix}$$

$$= (0.23, 0.39, 0.26, 0.12)$$

$$B_{42} = A_{42} \cdot R_{42} = (0.3, 0.4, 0.2, 0.1) \cdot \begin{bmatrix} 0.1 & 0.2 & 0.4 & 0.3 \\ 0.2 & 0.3 & 0.4 & 0.1 \\ 0.1 & 0.3 & 0.4 & 0.2 \\ 0.1 & 0.2 & 0.5 & 0.2 \end{bmatrix}$$

$$= (0.14, 0.26, 0.41, 0.19)$$

$$B_{43} = A_{43} \cdot R_{43} = (0.3, 0.2, 0.4, 0.1) \cdot \begin{bmatrix} 0 & 0.2 & 0.5 & 0.3 \\ 0 & 0.1 & 0.5 & 0.4 \\ 0 & 0.1 & 0.6 & 0.3 \\ 0 & 0.2 & 0.7 & 0.1 \end{bmatrix}$$

$$= (0, 0.14, 0.56, 0.11)$$

$$B_{44} = A_{44} \cdot R_{44} = (0.2, 0.1, 0.3, 0.2, 0.2) \cdot \begin{bmatrix} 0.2 & 0.3 & 0.4 & 0.1 \\ 0.2 & 0.4 & 0.3 & 0.1 \\ 0.1 & 0.4 & 0.4 & 0.1 \\ 0 & 0.3 & 0.5 & 0.2 \\ 0.2 & 0.4 & 0.4 & 0 \end{bmatrix}$$

$$= (0.13, 0.36, 0.41, 0.1)$$

根据第三层次模糊计算结果，形成第三层次评价矩阵，根据第二层次权重，下面进行第二层次模糊合成计算。

$$R_1 = \begin{bmatrix} B_{11} \\ B_{12} \\ B_{13} \\ B_{14} \end{bmatrix} = \begin{bmatrix} 0.03 & 0.18 & 0.09 & 0 \\ 0.21 & 0.09 & 0.04 & 0.16 \\ 0.15 & 0.38 & 0.35 & 0.12 \\ 0.35 & 0.15 & 0.02 & 0.08 \end{bmatrix}$$

$$R_2 = \begin{bmatrix} B_{21} \\ B_{22} \end{bmatrix} = \begin{bmatrix} 0.71 & 0.21 & 0.08 & 0 \\ 0.45 & 0.44 & 0.02 & 0 \end{bmatrix}$$

$$R_3 = \begin{bmatrix} B_{31} \\ B_{32} \\ B_{33} \\ B_{34} \end{bmatrix} = \begin{bmatrix} 0.15 & 0.4 & 0.41 & 0.04 \\ 0.35 & 0.52 & 0.13 & 0 \\ 0.47 & 0.38 & 0.15 & 0 \\ 0.28 & 0.47 & 0.21 & 0.04 \end{bmatrix}$$

$$R_4 = \begin{bmatrix} B_{41} \\ B_{42} \\ B_{43} \\ B_{44} \end{bmatrix} = \begin{bmatrix} 0.23 & 0.39 & 0.26 & 0.12 \\ 0.14 & 0.26 & 0.41 & 0.19 \\ 0 & 0.14 & 0.56 & 0.11 \\ 0.13 & 0.36 & 0.41 & 0.1 \end{bmatrix}$$

$$B_1 = A_1 \cdot R_1 = (0.2, 0.3, 0.3, 0.2) \cdot \begin{bmatrix} 0.03 & 0.18 & 0.09 & 0 \\ 0.21 & 0.09 & 0.04 & 0.16 \\ 0.15 & 0.38 & 0.35 & 0.12 \\ 0.35 & 0.15 & 0.02 & 0.08 \end{bmatrix}$$

$$= (0.184, 0.207, 0.0445, 0.1)$$

$$B_2 = A_2 \cdot R_2 = (0.6, 0.4) \cdot \begin{bmatrix} 0.71 & 0.21 & 0.08 & 0 \\ 0.45 & 0.44 & 0.02 & 0 \end{bmatrix}$$

$$= (0.606, 0.302, 0.056, 0)$$

$$B_3 = A_3 \cdot R_3 = (0.2, 0.3, 0.2, 0.3) \cdot \begin{bmatrix} 0.15 & 0.4 & 0.41 & 0.04 \\ 0.35 & 0.52 & 0.13 & 0 \\ 0.47 & 0.38 & 0.15 & 0 \\ 0.28 & 0.47 & 0.21 & 0.04 \end{bmatrix}$$

$$= (0.313, 0.453, 0.217, 0.02)$$

$$B_4 = A_4 \cdot R_4 = (0.2, 0.3, 0.25, 0.25) \cdot \begin{bmatrix} 0.23 & 0.39 & 0.26 & 0.12 \\ 0.14 & 0.26 & 0.41 & 0.19 \\ 0 & 0.14 & 0.56 & 0.11 \\ 0.13 & 0.36 & 0.41 & 0.1 \end{bmatrix}$$

$$= (0.1205, 0.281, 0.4175, 0.1435)$$

根据第二层次模糊计算结果，形成第二层次评价矩阵，根据第一层次权重，下面进行第一层次模糊合成计算。

$$R = \begin{bmatrix} B_1 \\ B_2 \\ B_3 \\ B_4 \end{bmatrix} = \begin{bmatrix} 0.184 & 0.207 & 0.0445 & 0.1 \\ 0.606 & 0.302 & 0.056 & 0 \\ 0.313 & 0.453 & 0.217 & 0.02 \\ 0.1205 & 0.281 & 0.4175 & 0.1435 \end{bmatrix}$$

第6章 施工前政府质量监督与质量实施能力评价

$$B = A \cdot R = (0.2, 0.2, 0.4, 0.2) \begin{bmatrix} 0.184 & 0.207 & 0.0445 & 0.1 \\ 0.606 & 0.302 & 0.056 & 0 \\ 0.313 & 0.453 & 0.217 & 0.02 \\ 0.1205 & 0.281 & 0.4175 & 0.1435 \end{bmatrix}$$

$$= (0.3073, 0.3392, 0.1904, 0.0567)$$

6.3.3 评价结论与应用

（1）评价结论

评价等级确定：

因为 $b_2 = \sum_{l=1}^{2} b_l = 0.3073 + 0.3392 = 0.6465 < 75\%$，

且 $b_3 = \sum_{l=1}^{3} b_l = 0.3073 + 0.3393 + 0.1904 = 0.83369 > 75\%$

所以，根据专家评价该项目质量实施能力属于评语集第三等级，即项目质量实施能力属于"中"。

又因为评价准则为 $b_g = \sum_{l=1}^{g} b_l > 75\% (g = 1,2,3)$ 准予监督登记，所以该项目具备实施能力评价标准，可以登记监督。

（2）评价结果应用

同时，根据评价分析过程中专家对项目的全面了解，该项目属于中等以上复杂程度的大型项目，业主缺乏类似工程管理经验，所在地建材市场和检测市场较为薄弱。因此，可向监督法人提供以下决策建议：监督机构应委派具有较丰富经验的监督人员，重点监督业主施工中的质量行为、材料生产和供应质量行为及检验过程的真实性，以保证该项目达到预期的质量目标，确保项目施工中的地基基础质量、主体结构质量和环境工程质量。若监督机构属于所在地项目监督，更应配合建设行政主管部门，在规范建筑材料市场和质量检测市场上下工夫，以改善所在地建设工程质量保证的环境因素和条件，从而提高所在地区拟监督项目整体质量实施能力。

第7章 施工中政府质量监督与分部工程质量监督评价

7.1 施工中工程质量与主体质量行为

工程建设施工阶段,是业主和工程设计意图最终实现并形成工程实体的阶段,是最终形成工程产品质量和工程项目使用价值的重要阶段,是工程项目质量控制的重点,也是建设工程质量监督的重点。施工阶段各建设主体的质量保证体系、质量责任制度进入交错复杂、相互响应的实体运行阶段,建设工程质量政府监督就是要监督各建设主体的质量行为和质量活动,在有效的质量保证体系内良性运作,全面落实各主体各岗位的质量责任制度,通过行为和活动的监督,提高质量体系各建设主体的工程建设工作质量,以工作质量保工序质量,以工序质量的提高保建设工程质量整体提高。在此阶段,通过抽查监督各主体质量体系的有效运作和实体工程质量,保证建设工程质量。对施工中的行为监督主要通过核查施工现场工程建设各方主体及有关人员的资质或资格,保证各岗位工作人员的素质符合质量保证体系良性运行的要求和工程建设质量操作、控制、管理的基本要求。对实体质量的监督以抽查方式为主,并辅以科学的检测手段。地基基础实体必须经监督检查后方可进行主体结构施工;主体结构实体必须经监督检查后方可进行后续工程施工。通过建设工程质量的监督,保证施工阶段各方主体质量行为规范,保证建设工程地基基础和主体结构的安全。

7.1.1 工程施工质量目标特性

(1) 工程项目总体质量目标的内容具有广泛性

凡是构成工程项目实体、功能和使用价值的各方面,如建设地点、建筑形式、结构形式、材料、设备、工艺、规模和生产能力以及使用者满意程度都应列入项目质量目标范围。同时,对参与工程建设的单位和人员的资质、素质、能力和水平,特别是对他们工作质量的要求也是质量目标的不可缺少的组成部分,因为他们直接影响建筑产品的质量。项目质量目标内容的全面性也使投资目标和进度目标与之保持一致。项目质量目标范围的广泛性告诉我们，要拿出质量符合要求的建筑产品，需要在整个项目实施的全部范围内进行质量控制。

(2) 工程项目总体质量的形成具有明显的过程性

实现建设项目总体质量目标与形成质量的过程息息相关。工程建设的每个阶段都对项目质量的形成起着重要的作用，对质量产生重要影响。项目决策阶段决定项目"上"与不"上"以及如何"上"的问题，为确定项目目标系统提供依据并最终确定项目总目标，其中包括项目总体质量目标。在解决"能否做"和"做什么"的过程中，为项目质量的符合性和适用性进行了可行性研究和决策。在项目实施阶段，通过设计解决"如何做"的问题，使项目总体质量目标得以具体化；通过招标解决"谁来做"的问题，使项目质量目标的实现落实到承包者；通过施工解决"做出来"的问题，使工程项目形成实体，把项目质量目标物化地体现；通过竣工验收最终解决"是否符合"的问题，使项目质量得以确认。在此，每个阶段都有其具体的质量控制任务，监理工程师应当根据每个阶段的特点，确定各阶段质量控制的目标和任务，以便实施全过程质量控制。

(3) 影响工程项目质量目标的因素具有交错复杂性

工程项目实体质量、功能和使用价值、工作质量牵扯到设计、施工、供应、监理等诸方面的多种因素。例如，人、机械、材料、方法和环境都影响着工程质量。监理工程师应当对这些因素进行有效控制，以保障工程质量。对人，要从思想素质、业务素质、身体素质等多方面综合考虑，全面控制；对材料，要把好检查验收这一关，保证正确合理使用原材料、成品、半成品、构配件，并检查、确认督促做好收、发、储、运等技术管理工作；对机械，要根据工艺和技术要求，确认是否选取用了合适的机械设备，是否建立了各种管理制度；对方法，要通过分析、研究、对比，在确认可行的基础上确定应采用的优化方案、工艺、设计和措施；对环境，要通过指导、督促、检查建立良好的技术环境、管理环境、劳动环境，以确保为实现质量目标提供良好条件。

7.1.2 工程施工质量目标控制的特点

由于建设工程施工阶段的特性和质量目标的特点，内在地规定了其质量目标控制的特征。

(1) 工程建设监理质量控制要与政府质量监督紧密结合

就投资、进度、质量三大目标而言，质量特别受到政府监督管理部门的"重视"。这是因为工程质量不仅影响业主的投资效益，还关系着社会公众的利益。而维护社会公众利益正是政府的主要职能之一。工程建设的特殊性使它在城市规划、环境保护、安全可靠等方面产生重要的社会影响。因此，衡量工程建设项目质量是否达到计划标准和要求必须考虑这些问题。而这是需要监理单位与政府有关部门共同监督管理的任务。

但需要指出的是，虽然政府部门和建设监理单位都对工程质量负有责任，可是它们在监督管理方面的具体内容、依据、方法、责任等是有着区别的，其性质也不相同。

政府有关部门侧重于影响社会共同利益的质量方面；它运用法律、法规、规范和标准等衡量建设工程项目质量；控制的方式以行政、司法为主并辅之以经济的、管理的手段，是强制性的；它采取阶段性和不定期的方式进行审查、审批、巡视，以发现质量上的问题，并加以制止和纠正；派出专业性的质量监督机构对工程项目施工质量进行监督、检查；对于工程项目质量上的问题一般不承担法律和经济责任。工程建设监理的质量控制，除了依据法律、法规、规范和标准之外，还要依据有关合同条款的要求进行监理。工程建设监理的质量控制更全面、更具体、更具有针对性。它不但要对社会负责，而且要对项目业主负责。

（2）工程项目质量控制是一种系统过程的控制

如前所述，工程项目的建成动用过程也就是它的质量形成的过程。要使质量控制产生所期望的成效，监理工程师就要沿着项目建设过程不间断地进行质量控制。

在规划和设计阶段，项目建设是处于由"粗"到"细"形成规划、计划和设计的阶段。在这个时期，一方面要全面落实项目的质量目标系统，另一方面又要根据上阶段确定的计划目标和设计文件对与阶段要达到的目标实施控制。也就是说，既要确定各级质量目标，又要进行质量控制。

在施工阶段，随着一道道工序的完成，一项项分部（分项）工程、单位工程、单项工程的完成，最终形成工程项目实体。它是从"小"到"大"逐步建成工程项目实体的时期。在这个时期，要把质量的事前控制与事中、事后控制紧密地结合起来，在各项工程或工作开始之前，明确目标、制定措施、确定流程、选择方法、落实手段，做好人、财、物的各项准备工作，并为其创造和建立良好环境。然后，在各项工程或工作开展的过程中，及时发现和预测问题并采取相应措施加以解决。最后，对完成的工程或工作的质量进行检查验收，将存在的工程质量问题查找出来并集中处理，使项目最终达到总体质量目标的要求。这是一种序列性的控制，要将它们视为有机的整体控制过程。

(3) 工程项目质量要实施全面控制

由于建设项目质量目标的内容具有广泛性，所以实现项目总体质量目标应当实施全面的质量控制。控制的全面性首先表现在对工程项目的实体质量、功能和使用价值质量和工作质量的全面控制上。要对工程项目的所有质量特征都要实施控制，使它从性能、功能、表面状态、可靠性、安全性直至可维修性方面都能达到质量的符合性要求和适用性要求。质量控制的全面性还表现在对影响工程质量的各种因素都要采取控制措施。无论是来自人的影响因素，来自材料和设备方面的影响因素，来自施工机械、机具方面的影响因素，来自方法的影响因素，还是来自环境方面的影响因素，都应实施有效控制。

对项目质量实施全面控制，要把控制重点放在调查研究外部环境和内部系统各种干扰质量的因素上，做好风险分析和管理工作，预测各种可能出现的质量偏差，并采取有效的预防措施。要使这些主动控制措施与监督、检查、反馈有机结合起来，发现问题及时解决、发生偏差及时纠偏，使项目质量能够处于监理工程师的有效控制之下。

7.1.3 工程施工质量影响因素的控制

在工程建设中，无论是勘察、设计、施工和机电设备的安装，影响质量的因素主要有"人、材料、机械、方法和环境"五个方面，即4M1E。事前对这些因素进行控制，是保证建设工程施工质量的关键，也是建设工程质量施工中政府监督的重点。归纳起来就是：

人的因素：领导者的素质，人的理论、技术水平，人的违纪违章。

材料的因素：材料质量检验的取样、材料抽样检验的判断，材料质量检验的标准，材料的选择和使用要求，材料检验的真实性。

施工方法的因素：包含工程项目整个建设周期内所采取的技术方案，工艺流程，组织措施，检测手段，施工组织设计等的控制。尤其是施工方案正确与否，是直接影响工程项目的进度控制、质量控制、投资控制三大目标能否顺利实现的关键。对于施工方法的监督主要是监督其施工方案制定与审查的规范化，包括审查的内容、程序、记录的规范化。

施工机械设备的因素：施工机械设备因素的监督是保证施工安全和施工质量的重要条件，不仅要考虑其本身的能力，而且要控制其环境质量指标，以减少施工机械设备在施工中所带来的环境污染，保证环境质量有效实现合理使用机械设备，正确进行操作，是保证项目施工质量的重要环节，应贯彻"人机固定"原则，实行定机、定人、定岗位责任的"三定"制度。

环境因素：影响工程项目质量的环境因素较多，有工程技术环境，如工程地质、水文、气象等；工程管理环境，如质量保证体系、质量管理制度等；劳动环境，如劳动组合、劳动工具、工作面等。此外，在冬期、雨季、风季、炎热季节施工中，还应针对工程的特点，尤其是对混凝土工程、土方工程、深基础工程、水下工程及高空作业等，拟定季节性施工保证质量和安全的有效措施，以免工程质量受到冻害、干裂、冲刷、坍塌的危害。

7.1.4 施工中主体质量行为监督管理

施工中主体质量行为的监督就是对主体质量职责的落实，按各自质量职责从事工程建设，其行为和活动结果就能符合有关法律法规和强制性标准的要求，因此，质量行为监督的内容就是主体是否尽到相应的职责。

(1) 建设业主施工阶段的质量职责

建设单位须有与工程项目专业技术相适应的技术人员从事建设工程施工管理，否则，必须委托具有相应资质的监理单位实施工程施工过程的监督管理。

建设单位不得明示或暗示设计单位或施工单位违反工程建设强制性标准。强制性标准是保证建设工程结构安全可靠的基础性要求，违反了这类标准，必然会给建设工程带来重大质量隐患，强制性标准主要包括：工程建设勘察、规划、设计、施工及验收通用的综合标准和重要的通用的质量标准；工程建设通用的有关安全、卫生和环境保护的标准；工程建设重要的通用术语、符号、代号、量与单位、建筑模数和制图方法标准；工程建设重要的通用试验、检验和评定方法的标准；工程建设重要的通用信息技术标准；国家需要控制的其他工程建设通用的标准。

按照合同的规定，由建设单位采购建筑材料、建筑构配件和设备的，建设单位应当保证建筑材料、建筑构配件和设备符合设计文件和合同的要求，建设单位不得指示施工单位使用不合格的建筑材料、建筑构配件和设备。

按照合同约定，由施工单位采购建筑材料、建筑构配件和设备的，建设单位不得指定生产供应商，应独立公正的监督施工单位采购材料的质量。

涉及建筑主体和承重结构变动的装修工程建设单位应当在施工前委托原设计单位提出设计修改方案，没有设计方案的，不得施工。

建设单位按照合同约定，认真履行施工隐蔽工程验收和工序检查验收，并及时履行签字手续。

建设单位按合同约定对施工中材料取样、试块取样进行见证，监督施工现场用料、配比与试块、试样材料一致。

建设单位应组织由设计、施工、监理等单位参加的设计图纸交底和图纸会审工作，并监督其以书面的形式形成会审纪要，履行签字后，做好施工图纸设计文件的补充部分，指导工程施工。

建设单位应组织勘察、设计、施工、监理等单位认真履行地基验槽、基础处理验收、基础工程验收和主体结构验收，并按规定要求签字盖章，通知质量监督单位对其验收结果进行现场监督。

组织建设工程事故分析，参与建设工程事故处理。

建设单位不得肢解工程。

(2) 设计单位施工阶段的质量职责

设计单位应就审查合格的施工图设计文件向施工等有关单位做出详细说明，进行技术交底。介绍设计意图、结构特点、施工要求、技术措施和有关注意事项，指导施工单位全面实现设计质量和业主质量意图。

设计单位应参加建设单位组织的图纸会审，并将书面会审纪要按照内部设计图纸审核程序履行审核签字盖章手续，将其作为设计文件的补充部分指导工程施工。

勘察设计单位应参加建设单位组织的地基验槽、基础处理验收、基础工程验收和主体工程验收，并按规定要求签署验收意见，履行签字盖章手续。

按设计合同约定，保证提供施工期间的设计现场服务，对于施工过程中的设计图纸变更按规定进行审核把关，履行签字盖章手续。

设计单位不得指定生产厂家、供应商，保证建设单位、施工单位材料、设备采购责任的独立性。

图纸会审的主要内容：是否无证设计或越级设计；图纸是否经设计单位正式签署。地质勘察资料是否齐全。设计图纸与说明是否齐全；有无分期供图的时间表。设计地震烈度是否符合当地要求。几个设计单位共同设计的图纸相互间有无矛盾；专业图之间、平立剖面图之间有无矛盾；标注有无遗漏。总平面图与施工图的几何尺寸、平面位置、标高等是否一致。防火、消防是否满足。建筑结构与各专业图纸本身是否有差错及矛盾；结构图与建筑图的平面尺寸及标高是否一致；建筑图与结构图的表示方法是否清楚；是否符合制图标准；预埋件是否表示清楚；施工图中所列各种标准图册施工单位是否具备。材料来源有无保证，能否代换；图中所要求的条件能否满足；新材料、新技术的应用有无问题。地基处理方法是否合理，建筑与结构构造是否存在不能施工、不便于施工的技术问题，或容易导致质量、安全、工程费用增加等方面的问题。工艺管道、电气线路、设备装置、运输道路，与建筑物之间或相互间有无矛盾，布置是否合理。施工安全、环境卫生有无保证。图纸是否符合监理大纲所提出的要求。

设计单位应当参与建设工程质量事故分析，并对因设计造成的质量事故，提出相应的技术处理方案。

设计单位应当参与大型设备的验收，参加新材料、新技术、新工艺、新方法的检查验收。

(3) 监理单位施工阶段的质量职责

建设监理单位从事工程监理必须坚持服务性、独立性、公正性和科学性的原则。

建设监理单位在施工阶段应完成以下工作内容：协助建设单位编写向建设行政主管部门申报开工的施工许可申请。协助确认承包单位选择的分包单位。审查承包单位编制的施工组织设计。审查承包单位施工过程中各分部、分项工程的施工准备情况，下达开工指令。审查承包单位的材料、设备采购清单。检查工程使用的材料、构件、设备的规格、质量。检查施工技术措施和安全防护措施的实施情况。主持协商工程设计变更（超出委托权限的变更须报业主决定）。督促履行承包合同，主持协商合同条款的变更，调解合同双方的争议，处理索赔事项。检查工程进度和施工质量，验收分部分项工程质量，签署工程付款凭证。督促整理承包合同文件和技术档案资料。组织工程竣工预验收，预审施工单位提出的竣工验收报告。检查工程结算。监理单位应根据所承担的监理任务，组建驻工地监理机构。监理机构一般由总监理工程师、监理工程师和其他监理人员组成。

工程监理实行总监理工程师负责制。总监理工程师享有合同赋予监理单位的全部权利，全面负责受委托的监理工作。总监理工程师在授权范围内发布有关指令，签认所监理的工程项目有关款项的支付凭证。没有总监理工程师签字，建设单位不向施工单位拨付工程款，没有总监理工程师签字，建设单位也不组织进行竣工验收。总监理工程师有权建议撤销不合格的工程建设分包单位和项目负责人及有关人员。

监理工程师拥有对建筑材料、建筑构配件和设备以及每道施工工序的检查权。在施工过程中，监理工程师对工序、建筑材料、构配件和设备进行检查、检验，根据检查、检验的结果来确定是否允许建筑材料、构配件、设备在工程上使用；对每道施工工序的作业成果进行检查，并根据检查结果决定是否允许进行下一道工序的施工，对于不符合规范和质量标准的工序、分部分项工程，有权要求施工单位停工整改、返工。在《工程监理规定》中对检查和返工、隐蔽及中间验收、重新检验等作了具体规定。这就从施工过程的各个环节起到了把关作用。

监理单位必须制定详尽、规范的工程监理规划，以有效地指导监理工作和规范监理行为。

由于工程监理活动涉及公民生命财产安全，国家对其实行了严格资质审查制度，根据监理单位的注册资金、专业技术人员、技术装备和已完成的业绩等条件将其划分为甲、乙、丙三个等级，每一等级承担监理业务的范围不同，监理单位必须在其资质等级许可的监理范围内，承担监理业务。这是政府对从业单位的一种资格许可，任何单位均不得违反，否则应承担相应的法律后果。

工程监理单位客观地执行监理任务，是指建设监理单位必须实事求是，遵循客观规律，按工程建设的科学要求进行监理活动。公正地执行监理任务是指建设监理单位执行监理任务时要公平正直，平等地对待各方当事人，没有偏私，真实、合理地进行监督检查，提出意见，为建设单位服务。这是对工程监理单位执行监理任务的基本要求。

由于工程监理单位与被监理工程的承包单位以及建筑材料、建筑构配件和设备供应单位之间是一种监督与被监督的关系，为了保证工程监理单位能客观公正地执行监理任务，工程监理单位不得与被监理工程的承包单位以及建筑材料、建筑构配件和设备供应单位有隶属关系或者其他利害关系。这里的隶属关系是指工程监理单位与被监理工程的承包单位以及建筑材料、建筑构配件和设备供应单位有母子公司关系等。其他利害关系是指其他经济利益关系如参股、联营等关系。当出现工程监理单位与被监理工程的承包单位以及建筑材料、建筑构配件和设备供应单位有隶属关系或者利害关系的情况时，工程监理单位在接受建设单位委托前应当自行回避；在接受委托后，发现这一情况时，应当依法解除委托关系。

建设单位将工程监理业务委托给工程监理单位，是建设单位对该工程监理单位信誉和监理能力的信任，工程监理单位接受委托后，应当自行完成工程监理任务，不允许将工程监理业务转让委托给其他工程监理单位。如果由于业务太多或其他原因，工程监理单位无法完成该工程监理业务时，工程监理单位应当依法解除委托关系，由建设单位将该建筑工程的监理业务委托给其他具有相应资质条件的工程监理单位。

工程监理单位必须全面、正确地履行监理合同约定的监理义务，对应当监督检查的项目认真、全面地按规定进行检查，发现问题及时要求施工单位改正。如在工程质量控制过程中，工程监理单位应当对工程原材料、构配件及设备在使用前进行抽检或复试，其试验的范围，应按有关规范、标准的要求确定；分项工程施工过程中，应对关键部位随时进行抽检，抽检不合格的应通知施工单位整改等。只有这样，才能保证监理任务按合同约定完成。工程监理单位不按照委托监理合同的约定履行监理义务，对应当监督检查的项目不检查或者不按规定检查，给建设单位造成损失的，应当承担相应赔偿责任。这里首先明确了工程监理单位承担赔偿责任的两个条件：一是违反合同，监理工作失职；二是造成损失，这里的损失包括直接损失和间接损失。其次明确了工程监理单位的赔偿责任的范围和大小。承担相应的赔偿责任，一是指在建设单位委托的范围内，由于监理单位过失造成损失的，工程监理单位均应做出相应数额的赔偿。二是根据其过失责任的轻重、造成损失的大小，确定其因工作过失应赔偿的数额。

工程监理单位与承包单位均受建设单位的委托，从事监理活动和施工活动，两者应该严格按照建设单位与其签订的合同，履行各自的义务，两者之间是一种监督与被监督的关系。工程监理单位应客观、公正地按合同约定执行监理任务，不得与承包单位相互勾结，为承包单位谋取非法利益，造成建设单位损失。工程监理单位与承包单位串通，为承包单位谋取非法利益，是一种严重和故意违法行为，不仅要承担民事责任，而且要承担相应的行政责任、刑事责任。工程监理单位与承包单位承担连带赔偿责任，是指建设单位可以对工程监理单位和承包单位中一个单位或两个单位同时或先后请求全部赔偿，其中一个单位承担全部赔偿责任时，另一个单位对建设单位则免除赔偿责任。当一个单位承担全部赔偿责任时，有权向另一个单位请求偿还应由另一个单位承担赔偿责任的费用。这样规定，有利于保护建设单位的合法权益。

- 工程监理单位应当依照法律、法规以及有关技术标准、设计文件和建设工程承包合同，代表建设单位对施工质量实施监理，并对施工质量承担监理责任。
- 工程监理单位与被监理工程的施工单位以及建筑材料、构配件和设备供应单位不得有隶属关系和其他利害关系。
- 监理单位负责对总包单位选择的分包单位进行资格审查，监理单位不得向施工单位，建设单位推荐或指定材料、构配件及设备供应单位。
- 工程监理单位应当选派具备相应资格的总监理工程师和监理工程师进驻施工现场。未经监理工程师签字，建筑材料、建筑构配件和设备不得在工程上使用或者安装，施工单位不得进行下道工序的施工。未经总监理工程师签字，建设单位不拨付工程款。
- 监理工程师应当按照工程监理规范的要求，采取旁站、巡视和平行检验等形式，对建设工程实施监理。
- 监理单位应建立健全各项规章制度和岗位责任制度，加强监理人员的职业培训，不断提高其人员素质和能力，提高监理效益。
- 监理单位按照国家强制性标准或操作工艺，对分项工程或工序及时进行验收签证。
- 对现场发现使用不合格材料、构配件和设备的现象及发生的质量事故，及时督促、配合责任单位调查处理。
- 协助建设单位组织设计交底和图纸会审工作。
- 协助建设单位组织并参加地基验槽、地基处理验收、基础工程验收和主体结构工程验收。
- 按照施工合同约定，需要见证取样的材料、试块等，认真履行见证取样职责。
- 协调施工中各单位之间的关系，对施工工地现场环境进行监控，减少施工对周围环境的损坏。
- 协调处理设计、施工单位技术问题，做好设计变更的协调工作。
- 审核施工单位施工方案和施工组织设计，参与新材料、新技术、新工艺、新方法的方案实施的制定。
- 做好施工中监理日记，健全监督档案，为工程质量监督工作提供方便。

(4) 施工阶段的主体质量行为和职责

施工主体是建设工程实体质量形成的最活跃的直接生产力，施工阶段建设工程质量的监督必须围绕施工主体为主线的质量行为和活动结果开展卓有成效的监督，规范施工主体质量行为，保证施工主体质量体系的良性运作是建设工程质量管理和监督的核心，其他主体施工阶段的质量行为和活动对施工主体的建设活动产生间接的影响，通过施工主体的物化劳动和活劳动最终体现在实体质量的投入质量、转化质量和中间产出、最终产出的实体质量上，抓住了施工主体质量行为的监督就抓住了建设工程实体质量形成的本质，是突出重点的有效监督措施。

①施工主体在施工阶段的质量行为
- 施工主体须建立健全质量保证体系

质量管理体系是用于开展质量保证活动的一种质量体系。它是企业以保证工程质量符合要求和开展一系列证实活动。运用系统的观点和方法，把与工程建造各阶段、各环节相联系的各部门、岗位质量职能调动起来，形成一个管理目标明确，工作程序、工作标准及各部门、岗位的职责、权限明确的互相协调的有机整体。

质量保证体系一般可有三种构成方式：质量体系要素构成、系统构成和结构内容构成。质量管理体系的结构内容，原则上是由组织结构、职责、程序、过程、资源等构成，其具体内容是由质量保证体制、质量经济责任制、质量管理体系文件、工装设备及各类专业人员等方面组成。

- 施工主体应积极推行项目经理负责制

推行项目经理负责制，树立项目经理在项目管理中的中心地位；组成高效、精干的管理班子，形成具有法律效力的内外目标承包经济合同体系和管理体系；制定科学合理的工程项目实施方案，采取科学管理方法有效地控制工程周期、工程质量和工程成本；运用严格的管理制度，调动和发挥管理层和作业层的积极性，共同实现目标。

- 项目经理须承担项目管理的职业职责

代表企业履行工程承包合同，承担企业下达给项目经理（部）的工程承包合同条款规定的各项责任和义务，在企业委托的范围内协调处理项目的外部关系。

负责通过企业内部模拟市场选购和落实项目所需要的各种施工生产要素。

负责设计项目组织机制，内部组织管理制度、规则和条例。

负责施工过程的组织、控制与管理工作：接好图纸资料，会审图纸和负责施工中的技术管理；编制施工项目规划和施工组织设计以及其他技术经济文件，编制各中资源需要量计划和施工计划；开工前的现场准备和临时设施的筹建工作；在企业规定的权限内进行施工任务分包，并负责管理、监控分包队伍；采用控制施工进度、质量安全以及成本等各专项费用；施工条件的平衡，工序间的操作配合，施工中各种问题的协调处理；负责信息管理，及时反馈信息，定期报送计划统计报表和各项业务核算表；各专业队伍施工工程量的质量状况的检查、验收；对工程质量事故及时报告和参与组织调查处理，造成损失的计算及对责任人的处理；交工验收和结算工作；竣工交付后的质量保修工作。

- 施工主体应健全项目组织，加强质量管理

项目班子是项目经理部的核心，一般由项目经理、技术、经营、计划、安全、质量检查、供应等各方面人员组成，对工程项目的全过程进行有效的控制。

项目经理部各类人员都有必须根据工程项目技术复杂程度、建筑面积等因素设置，必须经过专业资质审定，持证上岗。

项目经理部各类管理人员都必须建立质量责任制。项目经理应组织建立健全质量保证体系，应组织好专业施工队伍的自检、互检、交接检。在接受建设（监理）单位、设计单位和上级部门的监理，以及政府监督的同时，对工程质量进行严格的控制。

项目经理部应建立有效控制工程质量的管理制度。项目经理应组织协调质量体系有效的运行，实现质量方针和目标。

- 施工主体应健全内部质量管理制度

按照全面质量管理的观点，企业要保证工程质量，必须实行全企业、全员、全过程的质量管理。工程质量是施工单位各部门、各环节、各项工作质量的综合反映，质量保证工作的中心是认真履行各自的质量职能，所以，建立各部门、各级人员的质量责任制是十分必要的。质量责任制要目标明确，职责分明，权责一致，避免互不负责、互相推诿、贻误或影响质量保证工作。这些制度包括：工程报建制度、投标前评审制度、工程项目总承包负责制度、技术交底制度、材料进场检验制度、样板引路制度、施工挂牌制度、过程三检制度、质量否决制度、成品保护制度、质量文件记录制度、工程质量评定、验收制度、竣工服务承诺制度、培训上岗制度、工程质量事故报告及调查制度。

②施工主体在施工阶段的质量责任

施工单位必须按资质等级承担相应的工程任务。

施工单位不得擅自超越资质等级及业务范围承包工程；必须依据勘察设计文件和技术标准精心施工。

施工单位不得转包或者违法分包工程，禁止以任何形式允许其他单位或个人使用本单位资质执照，以本单位名义承揽工程。

建筑施工单位应按施工图设计文件施工。按图施工是建筑施工单位保证工程质量的最基本要求。工程设计图纸是设计单位按照建设单位的要求，依据国家有关工程设计标准和规范严格设计的，施工图纸是设计文件未经审查批准的，不得使用。因此，在施工中应当按照工程承包合同的要求，按设计组织施工，否则将会影响工程质量并达不到设计功能。

建筑施工单位不得擅自修改工程设计，不得偷工减料，如在施工现场中遇到无法预见的自然障碍和条件，需要变更设计时，应当同原设计单位进行协商，并由原设计单位负责修改，施工单位无权自行变更设计。

施工企业在施工中必须遵循施工技术标准。建筑标准分为强制性标准和推荐性标准。强制性标准包括：符号、术语等基础标准；与评价质量有关的通用试验方法和检测方法标准，对国民经济有重要影响的工程和产品标准等。推荐性标准包括：勘察设计、施工方法或生产工艺标准；产品标准；技术经济分析和管理标准等。

实行总分包的工程，总包单位对工程质量和竣工交付使用的保修工作负责。分包单位要对分包的工程质量和竣工交付使用及保修工作负责。

建筑工程实行总承包的，工程质量由总承包单位负责。

总承包单位将建筑工程分包给其他单位的，应当对分包工程的质量与分包单位承担连带责任。

施工现场内的所有分包单位都应当接受总承包单位的质量管理。

施工单位应建立健全质量保证体系，落实质量责任制，加强施工现场的质量管理，加强计量和原材料、构配件、设备检验等基础工作，抓好职工培训，提高企业素质，广泛采用新技术和适用技术，以利于保证工程质量。

③施工主体在施工阶段的质量管理工作

施工主体应做好施工准备阶段的事前质量控制、施工进行中的所有与施工过程有关各方面、各环节的过程质量控制和施工过程结束后的中间产出和具有独立功能和使用价值的最终产品及其有关方面资料的事后控制。

施工主体须加强对施工过程中的质量投入和质量转化的质量控制，使质量影响因素的4M1E处于受控状态。

施工主体须加强现场材料的检查验收管理：材料进场时其质量必须符合规定；各种材料进场后应妥善保管，避免质量发生变化。材料在施工现场的二次加工必须符合有关规定。凡运到现场，用于工程建设的原材料、成品、半成品、构配件、设备均应有产品出厂质量证明书（合格证）及技术说明书；有"准用证"要求和限定供应资格的产品，还应检查"准用证"及产品供应单位的相应手续、资料。凡进入现场的原材料、成品、半成品、构配件、设备，均按照有关产品的质量标准，检验产品的外观质量是否与产品标准及设计要求相符；各种设备应开箱检验，按照供方提供的技术说明书、质量保证文件进行检查验收，质量不符合要求的，要更换或进行处理，合格后再检查验收，等等。

施工阶段应积极推行材料和试块的见证取样和送检：对部分重要材料试验的取样、送检过程，由监理工程师或建设单位的代表到场见证，确认取样符合有关规定后，予以签认，同时将试样封存，直至送达试验单位。这种方法，较好地对取样送检过程实施了第三方监督，使试样的公正性大为提高。

为了更好地控制工程及材料质量，监督工程师应当熟悉见证取样的有关规定，并监督建设、监理单位、施工单位认真实施。应当将见证取样送检的试验结果与其他试验结果进行对比，互相印证，以确认所试验项目的结论是否正确、真实。如果应当进行见证取样送检的项目，由于种种原因未做时，应当采取补救措施。

施工阶段使用新材料必须贯彻"严格"、"稳妥"的原则，并办理书面认可手续。

施工主体在施工阶段的质量控制应积极推行PDCA循环工作法，不断促进质量水平的提高。

施工主体应积极采用日常性质量检查、测量和检测与试验及见证取样相结合，全面实行质量否决制度，按规定的工作程序进行预检、隐检，作好检查记录，并对使用安全与功能的项目实行竣工抽查检测，确保建设工程质量目标有效的实现，满足使用要求。

加强对分包单位的管理和控制：主要包括分包单位的资质审查；分包单位的设备使用情况，数量和可用程度能否满足分包工程项目的要求；分包单位的施工管理和操作人员的配备，能否满足质量合格证体系与质量控制系统的情况；实施的工程质量是否符合国家规范、标准设计文件以及工程项目承包合同的规定。

施工主体应做好施工过程的质量检验：

技术复核性检验：主要是隐蔽工程的检查验收、工序交接的检查验收和工程施工中的预检复核；

地基验收：包括基槽验收、标准贯入试验、荷载试验、桩基检测和沉降观测；

基础与主体结构验收：为了保证建筑物结构质量与安全，验收时对结构进行非破损或微破损检测，有回弹法、拔出法、取芯法、超声波法和超声回弹综合法等；

样板间鉴定与验收：工程进入装饰装修前开展样板引路的方法，是对装饰装修工程进行质量控制的可行措施，对验收合格的样板间，作为全面铺开装饰装修施工的最低控制标准，以保证整体的质量水平；

成品保护的质量检验：对已完成部分的工程项目，采取妥善措施予以保护，以免成品缺乏保护或保护不善而造成损伤或污染，影响工程整体质量。根据需要保护的建筑产品的特点不同，可以分别对成品采取防护、包裹、覆盖、封闭等保护措施，以及合理安排施工顺序来达到成品保护的目的。

项目经理、技术负责人、质检员等专业技术管理人员配套，并具有相应资格及上岗证书。

施工主体应有经过批准的施工组织设计或施工方案并能贯彻执行；施工主体应组织施工技术交底及参加图纸变更洽商；施工过中应执行班组自检、互检、交接检制度。

对建筑材料、构配件有能保持其质量的有效条件；计量器具精度符合要求，材料、构配件和商品混凝土按规定进行现场检验，检验应当有书面记录和专人签字，未经检验或检验不合格时，不得使用；按规定对现场试验室，搅拌站进行管理。

施工单位必须建立健全施工质量的检验制度，严格工序管理，做好分项工程隐蔽工程项目检查评定记录，记录要及时、真实；对涉及结构安全的试块、试件以及有关材料，严格执行见证取样送检制度，由具有相应资质等级的检测单位进行检测；整理工程质量保证资料要及时、真实、完整。

④施工单位行为组织要求

按有关规定进行各种检测，对工程施工中出现的质量事故按有关文件要求及时如实上报和认真处理。

不得违法分包、转包工程项目。

施工单位必须按照工程设计图纸和施工技术标准施工，不得擅自修改工程设计，不得偷工减料。在施工中发现设计文件和图纸有差错的，应当及时提出意见和建议。

施工单位应加强施工现场管理，建立健全施工现场管理制度：施工现场管理实施办法，工程质量管理实施办法，工程技术管理实施办法，施工计划编制与实施办法，材料节约实施办法，现场安全管理办法，现场场容管理办法，施工现场材料、机械管理办法，施工现场治安保卫、消防管理办法，施工现场操作人员培训教育管理办法等。

施工单位应积极参加施工图设计技术交底和图纸会审工作。

施工单位应为监理单位现场工作提供方便，为阶段性工程验收基础处理、基底验槽、基础工程验收、主体工程验收，提供方便，为质量监督机构工作提供方便。

施工单位应创造文明的施工现场，加强现场环境维护措施，减少由于施工材料和施工过程所造成的环境污染。

施工单位应真实认真地做好施工日志，全面反映施工活动情况，形成工程档案和生产过程中安全、质量、劳动力、原材料、技术变更、工程进度、施工环境等的如实记载。

施工单位应加强施工技术资料管理，提供准确、可靠、真实的工程施工技术档案资料。

（5）质量检测机构质量行为和职责

质量检测机构应在其资质规定的范围内承揽建设工程质量检测任务。

质量检测机构应坚持公正性、独立性、科学性的原则开展建设工程质量检测工作。

质量检测机构应健全质量保证体系和质量责任制度，提高质量检测水平和准确性。

应积极推行质量保证体系认证，提高检测能力。

应规范检测程序，严格检测操作，准确出具检测报告，承担检测质量责任。

- 建立计量管理机构和配备计量人员。

为强化计量工作，首先要设置与企业生产相适应的统一归口的计量管理机构。计量机构应在经理或总工程师直接领导下，协同各部、各级、各施工项目，全面开展计量工作，使计量工作在组织上得到落实。

- 建立健全计量管理制度。

计量管理制度主要包括：计量工作管理制度，计量管理岗位责任制，计量器具流转制度，计量器具周期检定制度，计量器具维修保养制度，试验仪器设备检验制度，计量器具抽检制度，自制器具管理制度，计量器具损坏赔偿制度。

- 保证计量器具与仪器的正确使用。

保证计量器具与仪器的合理使用、正确操作是计量化工作的一个重要方面。因此要对广大职工和计量人员进行爱护计量器具和仪器的教育，组织培训，使他们熟练地掌握量具及仪器的使用技能、保养技能。

- 计量器具的检定。

为确保量具及仪器的质量，对所有的计量器具及仪器都必须按照国家检定规程规定的检定项目和方式进行检定。所有计量器具及仪器必须经检定合格，具有合格证或标志，才准许投入使用或进行流转。

- 实现计量测试现代化。

随着建筑工业化水平的提高和施工技术的发展，为了更好地控制工程质量，需要逐步采用高效能的、专用的检测器具和方法，如气动、电动、激光、X光超声波以及精密测量仪器仪表和电子计算机的运用。

7.2 施工阶段工程质量政府监督工作

7.2.1 对工程参建各方主体质量行为的监督管理

对建设单位质量行为的监督管理。
对勘察设计单位质量行为的监督管理。
对建设监理单位质量行为的监督管理。
对施工单位质量行为的监督管理。
对检测单位质量行为的监督管理。

7.2.2 对施工阶段实体质量监督管理

根据建设工程质量监督工作纲要，实体质量监督以抽查方式为主，并辅以科学的检测手段。地基基础实体必须经监督检查后方可进行主体结构施工；主体结构必须经监督检查后方可进行后续工程施工以及对实体形成中环境质量的监督。

7.2.3 对工程质量资料监督管理

工程质量监督机构在履行监督检查职责时,有权要求被检查的单位提供有关本工程质量的文件和资料,通过这些活动的监督,促进其质量体系健全,实现高层次的体系监督管理,以体系有效运作保证各个环节必要的投入、良好转化,合乎标准的产出。

7.2.4 工程质量监督机构进入施工现场监督检查的内容

建设工程的施工现场是施工单位负责看管的建设单位的物业和财产,一般人员进入须征得建设单位或施工单位的同意,但监督管理人员进行检查时,是代表国家执行公务,拥有强行进入施工现场并进行检查的权力。抽查的主要内容:

现场各种原材料、构配件、设备和采购、进场验收和管理使用情况是否符合国家的标准和合同约定,检查产品供应单位的资格和产品质量;

搅拌站及计量设备的设置及计量措施能否保证工程质量;

检查工程施工质量是否符合国家标准、规范规定的质量标准和要求;是否按设计图纸施工;

检查操作人员是否按工艺操作规程施工及有无违章和偷工减料行为;

检查参与建筑活动的各方主体行为是否符合国家有关规定。

7.2.5 工程质量监督的抽查检查

质量监督不同于生产中的质量控制,它是一种事后监督。在多数情况下,不可能监督到全部产品。显然,全检是不可能的。

质量监督主要对企业的产品质量及其管理效果起一种核查作用,它对产品的评价着重于"暴露",即查找产品质量是否存在重大问题或影响质量的因素。而抽样检查是一种概率性统计检验,这种检验判产品不合格比较有力,可信度较高,这正适合监督检验着重暴露问题的需要。

质量监督检验的核查性质又表明,从某种意义上说它是一种重复劳动,应尽可能减少其工作量。若不采用抽样检验方法,社会负担过大,也是一种资源浪费。

7.2.6 对工程质量问题的处理

质量监督人员在检查中发现质量存在问题时,有权签发整改通知,责令限期改正,发现存在涉及结构安全和使用功能的严重质量缺陷、工程质量管理失控时，有权责令暂停施工或局部暂停施工等强制措施，以便立即改正；对发现结构质量隐患的工程有权责令进行检测，根据检测结果，要求建设单位整改。需要行政处罚的，由工程质量监督机构报委托的政府部门查处。

7.3 施工阶段主要分部工程质量政府监督评价

根据建设工程质量政府监督改革发展要求，政府质量监督应以质量作为监管重点，突出对地基基础、主体结构和环境质量的监督。因此，政府监管必须做到地基基础、主体结构和环境质量的严格监督，并针对地基基础、主体结构、质量监督做出判断，是否可进入下一阶段的施工。施工阶段主要部分质量监督评价就应围绕地基基础和主体结构的质量监督实施。环境质量纳入各评价环节的全过程。

7.3.1 施工阶段主要分部工程质量政府监督评价的意义

（1）是工程质量政府监督改革的需要

建设工程质量政府监督改革使质量监督的内容发生了转变。其监督的重点出质量行为外，就是地基基础质量、主体结构质量和环境质量，这些质量都直接关系到人民生命财产安全和国家与公众的质量利益，必须加强监督。施工阶段是实体质量形成阶段，也是这三个分部工程质量实现的主要阶段。因此，不仅需要加强对其监督，而且需要实施科学监督。科学监督决策的依据离不开评价。对施工阶段主要分部工程质量监督评价是我国建设工程质量政府监督改革的需要。

（2）是工程质量形成内在规律的客观需要

建设工程质量施工阶段影响因素多，工序交接复杂，关系交错混乱。按照质量形成的内在要求，保证质量既需要有符合要求的质量投入，又必须按照科学的施工工艺方法和组织运行的要求控制质量形成过程，还需要严格按照质量标准控制其产出结果的质量。这一质量监督的全过程，必然要求对其监督实施综合评价。因此说，施工阶段主要分部质量监督评价是其质量形成内在规律的客观要求。

（3）是政府质量监督科学决策的基础

建设工程质量政府监督离不开监督策略，离不开对其质量的评价与判断。主要分部工程——地基基础、主体结构的质量是否符合基本标准，是否达到质量要求，能否进入下一阶段的连续施工，作为质量监督人员需要做出客观准确的判断。这也是竣工备案全过程评价的必然环节。因此，就必经对其质量监督实施综合评价，以此作为监督决策的科学依据，保证监督决策的科学性，提高执法监督的有效性。

（4）是主体质量行为监督的重要措施

建设工程质量政府监督的重点是质量行为，这是质量监督预控的必然要求。施工阶段设计建设参与主体多，关系交错复杂，质量行为活动频繁，是质量行为监督的重要阶段。质量监督人员应该围绕施工阶段主要建设主体——建设单位、勘察设计单位、监理单位、施工单位和检测机构的质量行为实施全过程监控，并以此作为施工过程质量监督的重要内容，将其纳入主要分部工程质量监督评价的范畴，有利于把质量行为与工程质量联系起来，有利于采取科学的分部工程质量评价与决策，是加强施工阶段主要分布工程质量监督的重要措施。

（5）是实现工程质量过程控制的重要手段

通过建设工程质量政府监督，监督人员最终要对工程项目是否具备竣工条件做出决策，竣工备案决策是贯穿工程施工建设的全过程。通过实施施工阶段主要分部工程质量监督评价，可以为最终竣工备案决策提供科学依据，是建设工程质量政府监督实现过程控制的重要手段。

7.3.2 施工阶段主要分部工程质量政府监督评价的内容与指标体系

（1）评价的主要内容

建设工程施工阶段主要分部工程质量监督评价应基于投入产出理论对质量投入、质量行为、质量形成过程、质量产出结果和现场质量抽查五个方面进行综合评价，来判断其质量状况以及符合程度。

①建设主体行为

建设工程质量政府监督改革把质量行为的监督提升到重要地位。这是符合工程质量形成规律的正确政策措施，是基于质量行为，保证工作质量，实现工序质量，完善工程质量的内在规律，重点突出事前质量检测的科学方法。施工阶段是建设主体质量行为活动的最活跃阶段，设计的参与建设主体多、内容复杂、与质量形成有直接关系的建设主体质量行为应纳入评价的范畴，包括建设单位质量行为，勘察设计单位现场服务、施工单位质量行为、监理单位质量行为和检测单位质量行为。

②质量实际投入监督

从投入产出理论分析，质量投入是质量产出符合要求的前提，因此，应将实际质量形成的投入要素的符合性纳入质量监督评价体系。主要包括施工方案与组织、监理规划与实施、质量管理制度与执行、质量管理机构与责任、施工机械选择、检测手段与计量工具、材料供应合同与管理、施工操作人员素质与能力以及施工管理人员责任与水平。

③质量实施过程监督

质量投入是前提,质量过程是保证,规范科学的施工工艺过程和施工质量监督体系的运行是保持工程质量符合标准的关键环节、质量监督评价必须考虑质量实施过程监督。这些内容包括配比单与化验单、施工技术交底、施工现场管理、质量保证体系与运行、旁站监督与记录、材料质量检查与验收、施工规范执行情况、施工过程检查与验收、工序交接检查、人的工作状态与精神、机械运行状态与维修以及检测手段与工具的运用。

④质量产出结果监督

工程施工阶段是实体质量形成阶段,最终质量产出结果的好坏是判断质量符合性的重要指标,也是有效维护国家与公共质量利益的关键环节。质量产出结果监督评价既要考虑自评结果,更要考虑形成自评结果的可靠程度,也就是要把自评过程和结果一并纳入评价指标。主要包括分部工程验收组织、分部工程验收人员、分项工程评定结果、隐蔽工程验收记录、材料设备质量检验单、监理工程师质量指令、工程质量监测资料、试件试块监测结果、质检人员能力与水平、施工日记以及质量问题处理记录。

⑤现场质量抽查

政府质量监督的过程是关键环节到位与实施过程随机抽查相结合,因此,质量监督评价判断的依据不仅考虑自评及其过程,同时还要注意现场抽查结果的积累,把监督检查的结果也纳入质量监督评价指标体系。这些内容包括分项工程抽查记录、材料设备抽查记录、机械运行检查情况,相关人员质量意识和现场人员操作规范。

(2) 评价的指标体系

通过分析建设工程质量形成的内在规律,基于投入产出理论的质量监督评价的五部分内容与相关具体要求,把这些内容按照层次结构分类,归纳起来可构建建设工程主要分部工程质量政府监督评价指标体系,如图7-1所示。

7.3.3　打分法与层次分析法相结合的分部工程质量政府监督评价法

基于层次分析法的施工阶段主要分部工程质量监督评价指标体系可行性可概括为以下四点:

一是层次分析方法(Analytic Hierarchy Process,简称AHP)以多目标决策问题的成熟理论和方法为基础,对评价问题能够提出科学、系统的解决方法。

二是层次分析法通过对指标因素两两比较判断取值,避免了对评价标准的过分依赖,或因标准不明、准则不细而使决策陷于无所适从的困境。

三是层次分析法通过构造判断矩阵,层层计算分解权重,能充分考虑监督工程项目特点、所在区域环境的要求和指标程序的有关规定。

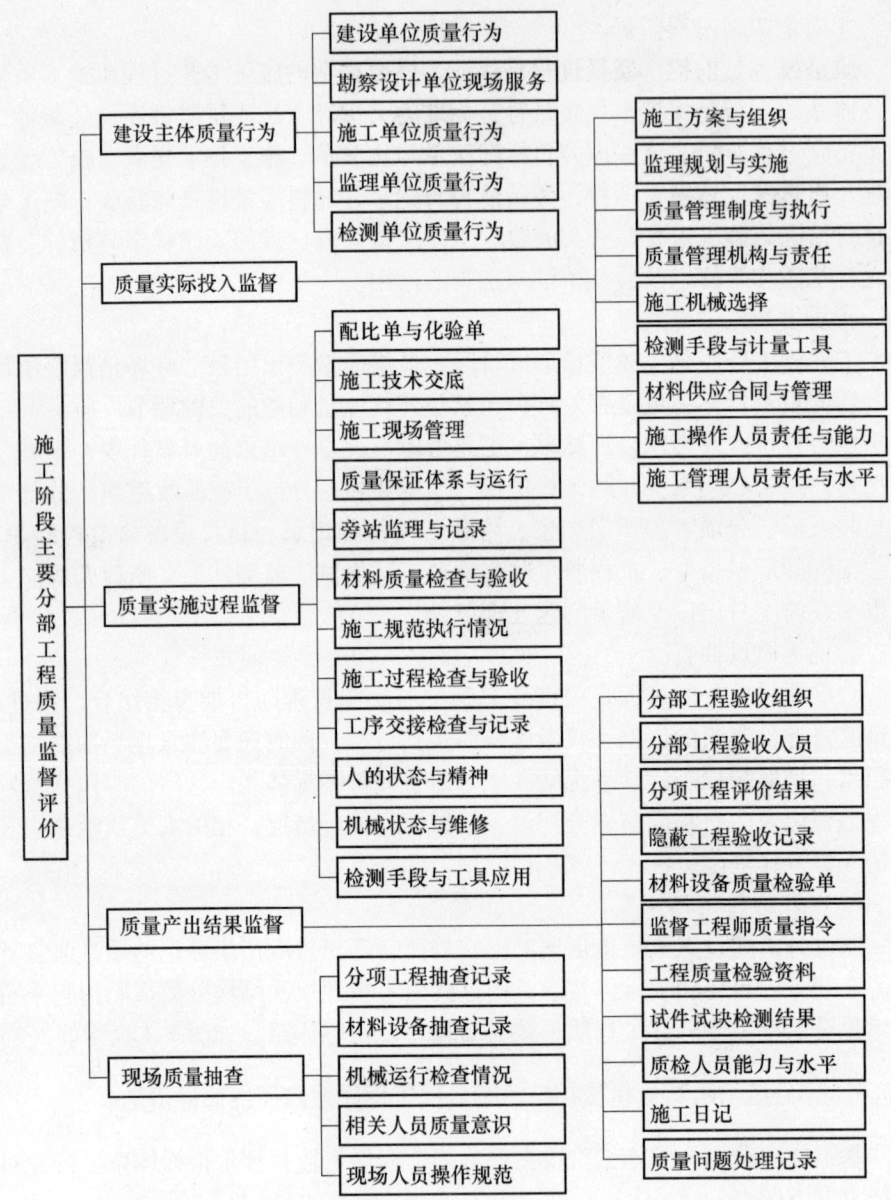

图 7-1 施工阶段主要分部工程质量政府监督评价指标体系

四是层次分析法的计算过程是分层递进的过程，可以区别和体现不同层次评委对评价指标把握的特征，决策层充分考虑政府主管部门评委对工程监督的要求和偏好，便于结合当地的实际和环境条件做出适合于项目所在地要求的合理判断和决策。方案层则可以发挥专家的主观智能，更好地了解监督项目的质量和效益属性，准确把握各个子准则指标对与每个上级指标的模糊量满足程度，为决策层科学决策提供准确可靠的依据。两者有机结合，可以充分发挥两个层次评委的主观能动性与特征，提高评标的科学性、客观性、公正性。

根据建设工程质量政府监督机构绩效评价的内容，施工阶段主要分部工程质量政府监督评价指标集如图7-2所示，评价体系采用专家打分与层次分析方法相结合的方法。详细的评价过程如下：

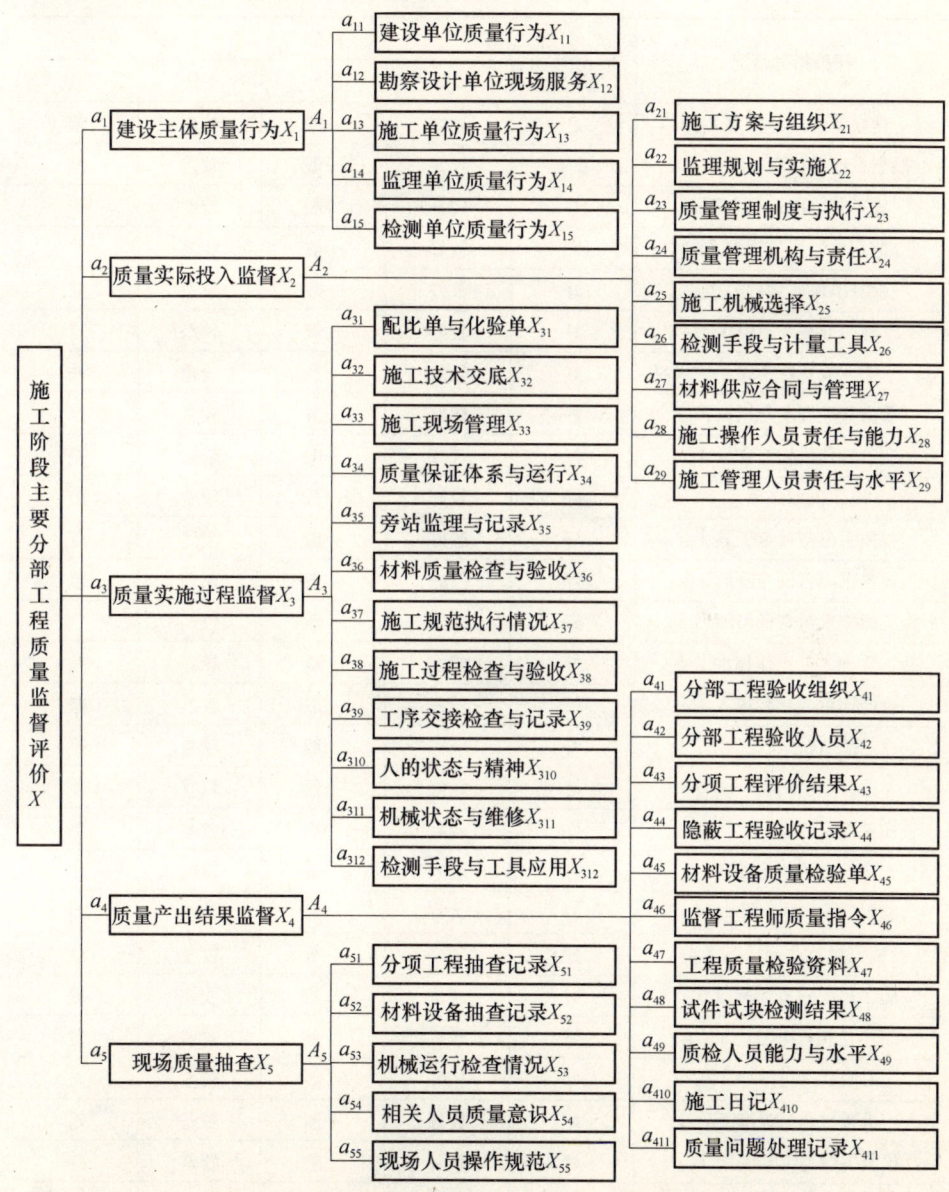

图7-2 施工阶段主要分部工程质量监督评价指标集

（1）确定评价准则等级

将评价准则 $X_{ij}(i=1，2，3，4，5，j=1，2，\cdots，12)$ 的优劣等级划分为五级，并分别赋予分数 10、8、6、4、2，指标等级介于两相邻等级之间，相应的评分为 9、7、5、3、1 分，评分标准（专家评分细则）见表 7-1。

表 7-1 专家评分细则

评价指标情况	评分				
	10 分	8 分	6 分	4 分	2 分
建设单位质量行为 X_{11}	好	较好	一般	较差	差
勘察设计单位现场服务 X_{12}	好	较好	一般	较差	差
施工单位质量行为 X_{13}	好	较好	一般	较差	差
监理单位质量行为 X_{14}	好	较好	一般	较差	差
检测单位质量行为 X_{15}	好	较好	一般	较差	差
施工方案与组织 X_{21}	好	较好	一般	较差	差
监理规划与实施 X_{22}	好	较好	一般	较差	差
质量管理制度与执行 X_{23}	好	较好	一般	较差	差
质量管理机构与责任 X_{24}	好	较好	一般	较差	差
施工机械选择 X_{25}	好	较好	一般	较差	差
检测手段与计量工具 X_{26}	好	较好	一般	较差	差
材料供应合同与管理 X_{27}	好	较好	一般	较差	差
施工操作人员责任与能力 X_{28}	好	较好	一般	较差	差
施工管理人员责任与水平 X_{29}	好	较好	一般	较差	差
配比单与化验单 X_{31}	好	较好	一般	较差	差
施工技术交底 X_{32}	好	较好	一般	较差	差
施工现场管理 X_{33}	好	较好	一般	较差	差
质量保证体系与运行 X_{34}	好	较好	一般	较差	差
旁站监理与记录 X_{35}	好	较好	一般	较差	差
材料质量检查与验收 X_{36}	好	较好	一般	较差	差
施工规范执行情况 X_{37}	好	较好	一般	较差	差
施工过程检查与验收 X_{38}	好	较好	一般	较差	差
工序交接检查与记录 X_{39}	好	较好	一般	较差	差
人的状态与精神 X_{310}	好	较好	一般	较差	差
机械状态与维修 X_{311}	好	较好	一般	较差	差
检测手段与工具应用 X_{312}	好	较好	一般	较差	差
分部工程验收组织 X_{41}	好	较好	一般	较差	差

续表

评价指标情况	评分				
	10分	8分	6分	4分	2分
分部工程验收人员 X_{42}	好	较好	一般	较差	差
分项工程评价结果 X_{43}	好	较好	一般	较差	差
隐蔽工程验收记录 X_{44}	好	较好	一般	较差	差
材料设备质量检验单 X_{45}	好	较好	一般	较差	差
监督工程师质量指令 X_{46}	好	较好	一般	较差	差
工程质量检验资料 X_{47}	好	较好	一般	较差	差
试件试块检测结果 X_{48}	好	较好	一般	较差	差
质检人员能力与水平 X_{49}	好	较好	一般	较差	差
施工日记 X_{410}	好	较好	一般	较差	差
质量问题处理记录 X_{411}	好	较好	一般	较差	差
分项工程抽查记录 X_{51}	好	较好	一般	较差	差
材料设备抽查记录 X_{52}	好	较好	一般	较差	差
机械运行检查情况 X_{53}	好	较好	一般	较差	差
相关人员质量意识 X_{54}	好	较好	一般	较差	差
现场人员操作规范 X_{55}	好	较好	一般	较差	差

(2) 基于层次分析法的准则层评价

利用层次分析方法对各准则进行评价，得出相应准则相对于上一层准则的权重。详细过程以建设主体质量行为 X_1 为例进行计算。

(3) 构造判断（成对比较）矩阵

将本层次各因素（X_{11}、X_{12}、X_{13}、X_{14}、X_{15}）之间进行两两比较，构造判断矩阵

$$R = \begin{bmatrix} \frac{X_{11}}{X_{11}} & \frac{X_{12}}{X_{11}} & \frac{X_{13}}{X_{11}} & \frac{X_{14}}{X_{11}} & \frac{X_{15}}{X_{11}} \\ \frac{X_{11}}{X_{12}} & \frac{X_{12}}{X_{12}} & \frac{X_{13}}{X_{12}} & \frac{X_{14}}{X_{12}} & \frac{X_{15}}{X_{12}} \\ \frac{X_{11}}{X_{13}} & \frac{X_{12}}{X_{13}} & \frac{X_{13}}{X_{13}} & \frac{X_{14}}{X_{13}} & \frac{X_{15}}{X_{13}} \\ \frac{X_{11}}{X_{14}} & \frac{X_{12}}{X_{14}} & \frac{X_{13}}{X_{14}} & \frac{X_{14}}{X_{14}} & \frac{X_{15}}{X_{14}} \\ \frac{X_{11}}{X_{15}} & \frac{X_{12}}{X_{15}} & \frac{X_{13}}{X_{15}} & \frac{X_{14}}{X_{15}} & \frac{X_{15}}{X_{15}} \end{bmatrix} = \begin{bmatrix} r_{11} & r_{12} & r_{13} & r_{14} & r_{15} \\ r_{21} & r_{22} & r_{23} & r_{24} & r_{25} \\ r_{31} & r_{32} & r_{33} & r_{34} & r_{35} \\ r_{41} & r_{42} & r_{43} & r_{44} & r_{45} \\ r_{51} & r_{52} & r_{53} & r_{54} & r_{55} \end{bmatrix}$$

其中，r_{ij} 表示 X_{1i} 与 X_{1j} 的相对重要程度，其值使用 1～9 级及其倒数的比例标度来赋值，使思维定性判断定量化，采用相同、稍重要、相当重要、非常重要、极端重要，并在其相邻二级间插入折中的提法，使之形成 9 个等级，形成 1～9 个标度。判断矩阵确定准则见表 7-2。

表 7-2 构造矩阵确定准则

定性结果	定量结果
X_{1i} 与 X_{1j} 的影响相同	$X_{1i}:X_{1j}=1:1$
X_{1i} 与 X_{1j} 的影响稍强	$X_{1i}:X_{1j}=3:1$
X_{1i} 与 X_{1j} 的影响强	$X_{1i}:X_{1j}=5:1$
X_{1i} 与 X_{1j} 的影响明显强	$X_{1i}:X_{1j}=7:1$
X_{1i} 与 X_{1j} 的影响绝对强	$X_{1i}:X_{1j}=9:1$
X_{1i} 与 X_{1j} 的影响在上述两个等级之间	$X_{1i}:X_{1j}=2,4,6,8:1$
X_{1i} 与 X_{1j} 的影响和上述情况相反	$X_{1i}:X_{1j}=1:1,2,\cdots,9$

①层次单排序

首先，计算判断矩阵每一行元素的乘积 $R_i = \prod_{j=1}^{5} r_{ij}(i=1,2,\cdots,5)$；

其次，计算 R_i 的 5 次方根 $\overline{R_i} = \sqrt[5]{R_i}$ ($i=1,2,\cdots,5$)；再次，将向量归一化，即 $A_i = \dfrac{\overline{R_i}}{\sum_{i=1}^{5}\overline{R_i}}(i=1,2,\cdots,5)$，$A=[a_{11},a_{12},a_{13},a_{14},a_{15}]^T$，即为所求的特征向量，即得出指标建设单位质量行为 X_{11}、勘察设计单位现场服务 X_{12}、施工单位质量行为 X_{13}、监理单位质量行为 X_{14}、检测单位质量行为 X_{15} 相对于建设主体质量行为 X_1 的相对权重。

最后，计算最大特征根 $\lambda_{\max}$。

②一致性检验

首先，计算一致性指标 $C.I.$ 为：$C.I. = \dfrac{\lambda_{\max} - n}{n-1}$ ($n=5$)；

其次，计算平均随机一致性指标 R_I，R_I 是多次重复进行随机判断矩阵特征值的计算后取平均数得到的，见表 7-3；

表 7-3 随机一致性修正值指标

维数 n	1	2	3	4	5	6	7	8	9	10
R_I	0.00	0.00	0.58	0.90	1.12	1.24	1.32	1.41	1.45	1.49

最后，计算一致性比例 $C.I.$ $C.R. = \dfrac{C.I.}{R.I.}$，一般情况下，若 $C.R.<0.10$，就认为判断矩阵具有一致性，据此而计算的值是可以接受的。否则就应该修改矩阵使之符合一致性要求。

把权重 $A=[a_{11},a_{12},a_{13},a_{14},a_{15}]^T$ 分别与专家对指标建设单位质量行为 X_{11}、勘察设计单位现场服务 X_{12}、施工单位质量行为 X_{13}、监理单位质量行为 X_{14}、检测单位质量行为 X_{15} 相对于建设主体质量行为 X_{10} 这五个指标打分值进行乘积，求和得到指标建设主体质量行为 X_1 的打分值。

同理，可计算其他指标：质量实际投入 X_2、质量实施过程监督 X_3、质量产出结果监督 X_4、现场质量抽查 X_5 的打分值。

(4) 各指标权重确定

利用 AHP 方法计算指标建设主体质量行为 X_1、质量实际投入 X_2、质量实施过程监督 X_3、质量产出结果监督 X_4、现场质量抽查 X_5 的权重。

(5) 各指标评价值合成

计算施工阶段分部工程质量监督评价指标的打分值 = a_1^x 建设主体质量行为 X_1 打分值 + a_2^x 质量实际投入 X_2 的打分值 + a_3^x 质量实施过程监督 X_3 的打分值 + a_4^x 质量产出结果监督 X_4 的打分值 + a_5^x 现场质量抽查 X_5 的打分值。

7.4 分部工程质量政府监督实施评价实践

7.4.1 评价实践案例背景

某质量监督机构在其所属区域范围内对某工程项目实施政府质量监督，根据项目本身特征和建设主体质量实施能力评价结果确定了开展施工过程分部工程质量监督的人员，重点和要求，派出以1名监督工程师为组长，2名监督人员组成质量监督小组，开展施工过程分部工程质量监督，把地基基础、主体结构和施工验收作为重点环节，进行重点巡查监督，通过对地基基础工程施工过程中各建设主体质量行为、质量投入、实施过程、质量结果和现场质量抽查五个方面的检查核实，全面评价了该工程项目地基基础工程质量。

7.4.2 评价实施过程

对地基基础工程质量政府监督实施评价主要有三大部分：一是基于评价机构或小组经验，根据不同工程项目类型，请专家或监理工程师，用AHP法确定计算综合评价三个层次之间的（指标）权重。为了简便起见，可选3~5个专家进行判断，其结果取平均值。二是由监督小组对评价基准层各指标，根据专家评分细则进行评分,评分的处理可以区别对待,也可以等同处理。区别对待是给予监理工程师打分更高的权重,其他监督人员,给予较低的权重,加权求和得到评分结果。等同处理是将3人打分作算术平均值作为评分结果。三是将评分结果依次与指标权重相乘,就可以得到地基基础工程质量政府监督的评价值,然后依据确定的标准,来判断地基基础质量水平。

7.4.2.1 评价指标权重的确定

实施评价指标权重的确定,各专家(监督者)只需对同一层指标进行两两比较,按照 Saaty 标度证明,确定判断矩阵,然后通过计算机计算,对于通过一致性检验后的评价计算值进行算术平均就可以得到该层次指标隶属于上一层的综合隶属度,即权重。这个过程可以由监督小组成员做,一般是监督机构根据各类工程特征,请有经验的资深监理工程师来完成,为了简便起见,这里的指标权重计算过程略,直接给出该类工程各指标权重的计算结果:

$A = (a_1, a_2, a_3, a_4, a_5) = (0.15, 0.20, 0.25, 0.18, 0.22)$

$A_1 = (a_{11}, a_{12}, a_{13}, a_{14}, a_{15}) = (0.20, 0.15, 0.25, 0.25, 0.25)$

$A_2 = (a_{21}, a_{22}, a_{23}, a_{24}, a_{25}, a_{26}, a_{27}, a_{28}, a_{29})$
$= (0.12, 0.08, 0.10, 0.12, 0.08, 0.10, 0.10, 0.15, 0.15)$

$A_3 = (a_{31}, a_{32}, a_{33}, a_{34}, a_{35}, a_{36}, a_{37}, a_{38}, a_{39}, a_{310}, a_{311}, a_{312})$
$= (0.06, 0.07, 0.09, 0.12, 0.08, 0.10, 0.12, 0.10, 0.08, 0.06, 0.06, 0.06)$

$A_4 = (a_{41}, a_{42}, a_{43}, a_{44}, a_{45}, a_{46}, a_{47}, a_{48}, a_{49}, a_{410}, a_{411})$
$= (0.07, 0.08, 0.10, 0.12, 0.10, 0.08, 0.12, 0.12, 0.10, 0.06, 0.05)$

$A_5 = (a_{51}, a_{52}, a_{53}, a_{54}, a_{55}) = (0.18, 0.16, 0.15, 0.26, 0.25)$

7.4.2.2 监督人员现场评分

为简便起见,该项目地基基础质量监督评价采用了监督小组3人评分等同处理,即各指标评分为3人评分的算术平均值。

工程监督组成员分别对各指标评分,结果见表7-4、表7-5和表7-6。

表7-4 专家评分细则 (第1人)

评价指标情况	评分				
	10分	8分	6分	4分	2分
建设单位质量行为 X_{11}	好√	较好	一般	较差	差
勘察设计单位现场服务 X_{12}	好	较好√	一般	较差	差
施工单位质量行为 X_{13}	好	较好√	一般	较差	差
监理单位质量行为 X_{14}	好	较好	一般√	较差	差
检测单位质量行为 X_{15}	好	较好	一般√	较差	差

续表

评价指标情况	评分				
	10 分	8 分	6 分	4 分	2 分
施工方案与组织 X_{21}	好	较好√	一般	较差	差
监理规划与实施 X_{22}	好	较好√	一般	较差	差
质量管理制度与执行 X_{23}	好	较好√	一般	较差	差
质量管理机构与责任 X_{24}	好	较好√	一般	较差	差
施工机械选择 X_{25}	好	较好	一般√	较差	差
检测手段与计量工具 X_{26}	好	较好	一般√	较差	差
材料供应合同与管理 X_{27}	好	较好	一般√	较差	差
施工操作人员责任与能力 X_{28}	好	较好√	一般	较差	差
施工管理人员责任与水平 X_{29}	好	较好	一般	较差√	差
配比单与化验单 X_{31}	好	较好	一般√	较差	差
施工技术交底 X_{32}	好	较好	一般√	较差	差
施工现场管理 X_{33}	好	较好√	一般	较差	差
质量保证体系与运行 X_{34}	好	较好	一般	较差√	差
旁站监理与记录 X_{35}	好√	较好	一般	较差	差
材料质量检查与验收 X_{36}	好	较好	一般√	较差	差
施工规范执行情况 X_{37}	好√	较好	一般	较差	差
施工过程检查与验收 X_{38}	好	较好	一般	较差√	差
工序交接检查与记录 X_{39}	好	较好√	一般	较差	差
人的状态与精神 X_{310}	好	较好	一般√	较差	差
机械状态与维修 X_{311}	好	较好√	一般	较差	差
检测手段与工具应用 X_{312}	好	较好	一般√	较差	差
分部工程验收组织 X_{41}	好	较好√	一般	较差	差
分部工程验收人员 X_{42}	好	较好	一般√	较差	差
分项工程评价结果 X_{43}	好	较好	一般	较差	差
隐蔽工程验收记录 X_{44}	好	较好	一般√	较差	差
材料设备质量检验单 X_{45}	好	较好√	一般	较差	差
监督工程师质量指令 X_{46}	好	较好√	一般	较差	差
工程质量检验资料 X_{47}	好	较好√	一般	较差	差
试件试块检测结果 X_{48}	好	较好√	一般	较差	差
质检人员能力与水平 X_{49}	好	较好	一般√	较差	差
施工日记 X_{410}	好	较好	一般√	较差	差

续表

评价指标情况	评分				
	10分	8分	6分	4分	2分
质量问题处理记录 X_{411}	好	较好√	一般	较差	差
分项工程抽查记录 X_{51}	好	较好√	一般	较差	差
材料设备抽查记录 X_{52}	好	较好√	一般	较差	差
机械运行检查情况 X_{53}	好	较好√	一般	较差	差
相关人员质量意识 X_{54}	好	较好	一般√	较差	差
现场人员操作规范 X_{55}	好	较好√	一般	较差	差

表7-5　专家评分细则　　　　　　　　　　（第2人）

评价指标情况	评分				
	10分	8分	6分	4分	2分
建设单位质量行为 X_{11}	好	较好√	一般	较差	差
勘察设计单位现场服务 X_{12}	好√	较好	一般	较差	差
施工单位质量行为 X_{13}	好	较好√	一般	较差	差
监理单位质量行为 X_{14}	好	较好√	一般	较差	差
检测单位质量行为 X_{15}	好	较好	一般√	较差	差
施工方案与组织 X_{21}	好	较好√	一般	较差	差
监理规划与实施 X_{22}	好√	较好	一般	较差	差
质量管理制度与执行 X_{23}	好	较好√	一般	较差	差
质量管理机构与责任 X_{24}	好	较好	一般√	较差	差
施工机械选择 X_{25}	好	较好√	一般	较差	差
检测手段与计量工具 X_{26}	好	较好	一般√	较差	差
材料供应合同与管理 X_{27}	好	较好√	一般	较差	差
施工操作人员责任与能力 X_{28}	好	较好	一般√	较差	差
施工管理人员责任与水平 X_{29}	好	较好√	一般	较差	差
配比单与化验单 X_{31}	好	较好	一般	较差√	差
施工技术交底 X_{32}	好	较好	一般	较差√	差
施工现场管理 X_{33}	好	较好	一般√	较差	差
质量保证体系与运行 X_{34}	好	较好	一般√	较差	差
旁站监理与记录 X_{35}	好	较好√	一般	较差	差
材料质量检查与验收 X_{36}	好	较好√	一般	较差	差
施工规范执行情况 X_{37}	好	较好√	一般	较差	差

续表

评价指标情况	评分				
	10分	8分	6分	4分	2分
施工过程检查与验收 X_{38}	好	较好	一般√	较差	差
工序交接检查与记录 X_{39}	好	较好	一般√	较差	差
人的状态与精神 X_{310}	好	较好√	一般	较差	差
机械状态与维修 X_{311}	好	较好√	一般	较差	差
检测手段与工具应用 X_{312}	好	较好	一般√	较差	差
分部工程验收组织 X_{41}	好	较好	一般√	较差	差
分部工程验收人员 X_{42}	好	较好	一般√	较差	差
分项工程评价结果 X_{43}	好	较好√	一般	较差	差
隐蔽工程验收记录 X_{44}	好	较好√	一般	较差	差
材料设备质量检验单 X_{45}	好	较好	一般√	较差	差
监督工程师质量指令 X_{46}	好	较好√	一般	较差	差
工程质量检验资料 X_{47}	好	较好√	一般	较差	差
试件试块检测结果 X_{48}	好	较好	一般√	较差	差
质检人员能力与水平 X_{49}	好	较好	一般√	较差	差
施工日记 X_{410}	好	较好√	一般	较差	差
质量问题处理记录 X_{411}	好	较好	一般√	较差	差
分项工程抽查记录 X_{51}	好√	较好	一般	较差	差
材料设备抽查记录 X_{52}	好	较好√	一般	较差	差
机械运行检查情况 X_{53}	好	较好	一般√	较差	差
相关人员质量意识 X_{54}	好	较好	一般√	较差	差
现场人员操作规范 X_{55}	好	较好	一般√	较差	差

表7-6 专家评分细则 （第3人）

评价指标情况	评分				
	10分	8分	6分	4分	2分
建设单位质量行为 X_{11}	好	较好	一般√	较差	差
勘察设计单位现场服务 X_{12}	好	较好√	一般	较差	差
施工单位质量行为 X_{13}	好	较好√	一般	较差	差
监理单位质量行为 X_{14}	好	较好√	一般	较差	差
检测单位质量行为 X_{15}	好	较好	一般√	较差	差
施工方案与组织 X_{21}	好√	较好	一般	较差	差

续表

评价指标情况	评分				
	10 分	8 分	6 分	4 分	2 分
监理规划与实施 X_{22}	好	较好√	一般	较差	差
质量管理制度与执行 X_{23}	好	较好	一般√	较差	差
质量管理机构与责任 X_{24}	好	较好√	一般	较差	差
施工机械选择 X_{25}	好	较好√	一般	较差	差
检测手段与计量工具 X_{26}	好	较好	一般√	较差	差
材料供应合同与管理 X_{27}	好	较好	一般√	较差	差
施工操作人员责任与能力 X_{28}	好	较好	一般√	较差	差
施工管理人员责任与水平 X_{29}	好	较好	一般√	较差	差
配比单与化验单 X_{31}	好	较好	一般√	较差	差
施工技术交底 X_{32}	好	较好	一般√	较差	差
施工现场管理 X_{33}	好	较好√	一般	较差	差
质量保证体系与运行 X_{34}	好	较好	一般√	较差	差
旁站监理与记录 X_{35}	好	较好√	一般	较差	差
材料质量检查与验收 X_{36}	好	较好√	一般	较差	差
施工规范执行情况 X_{37}	好	较好√	一般	较差	差
施工过程检查与验收 X_{38}	好	较好	一般√	较差	差
工序交接检查与记录 X_{39}	好	较好√	一般	较差	差
人的状态与精神 X_{310}	好	较好	一般√	较差	差
机械状态与维修 X_{311}	好	较好	一般√	较差	差
检测手段与工具应用 X_{312}	好	较好	一般	较差√	差
分部工程验收组织 X_{41}	好	较好	一般√	较差	差
分部工程验收人员 X_{42}	好	较好√	一般	较差	差
分项工程评价结果 X_{43}	好	较好	一般√	较差	差
隐蔽工程验收记录 X_{44}	好	较好√	一般	较差	差
材料设备质量检验单 X_{45}	好	较好√	一般	较差	差
监督工程师质量指令 X_{46}	好	较好√	一般	较差	差
工程质量检验资料 X_{47}	好	较好√	一般	较差	差
试件试块检测结果 X_{48}	好	较好√	一般	较差	差
质检人员能力与水平 X_{49}	好	较好√	一般	较差	差
施工日记 X_{410}	好	较好√	一般	较差	差
质量问题处理记录 X_{411}	好	较好	一般√	较差	差

续表

评价指标情况	评分				
	10分	8分	6分	4分	2分
分项工程抽查记录 X_{51}	好	较好√	一般	较差	差
材料设备抽查记录 X_{52}	好	较好√	一般	较差	差
机械运行检查情况 X_{53}	好	较好√	一般	较差	差
相关人员质量意识 X_{54}	好	较好	一般√	较差	差
现场人员操作规范 X_{55}	好	较好	一般√	较差	差

根据以上三个人的评分表，可计算各指标的评分值。

7.4.2.3 评价结果计算

$$X_{ij} = \frac{1}{3}\sum_{k=1}^{3} X_{ijk} \quad (k = 1,2,3,分别代表三个成员对相应指标的评分值)$$

计算可得: $X_{11} = \frac{1}{3}(10+8+6) = 8;\quad X_{12} = \frac{1}{3}(10+8+8) = 8.67;$

$X_{13} = \frac{1}{3}(8+8+6) = 7.33;\quad X_{14} = \frac{1}{3}(8+8+6) = 7.33;$

$X_{15} = \frac{1}{3}(6+6+6) = 6;\quad X_{21} = \frac{1}{3}(10+8+8) = 8.67;$

$X_{22} = \frac{1}{3}(10+8+8) = 8.67;\quad X_{23} = \frac{1}{3}(8+8+6) = 7.33;$

$X_{24} = \frac{1}{3}(8+8+6) = 7.33;\quad X_{25} = \frac{1}{3}(8+8+6) = 7.33;$

$X_{26} = \frac{1}{3}(6+6+6) = 6;\quad X_{27} = \frac{1}{3}(6+8+6) = 6.67;$

$X_{28} = \frac{1}{3}(6+8+6) = 6.67;\quad X_{29} = \frac{1}{3}(4+8+6) = 6;$

$X_{31} = \frac{1}{3}(4+6+6) = 5.67;\quad X_{32} = \frac{1}{3}(4+6+6) = 5.67;$

$X_{33} = \frac{1}{3}(8+8+6) = 7.33;\quad X_{34} = \frac{1}{3}(4+6+6) = 5.67;$

$X_{35} = \frac{1}{3}(10+8+8) = 8.67;\quad X_{36} = \frac{1}{3}(8+8+6) = 7.33;$

$X_{37} = \frac{1}{3}(10+8+8) = 8.67;\quad X_{38} = \frac{1}{3}(4+6+6) = 5.67;$

$X_{39} = \frac{1}{3}(8+8+6) = 7.33;\quad X_{310} = \frac{1}{3}(6+8+6) = 6.67;$

$$X_{311} = \frac{1}{3}(8+8+6) = 7.33; \quad X_{312} = \frac{1}{3}(4+6+6) = 5.33;$$

$$X_{41} = \frac{1}{3}(6+8+6) = 6.67; \quad X_{42} = \frac{1}{3}(6+8+6) = 6.67;$$

$$X_{43} = \frac{1}{3}(8+8+6) = 7.33; \quad X_{44} = \frac{1}{3}(8+8+6) = 7.33;$$

$$X_{45} = \frac{1}{3}(8+8+6) = 7.33; \quad X_{46} = \frac{1}{3}(8+8+8) = 8;$$

$$X_{47} = \frac{1}{3}(8+8+8) = 8; \quad X_{48} = \frac{1}{3}(8+8+6) = 7.33;$$

$$X_{49} = \frac{1}{3}(8+6+6) = 6.67; \quad X_{410} = \frac{1}{3}(8+8+6) = 7.33;$$

$$X_{411} = \frac{1}{3}(6+8+6) = 6.67; \quad X_{51} = \frac{1}{3}(10+8+8) = 8.33;$$

$$X_{52} = \frac{1}{3}(8+8+8) = 8; \quad X_{53} = \frac{1}{3}(8+8+6) = 7.33;$$

$$X_{54} = \frac{1}{3}(6+6+6) = 6; \quad X_{55} = \frac{1}{3}(6+8+6) = 6.67$$

7.4.2.4 评价结果合成计算

$$X = \sum a_i \sum a_{ij} x_{ij} = 7.13$$

7.4.3 评价结果判断与处理

若设定对分部工程质量监督评价的基准为评价总分值的70%为通过，可以依次判断该分部工程质量是否满足要求，并根据质量监督评价对各指标评分过程中的各主要因素的认识，提出相应的改进要求。

分部工程质量监督评价的部分值为 10 分，则评价可通过得分应该是 10 × 70% = 7.0

根据该工程评价结果，其得分为 7.13 > 7.0

通过对该项目开展质量监督评价，监督人员对其基础工程施工过程的质量行为和质量过程及质量结果进行了全面综合考评：通过评价的各指标的评分，即为该工程施工过程需要在以下方面加强：检测手段与计量工具，配比单和化验单，施工管理人员责任与水平，质量保证体系与运行，施工过程检查与验收，检测手段与工具应用，以及相关人员质量意识。尤其应加强质量检测和质量保证体系。

第8章 竣工后政府质量监督管理与竣工备案综合评价

8.1 竣工后工程质量政府监督管理

8.1.1 竣工验收政府监督管理要点

建设工程质量监督机构，在工程竣工验收监督时，重点对工程竣工验收的组织形式、参加人员、验收程序、执行验收规范情况等实行监督，发现有违反建设工程质量管理规定行为的，责令改正，并将工程竣工验收的监督情况列为工程质量监督报告的重要内容。具体说就是：（1）竣工验收的依据、竣工验收应具备的条件、验收标准应符合规定；（2）竣工验收的资料内容齐全；（3）竣工验收程序规范；（4）竣工验收参加的人员组成合理，具备相应的资质；（5）竣工验收评定结论客观公正，符合工程质量实际。

8.1.2 各建设主体竣工验收质量职责

建设单位收到建设工程竣工报告后，应当组织勘察设计、施工、工程监理等有关单位进行竣工验收。

建设工程经竣工验收合格的，方可交付使用。

勘察设计单位的技术负责人和建设工程项目设计主要人员须参加监理单位组织的初步验收和建设单位组织的竣工验收，并按规定履行验收签字盖章手续。

建设工程监理单位，应督促建设单位、施工单位、设计单位整理合同文件和技术档案资料、工程竣工图资料。

建设工程监理单位应协助建设单位组织设计单位和施工单位进行工程竣工初步验收，提出竣工验收报告，参加最终竣工验收，并按规定履行竣工验收签字盖章手续。

建设工程监理单位应组织试车运转，审核竣工图及其他技术文件资料，整理建设监理有关技术文件资料并编目建档。

施工单位应认真整理有关工程技术档案资料和竣工图技术，作好工程初步验收和竣工验收准备工作。

施工单位应积极参加工程初步验收，并对初步验收提出的整改要求及时进行修复处理，在初步验收符合要求的基础上，书面向建设单位提交工程竣工验收报告。

施工单位在竣工验收前，同建设单位签订工程保修证书，并根据工程情况，书面形成使用说明书，作为工程资料的一部分移交给建设单位和用户。

施工单位须参加竣工验收，并按规定履行签字盖章手续。

8.1.3 工程竣工验收备案

建设单位自竣工验收合格之日起按规定期限，依照有关规定，到当地建设行政主管部门所委托的建设工程质量监督机构的备案部门办理备案手续。

建设单位办理工程竣工验收备案应当提交下列文件：

工程竣工验收备案表。

工程竣工验收意见表。

工程竣工验收报告。竣工验收报告应当包括工程概况、合同内容执行情况、工程管理及竣工质量验收情况，质量总体评价。

工程施工许可证。

施工图设计文件审查意见。

单位工程质量综合验收意见。

市政基础设施的有关质量检测和功能性能抽测资料。

备案管理部门在接到建设单位备案申请后，在规定期限内对备案文件进行审查，并做出是否具备备案条件的结论性意见，作为备案的依据。

在工程竣工备案前，建设工程质量监督部门应向监督部门提交建设工程质量监督报告，建设工程质量监督报告内容要求如下：

质量监督报告表，内容包括：工程名称、工程地址、工程规模、工程类别、结构类型、建筑面积、参建各单位及负责人、开工时间、竣工验收时间；工程规划许可证号、施工许可证号、监督注册号、监督部门、监督人员、监督起止时间等。

有关建设工程质量的法规、规章、强制性标准的执行情况。

地基、基础、主体结构及功能项目监督抽查情况，以及抽样测试情况。

工程竣工技术资料的核查意见。

工程竣工验收的监督意见。

对工程遗留质量缺陷的处理意见。

是否符合备案条件的结论性意见。

建设工程质量监督报告必须经项目监督工程师签认后,建设工程质量监督机构负责人审核,加盖公章后向委托部门报送。

8.1.4 工程质量保修和使用监督管理

建设单位应根据建设工程质量保修书,在保修期内,组织协调建设工程质量的回访与保修。

建设单位应按照施工单位提交的使用要求说明书(经设计、监理审查认可),进行建设工程的使用管理和维护。

建设工程在超过合理使用年限后需要继续使用的,产权所有人应当委托具有相应资质等级的勘察、设计单位鉴定,并根据鉴定结果采取加固、维修等措施,重新界定使用期。

勘察设计单位应当对建设工程设计质量进行用户使用调查月访。

勘察设计单位应当参与建设工程全寿命期内的工程质量事故分析,并对因设计造成的质量事故,提出相应的技术处理方案。

建设监理单位应当审核承建商的《工程保修证书》和使用说明书。

建设监理单位在工程使用期间应当参与检查、鉴定工程质量状况和工程使用状况,对出现的质量缺陷,确定责任者,并督促承建商修复质量缺陷。

建设监理单位在保修期结束后,检查工程保修状况,移交保修资料。

施工单位按照保修全同证书对建设工程进行保修期回访和保修。

施工单位在施工期间及保修期内对建筑物进行沉降观测,并做好观测记录。

设计单位、施工单位对建设工程设计质量和施工质量终身负责,承担全寿命期内,建设工程质量事故相应的责任。

8.2 工程质量竣工验收备案综合评价

根据我国建设工程质量政府监督管理体制改革要求,在我国境内的建设工程项目实行竣工备案制度,这标志着我国建设工程质量政府监督管理已经从以前的实体质量监督,发展过渡到过程监督和体系监督新阶段,更加明确地确立了政府对建设工程质量监督管理机构的执法地位,明确了建设工程质量责任主体从事建设工程质量检查验收的责任和权力,从根本上保证了质量"谁设计谁负责,谁施工谁负责"的质量管理思想的有效落实。建设工程质量政府监督机构站在国家和公众利益的立场上对所有参与工程建设的各方主体的质量行为和活动结果实施全面、全过程、全方位的监督管理,其实现的过程则是通过对监督登记的把关,质量行为的监督,质量体系运作的检查,关键部位实体质量的巡回复查和竣工备案登记的把关,竣工备案登记与否成为建设工程准否使用的分水岭，它直接关系到建设工程项目能否安全可靠地使用，是否能维护国家和公众建设工程质量利益。为此，认真、科学、合理、准确地把握建设工程质量竣工备案登记，无疑成为建设工程质量政府监督机构的核心工作，也是维护建设工程安全使用的重要手段，有效实施建设工程质量竣工备案制度是一个贯穿建设工程质量形成全过程监督的主要任务，是建立在对建设工程质量形成过程中的质量行为和活动结果的全面、科学评价的基础上的，是一个多因素综合性的质量体系评价。只有这样，才能保证评价的准确性，全面、严格地把握建设工程质量是否备案的科学尺度和准则，实现建设工程质量政府有效监督。

8.2.1 实施工程质量竣工备案评价的目的

政府监督的核心是评价。建设工程质量竣工备案评价就是建设工程质量政府监督机构根据建设工程项目全过程质量监督情况和业主提交的竣工备案资料，对建设工程质量是否符合国家有关法律、法规、强制性标准以及合同文件规定的质量能力要求，做出合乎理性和逻辑的客观综合判断，进而做出能否交付使用的决定，实现政府对建设工程竣工交付使用的把关。

评价的目的就是确保竣工投入使用的建设工程能够满足国家和公众对建设工程质量能力的基本需要，确保建设工程安全投入使用，维护建设工程质量整体利益，实现建设工程质量政府有效监督。能否科学准确地做出竣工备案评价，关系到国家建设工程质量相关法律、法规和强制性标准能否全面贯彻落实，基本质量能力、标准、要求能否圆满达到，关系到客观评价建设主体建设活动和工作业绩，推动建设市场主体规范、健康、良性地发展，关系到国家和公众建设工程质量利益能否全面实现，关系到人民的生命财产安全。积极有效的客观评价，将有利于推进建设主体的建设活动和质量行为，规范建设市场秩序，推动建设工程质量整体水平的不断提高，从根本上保证和维护建设工程使用安全，杜绝或减少质量恶性事故的发生，有效地实现国家和公众建设工程质量利益。否则，就会要么把关过严，打击和影响各建设主体规范建设活动和质量行为、健全质量保证体系并使其有效运转的自觉性和能动性，阻碍建设市场有序健康良性发展，增加今后质量监督工作的难度；要么把关不严，使不具备基本质量要求的项目竣工交付使用，使国家和公众建设工程质量利益受到损失，甚至在投入使用过程中造成恶性质量事故，使人民的生命财产遭受损失。同时，不能有效地扼制建设主体的不良的质量行为和建设活动，不利于建设市场的健康发展，不能真正起到政府监督的作用——实现建设工程质量利益的社会公正，即公正地处理各参建主体的质量利益的矛盾。因此建设工程质量竣工备案的评价必须严格程序，规范制度，保证评价结果的客观公正，科学准确。

8.2.2 工程质量竣工备案评价的意义和作用

(1) 全面评价工程项目质量水平，促进整体质量水平不断提高

对建设工程项目竣工备案实现质量能力综合评价制度，是全面考核参建各主体质量行为和活动结果的过程，竣工备案的评价是渗透于建设工程质量形成的全过程的全面综合评价，是对建设工程项目质量能力能否满足有关质量法律、法规和标准的一种客观公正的评判，是对拟交付使用的竣工工程质量水平的全面、综合的客观定论，规范实施竣工备案评价制度，必将从另一侧面促进建设各主体规范建设活动和质量行为，严格全过程的质量管理，健全质量保证体系，加强质量管理，增强质量保证能力，提高自身和整体的质量效益，以避免最终评价不能备案对各方造成的经济利益和声誉的损失，进而推进建设市场要素的改善、市场行为的规范和市场机制健康良性的发展，提高建设工程质量整体保障能力和水平，实现建设工程质量的持续稳定发展。

(2) 规范政府监督行为，提高工程质量政府监督的有效性

我国建设工程实行竣工备案制度是对拟投入使用的建设工程项目质量能力的政府把关，掌握能否竣工备案登记的权力机构就是受政府建设行政主管部门委托的建设工程质量政府监督机构，政府建设工程质量监督机构肩负着执法监督、把关质量能力的神圣职责，如何履行好这种职责，确保竣工备案制度的有效性，就必须从抓好政府监督机构的竣工备案评价抓起，使是否准予备案的决定建立在科学可靠的评价基础上，建立健全建设工程质量竣工备案制度，就是要从竣工备案评价的因素、评价的过程、评价的总结、评价的人员着手，全面规范评价程序和评价内容，使评价结果能全面准确地反映建设工程质量水平，全面反映建设工程质量形成的全过程，将各参建主体的质量行为、质量转化过程和质量活动结果统统纳入竣工备案评价之中，实现建设工程质量竣工备案评价的全过程管理，把过程质量行为、质量体系运作和实体质量结果相结合，对建设工程质量能力做出全面综合、客观公正的评价。建设工程质量竣工备案评价制度的建立和完善，必然规范了建设工程质量政府监督机构竣工备案登记的行为，使准予否登记建立在科学评价的基础上，有根有据，竣工备案评价制度的落实，也使监督工程师有效履行备案签字有了可靠的依据，把集体的智慧和决策科学地运用到备案登记签字的过程中，增强了监督的权威性，提高了建设工程质量政府监督的科学有效性，从根本上保证了建设工程的安全使用。

(3) 有效维护国家和公众工程质量利益，确保建设工程安全使用

建设工程政府监督管理的目的就是要保证影响建设工程社会质量问题的地基基础、主体结构安全和环境质量，提高建设工程整体质量，维护国家和公众

的建设工程质量利益。实现这一目的的首要前提就是建设工程安全使用，若竣工备案不进行全面综合的评价，就有可能形成监督机构的备案登记流于形式，拍脑袋，凭感觉，走后门，人情登记，监督机构就不能很好地实现维护国家和公众建设工程质量利益的职责，就有可能把一些没有达到基本质量目标和能力要求的工程签字准予登记，投入使用，就有可能造成国家和公众质量利益的损失，甚至酿成恶性质量事故，危及国家和人们的生命财产安全。因此，要有效实现政府建设工程质量监督管理的目标，就必须严格竣工备案登记制度，规范竣工备案登记行为，建立健全竣工备案评价体系和评价制度，把好竣工备案登记关，确保建设工程相关法律、法规和强制性标准在建设过程中全面贯彻落实，切实保证竣工交付使用的建设工程满足和符合建设工程质量能力和水平的基本要求，保证建设工程安全使用。

(4) 有利于公正地调节建设主体的利益关系，激励建设主体以质量求生存，提高质量意识，增强质量效益

建设工程质量竣工备案评价是全面综合评价建设主体质量行为和活动结果的动态过程，涉及各个参建主体的质量行为，包括所有质量活动和质量体系的运作在内，评价的过程是考评各主体工作绩效的过程，把各主体的质量活动及其结果纳入评价的内容，使评价与绩效考核相结合，评价与主体资信管理系统相结合，把评价的子因素纳入各主体资信业绩登记系统，评价与不良行为记录管理相结合，有利于激励建设主体提高质量意识，健全质量保证体系，树立质量效益观念，加大质量投入，进而实现了公正调节主体之间质量利益，实现建设工程质量整体效益最大化。

(5) 检验质量能力评价的科学性，改善能力评价系统和评价过程，提高能力评价的准确性，促进监督效益的提高

建设工程质量竣工备案评价是全面综合的质量评价，包括建设工程项目质量实施能力评价的全部内容，也是对实施能力评价的后评估，通过竣工备案评价，发现实施能力评价中的问题和缺陷，可以改进评价系统，提高评价的科学性。

8.2.3 工程质量竣工备案评价的主要内容和指标体系

(1) 影响工程质量的主要因素

建设工程质量是指建设工程的新建、扩建和改建满足国家现行的有关法律、法规、技术标准、设计文件及工程合同中对建设工程的安全、使用、经济、美观等特性的综合要求的能力之总和。它是通过建设主体的建设活动所形成的工程项目满足用户从事生产、生活所需的功能和使用价值，应符合有关规

范和合同规定的质量标准，它是一种能力，是通过所有建设主体的建设活动所形成的能力，包含勘察设计质量、施工质量、使用维护质量以及相关主体监督管理工作质量的所有内容。若以直接与间接形成能力之分，勘察设计主体、施工主体、材料、设备生产供应主体、使用主体是质量能力形成的直接生产者，他们的建设活动和活动结果是影响建设工程质量的直接内在因素和生产力。业主、监理和检测主体以及相关建设环境因素，他们的建设活动及其活动结果是通过直接主体的建设行为起作用的，是间接影响因素，是外因。全部建设过程中的所有主体的建设活劳动和物化劳动的过程都在对建设工程质量的形成产生影响，与这些活动相关的所有因素都是建设工程质量的影响因素，主要包括勘察设计主体、施工主体质量行为及活动结果，材料、设备生产供应主体的质量行为及活动结果，监理主体、业主主体和检测主体的质量监督管理行为。

(2) 工程质量竣工备案评价的主要内容

建设工程产品质量的评价。产品质量包括设计质量和施工质量两部分，设计质量的评价主要以设计文件、设计审查和设计变更三个方面评价设计对于建设工程质量形成过程中的规划能力和作用。施工质量是对建设工程实体形成中满足和符合有关国家法律、法规和强制性标准、设计文件及合同规定要求的程度的界定表述，施工质量的评价应包括验评等级、验评人员、验评资料和验收程序四个方面，既包括由业主组织相关人员对建设工程质量验收评定的等级，又充分考虑验收本身的能力和过程，评定等级的可靠程度依赖于验收人员的素质、能力和水平，依赖于验收人员的验收行为是否规范，因此以这四个方面评价施工质量情况具有合理性。

建设工程物质基础质量的评价。建设工程实体质量的形成很大程度上取决于建设工程所用设备、材料的质量，物质质量是建设工程质量形成的基础，也是实体质量生产过程中投入质量的主要内容，评价建设工程所有设备、材料质量可以通过三个方面的活动给予合理全面的整体把握，一是参与工程建设的设备、材料供应主体的质量体系及质量行为和设备、材料生产主体的质量信誉和资质；二是现场设备材料的检查验收行为，主要是见证检验过程是否规范；三是承担建设工程质量检验的独立的监测机构的资质、质量保证体系和质量行为的评价。

建设工程质量监督过程的评价。建设工程质量竣工备案是否符合要求，通过对其物质基础质量和产品质量的评价，是对建设工程质量竣工备案的客观把握，现场监督人员对建设工程质量形成过程中的监督内容，是站在政府监督机构自身角度上的主观把握，主观和客观结合起来，能够较完整地反映建设工程质量能力的全貌，能科学准确地把握能否竣工备案登记的准则。监督过程的评价包括两大部分：一是行为质量的监督，主要反映建设过程中各参与建设主体建设活动的过程，包括直接生产主体的勘察设计、施工单位的质量保证体系是否健全完善、良性运作，质量投入和转化过程是否达到规定的要求，内部质量检查与管理制度是否有效落实，质量行为是否规范。和参与建设工程直接监督管理的业主、监理单位的质量监督管理体系是否建立，监督管理制度是否落到实处，质量行为是否规范，这是从建设活动的过程通过对建设工程质量监督管理体系两个方面把握建设工程质量的，体现我国建设工程质量政府监督已经从以实体质量把关升级到过程和体系监督为主的较高级的监督管理阶段，是从源头上监督保障建设工程质量的有效手段。二是实体监督，质量活动、质量行为、质量保证体系的运转是否符合规定的标准，不是在会议桌上的交谈、汇报可以把握的，需要通过生产实践过程中验证，对实体质量监督的主要目的也是通过重点、关键部位的监督和不定时的现场巡回检查监督相结合，有效实现质量行为规范化的监督和质保体系有效运作的监督。主要通过地基基础质量的监督、主体结构质量的监督和建设工程环境质量的监督，以点带面，反映建设工程质量的生产过程和质量水平，这是建设工程质量政府监督有效性的必然途径。

（3）工程质量竣工备案评价指标体系

通过对建设工程质量形成影响因素的分析，揭示了建设工程质量竣工备案评价的三个方面内容：生产质量评价、物质质量评价和监督质量评价，把这些内容按层次结构分类归纳起来就形成了建设工程质量竣工备案评价的指标体系，如图8-1所示。

8.2.4 工程质量竣工备案评价方法

建设工程质量竣工备案评价是对以上指标体系中所有影响其质量形成的因素的综合评判，这些因素绝大多数都是模糊变量，很难找到精确的数学关系式来衡量它们对工程质量能力的影响程度。由于这些因素的评价具有模糊性，从而其评价的过程和结果也是具有模糊性，模糊数学能为这类模糊问题的定量化提供数学语言和量化方法，给建设工程质量竣工备案评价的科学性提供可靠的数学工具。综合评价是指对多种因素所影响的事物或现象进行总的评价，若在评价过程中涉及模糊因素，便称作模糊综合评价，模糊评价方法就是把模糊数学应用到判别事物和系统优劣领域的新方法，根据给出的评价标准和实测值，经过模糊变换后对事物或系统做出综合评价。

（1）模糊综合评价法

模糊综合评价数学模型由三个要素组成，即因素集（或指标集）、评判集（或评语集）和构造模糊变换。因素集由所有影响评判目标的各因素组成；评判集是评价指标量化的准则；模糊变换是模糊综合评判的数学计算过程。模糊综合评价方法实现包括以下六个步骤：

①确定评价因素集 $U=\{U_i\}=\{U_1, U_2, \cdots, U_m\}$，$U_i(i=1, 2, \cdots, m)$ 表示对被评价事物有影响的第 i 个因素，通过这一步，可以建立评价指标体系，即确定各级的目标和影响因素，上一级的目标同时是下一级的影响因素，竣工备案评价指标体系如图 8-1 所示。

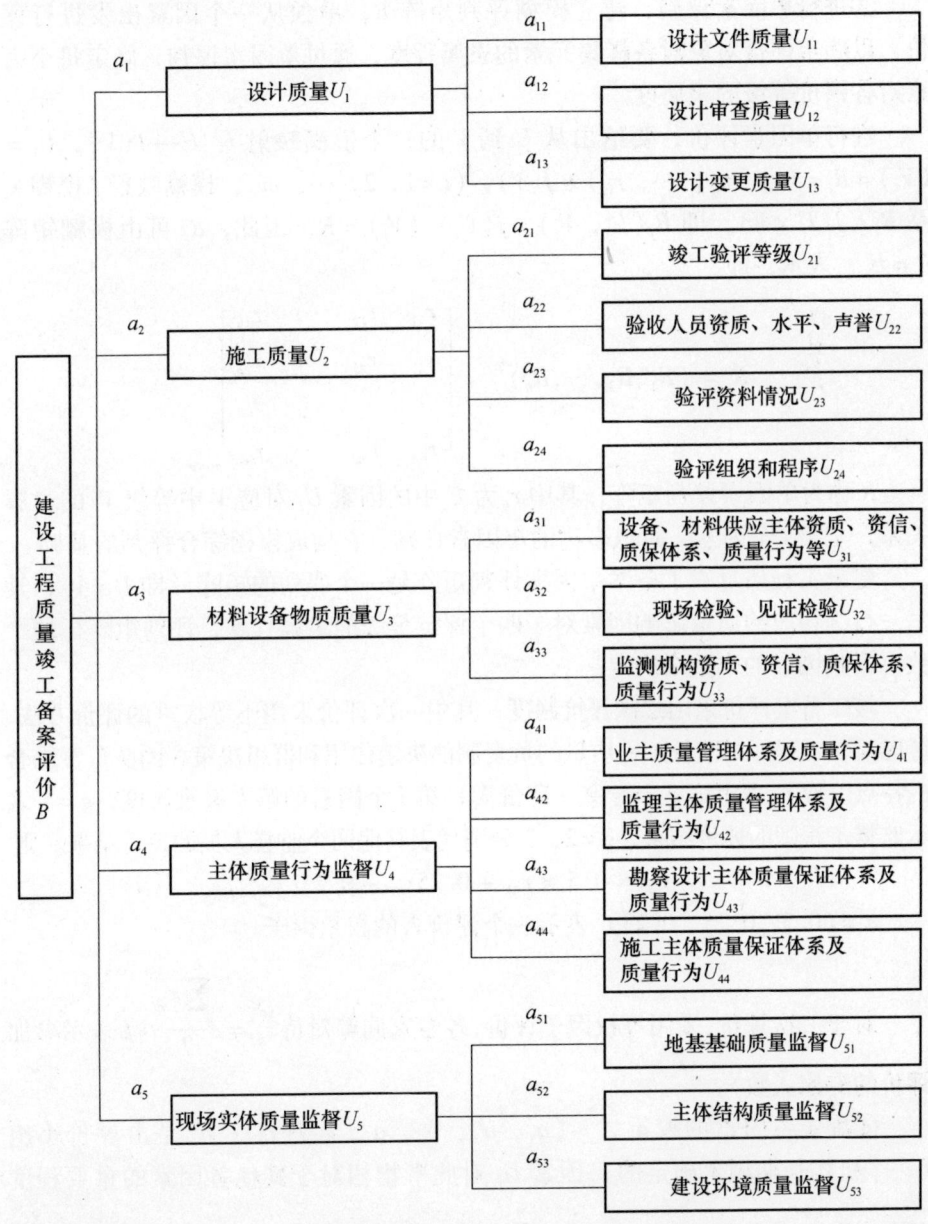

图 8-1　建设工程质量竣工备案评价指标体系

②确定评价集 $V=\{V_k\}=\{V_1, V_2, \cdots, V_p\}$，$V_k(k=1, 2, \cdots, p)$ 表示评价的第 k 个等级，在建设工程质量竣工备案等级综合评价中，评价集为 $V=$ {优，良，合格，不合格}，即 $k=4$，V_1 表示优，V_2 表示良，V_3 表示合格，V_4 表示不合格。

③进行单因素评判，建立模糊评判矩阵 R，单独从一个因素出发进行评价，以确定评价对象对备择集元素的隶属程度，通过单因素评判，确定每个因素对各评价等级的隶属度。

进行单因素评价，要给出从 U 到 V 的一个模糊映射 f：$U \rightarrow J(V)$，$U_i=(V_i)=R_i=(r_{i1}, r_{i2}, \cdots, r_{ip}) \in J(V)$，$(i=1, 2, \cdots, m)$，模糊映射 f 模糊关系 $R_i \in J(U \times V)$，即 $R_f(U_i, V_j)=f(U_i)(V_j)=R$，因此，$R_f$ 可由模糊矩阵 $R \in U_{m \times p}$ 表示，即

$$R=(R_1, R_2, \cdots, R_n)^T = \begin{bmatrix} r_{11} & r_{12} & \cdots & r_{1p} \\ r_{21} & r_{22} & \cdots & r_{2p} \\ & & \vdots & \\ r_{m1} & r_{m2} & \cdots & r_{mp} \end{bmatrix}_{m \times p}$$

R 称为单因素评判矩阵，其中 r_{ij} 为 U 中的因素 U_i 对应 V 中等级 V_j 的隶属关系，是第 i 个因素，对该事物的单因素评判，它构成模糊综合评判的基础。

建设工程质量竣工备案单因素评判矩阵是一个四列的矩阵（即 $P=4$），其每一行为相应的质量影响因素对于四个评定等级的隶属程度，评判矩阵行的个数由影响因素的个数来决定。

竣工备案评价采用二次评价制度，其中一次评价采用不等权重的评价方法、考虑监督工程师对监督工程质量的负责制的决定作用和群组决策、团队负责结合的特点。设 r_{ijk} 表示第 g 个专家（评价人）第 i 个因素的第 k 级隶属度，$g=1$ 表示监督工程师的评价结果，$g=2, 3$ 分别代表其他两个监督人员的评价结果。则

$$r_{ij}=0.5 \times r_{ij1}+0.25 r_{ij2}+0.25 r_{ij3}$$

$a=(0.5, 0.25, 0.25)$ 表示三个评价人的权重因子。

对于二次评价，采用等权因子评价，各专家同等对待 $r_{ij}=\dfrac{\sum\limits_{g=1}^{L} r_{ijg}}{L}$（$L$ 表示参加评价的专家人数）。

④确定各因素的权重 $A=(a_1, a_2, \cdots, a_n) \in J(U)$；$a_i$ 是由评价小组（一个机构长期积累确定的）因素 U_i 对此事物相对于其他各因素的重要程度（同一层次），一般 $0 \leq a_i \leq 1$，且 $\sum\limits_{i=1}^{m} a_i=1$，对于质量竣工备案评价而言，确

定权重 A，可用德尔菲法，层次分析法等，由于影响因素较多，采用层次分析法确定权重较为方便，因此选用层次分析法确定权重 A，根据 1~9 数量标度建立各层次上的判断矩阵，在满足一致性检验的条件下，其最大特征值所对应的特征向量就是该层次相对于上一层元素的权重向量，（层次分析法是由美国著名筹学家、匹兹堡大学教授 TL Soaty 于 20 世纪 70 年代中期提出的，是一种实用的多准则决策方法，本质上是一种决策思维方式）。使用层次分析法计算权重的过程如图 8-2 所示，层次分析法可分以下 5 个步骤：

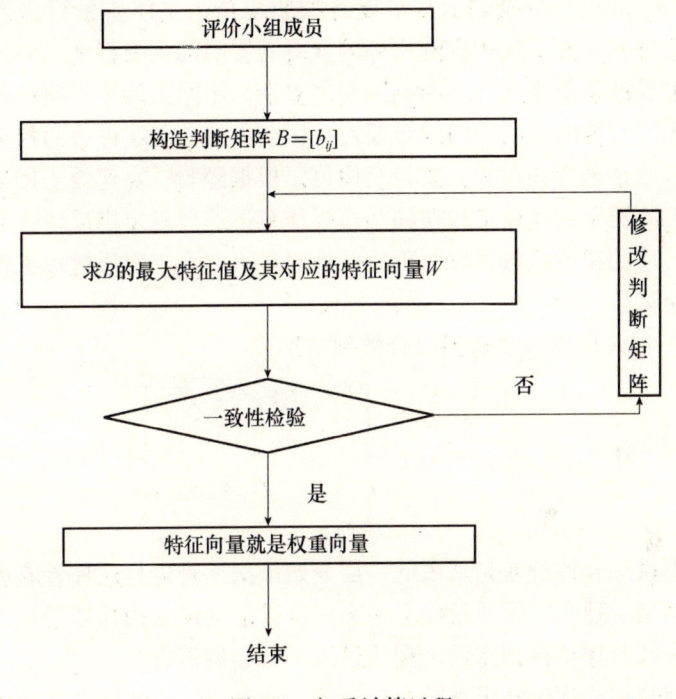

图 8-2 权重计算过程

第一步，建立描述系统功能或特征的内部独立递阶层次结构；

第二步，两两比较结构要素，构造出所有的判断矩阵；

第三步，解判断矩阵，得出特征值和特征向量，并检验每个矩阵的一致性。

第四步，若不满足一致性条件，则修改判断矩阵，直到满足为止；

第五步，计算各层次元素的组合权重，并检验结果的一致性（一般可不进行）。

权重的确定，就建设工程质量竣工备案评价所列指标体系而言，有两级：

一是第一层指标对评价目标的重要程度 A，$A=(a_1, a_2, a_3, a_4, a_5)$ 分别代表设计质量、施工质量、材料设备物质质量、主体行为质量监督和现场实体质量监督五个方面对建设工程质量竣工备案能力的相对重要程度。

二是第二层指标次因素对第一层指标的相对重要程度。可分别表示为 $A_1 = (a_{11}, a_{12}, a_{13})$。表示设计文件质量、设计审查质量、设计变更质量对设计质量影响的相对重要程度;$A_2 = (a_{21}, a_{22}, a_{23}, a_{24})$ 表示竣工验收等级、验收人员资质水平声誉、验收资料情况、验收组织和程序分别对施工质量评定影响的相对重要程度;同理:$A_3 = (a_{31}, a_{32}, a_{33})$,$A_4 = (a_{41}, a_{42}, a_{43}, a_{44})$,$A_5 = (a_{51}, a_{52}, a_{53})$ 分别表示材料设备物质质量、主体质量行为监督、现场实体质量监督三方面下各相应的指标因素对其影响的重要程度。

建设工程涉及范围之广,影响因素之复杂,不同类的工程项目各种指标因素的重要程度有着明显的不同的重要性。因此,竣工备案评价的权重确定,也是一个极其复杂多变的过程,监督机构可以根据经验,对建设工程类别进行归类,对于不同类别的建设工程在同一指标体系下选择确定出反映此类建设工程质量能力实质的权重系数,以便更准确地对各类建设工程质量竣工备案做出更可靠的科学评价。

⑤将 A 和 R 模糊合成得到综合评判结果 B

$$B = A \cdot B = [a_1, a_2, \cdots, a_m] \cdot \begin{bmatrix} r_{11} & r_{12} & \cdots & r_{1p} \\ r_{21} & r_{22} & \cdots & r_{2p} \\ & & \vdots & \\ r_{m1} & r_{m2} & \cdots & r_{mp} \end{bmatrix} = (b_1, b_2, \cdots, b_p)$$

多级模糊综合评价就是从最低一层开始依次反复进行这种合成运算,直至得到最终结果。建立工程质量竣工备案评价选定的评定指标体系是三个层次需要二级模糊综合评价得到建设工程质量竣工备案的等级。

⑥对模糊综合评价结果进行分析处理,使判定结果的信息清晰化,最终对被评价的对象做出判定。

(2) 工程质量竣工备案的二级模糊综合评价

①一级模糊综合评价

设按第 i 类中的第 j 个因素 U_{ij} 评判,评判对象隶属于备择集中第 k 个元素的隶属度 $r_{ijk}(i=1, 2, \cdots, m; j=1, 2, \cdots, n; k=1, 2, \cdots, p)$,则一级模糊综合评判的单因素评判矩阵为

$$R_i = \begin{bmatrix} r_{i11} & r_{i12} & \cdots & r_{i1p} \\ r_{i21} & r_{i22} & \cdots & r_{i2p} \\ & & \vdots & \\ r_{in1} & r_{in2} & \cdots & r_{inp} \end{bmatrix}$$

监督小组评价时 $r_{ijk} = 0.5r_{ijk1} + 0.25r_{ijk2} + 0.25r_{ijk3}$

监督机构二次评价时 $r_{ijk} = \dfrac{\sum\limits_{g=1}^{L} r_{ijkg}}{L}$

于是，第 i 类因素的模糊综合评判集为

$$B_i = A_i \cdot R_i = (a_{i1}, a_{i2}, \cdots, a_{in}) \cdot \begin{bmatrix} r_{i11} & r_{i12} & \cdots & r_{i1p} \\ r_{i21} & r_{i22} & \cdots & r_{i2p} \\ & & \vdots & \\ r_{in1} & r_{in2} & \cdots & r_{inp} \end{bmatrix} = (b_{i1}, b_{i2}, \cdots, b_{ip})$$

式中：$b_{ik} = \sum\limits_{j=1}^{n}(a_{ij}r_{ijk}); i = 1,2,\cdots,m; k = 1,2,\cdots,p$。

②二级模糊综合评判

二级模糊综合评判的单因素评判，应为相应的模糊综合评判

$$R = \begin{bmatrix} B_1 \\ B_2 \\ \vdots \\ B_m \end{bmatrix} = \begin{bmatrix} A_1 \cdot R_1 \\ A_2 \cdot R_2 \\ \vdots \\ A_m \cdot R_m \end{bmatrix}$$

$$B = A \cdot R = A \cdot \begin{bmatrix} A_1 \cdot R_1 \\ A_2 \cdot R_2 \\ \vdots \\ A_m \cdot R_m \end{bmatrix} = (b_1, b_2, \cdots, b_p)$$

式中：$b_k = \sum\limits_{j=1}^{m}(a_i r_{ik}); k = 1,2,\cdots,p$。

(3) 评价结果及其处理

①评价结果

经过二级模糊综合评价，最终得到建设工程质量竣工备案水平隶属于优、良、合格、不合格四个等级的隶属度。

若规定 $B_p = \sum\limits_{k=1}^{p} b_k \geqslant 70\%$ 为评价结果等级（$k,p = 1,2,3,4$），则 $B_p \geqslant 70\%$ ($p = 1,2,3,4$) 时，该工程质量竣工备案水平属于第 p 级。

②评价结果的处理

一次评价小组——监督小组评价，若隶属于合格等级即是，$B_3 = \sum\limits_{k=1}^{3} b_k \geqslant$

80%,准予竣工备案登记;$B_3 = \sum_{k=1}^{3} b_k < 70\%$,不予竣工备案登记,通知业主组织相关主体进行必要的整改,重新进行竣工验收后再二次进行竣工备案登记。

若一次监督小组评价结果,隶属于合格等级即 $70\% \leqslant B_3 = \sum_{k=1}^{3} b_k < 80\%$ 时,为了慎重处理,体现监督机构法人负责制的特征,由监督机构组织包括项目监督工程师在内的 3～5 人专家,在考察现场、查阅资料的基础上,进行二次竣工备案综合评价。若二次评价结果,隶属于合格等级 $B_3 = \sum_{k=1}^{3} b_k \geqslant 70\%$,准予备案登记;若 $B_3 = \sum_{k=1}^{3} b_k < 70\%$,不予竣工备案登记,通知业主组织相关建设主体进行必要的整改,重新组织竣工验收后,再一次进行竣工备案登记,直接由监督机构组织的专家组进行再次评价。

8.2.5 工程质量竣工备案评价的功能及特点

(1) 工程质量竣工备案评价的基本功能

①反映功能

建设工程项目质量竣工备案评价是以监督工程师为主的参与监督人员对建设工程质量水平的综合评价,是基于一线监督工作者群体的综合看法,比较客观地反映建设工程质量的实际水平,反映建设工程项目竣工是否具备质量能力的基本要求,是否满足竣工备案条件,是否准予投入使用,它是监督机构和社会认识建设工程质量水平的基础。竣工备案综合评价的基础是对全过程监督结果的总结,注重监督过程中的相关信息和资料的收集与积累,是客观准确评价的前提。竣工备案签字实行两级负责制,即项目监督工程师负责制和监督机构法人负责制,因此,反映建设工程质量水平的竣工备案评价也应该体现二级负责制的特征。一是以监督小组为主的基础评价,充分体现项目监督工程师在评价中的权威作用,给予项目监督工程师评价分值较高的权重,监督人员较小的权重。共同评价,集体决策,大家参与,全面反映建设工程质量水平,然后,确定是否准予备案登记。二是监督小组评价结果介于不能完全肯定的分界线时,为了体现监督机构法人负责制的原则,有必要重新组织 3～5 人专家(包括项目监督工程师在内)对建设工程项目进行现场勘察,对业主提供的备案资料和对监督过程的记录再分析,然后共同进行综合评价,最后确定是否具备备案登记的条件,这样的评价,是对建设工程质量水平的较为客观、科学的反映,也是对各建设主体建设活动、质量行为、建设业绩和质量保证体系的综合评价,它具有反映建设工程质量本身和建设质量活动过程的两重作用。

②监测功能

评价的过程本身就是全过程监测建设工程质量水平和建设主体质量活动的过程,是代表政府从事质量监督的专业技术人员,站在国家和公众利益的基础上,对涉及和影响建设工程质量能力和水平的指标因素的主观智能测评,检测的可靠性、准确性依据于监督人员工作的认真程度、经验和水平,是具有权威性的判断,有效实现监测功能,就必须提高监督人员的素质、技能和水平,增强监督人员执法监督的意识,树立公正、科学、负责的监督态度,准确客观地把握检测的准则和尺度,提高评价的科学性,提高建设工程质量政府监督的有效性。

③比较功能

建设工程质量竣工备案评价的目的就是要科学合理地判定竣工工程质量水平和能力能否满足国家有关法律、法规和强制性标准的要求,从大的划分,它具有准予备案登记和不准予备案登记之分,严格地区分了具备基本质量能力和不具备基本质量能力的工程,具有明显的可比较性。从细化的角度分析,经过模糊评价,可以给出每个工程满足评定准则条件下的模糊评语等级,不同等级具有比较性。再者,评价本身的过程就是比较的过程,一是比较评价指标体系中每个指标各个工程的满足程度,给出相应的评价分值。二是潜在地存在着拟评价的工程对标准的满足程度和对评价人基于经验积累的准则比较满足的程度。评价的结果公布于众,同时也给公众和用户提供比较和选择的依据,以更合理的理性判断建设工程项目质量能力和质量价值。

(2) *工程质量竣工备案评价的特点*

①具体性

建设工程质量竣工备案评价的具体性体现在以下三个方面:一是评价的标的物是业主提交竣工备案资料和文件的具备竣工交付使用的建设工程项目,是具体特定的。包括该项目本身的基本属性,项目产品的质量,项目所在地的环境条件都是可及物,是事实。二是评价人员和评价过程是具体的,评价人员是参与该项目监督的监督工作人员和受监督机构法人委托的专家组人员,评价的过程是针对该项目对评价各项指标的满足程度的测评,是具有具体针对性特征的。三是评价的结果具有具体确切的标准,根据评价准则,确定评价结果的隶属等级,判定是否可以竣工备案登记,履行竣工备案签字手续,这个结论也是有具体针对性的,并且产生实际的价值。

②模糊量化性

建设工程质量竣工备案评价是基于业主组织竣工验收基础上的再次综合考评,是从总体上对其质量水平和能力的综合性把握,评价指标体系中的每个指标都难以给出准确的数值标准,是一个模糊的概念,是通过基于专家经验的模糊量化给予赋值的,通过模糊量化,使其没有数值的指标转化为可度量比较的相对取值指标,量化是综合评价的重要手段,是通过数学方法的合理应用,实现评价过程和评价结果的定量化,并通过现代化计算机手段作为量化分析评价的决策支持系统,为这种量化方法的实际应用和操作提供可能性、方便性和准确性,为有效评价奠定基础。

③解释说明性

建设工程质量竣工备案评价中应用模糊综合评价方法给出了各个评价指标评语集,测评数据的综合评价结果都具有给定的评语集的明确内涵,具有解释说明的特征,它是监督人员和专家对建设工程质量的综合认识,是质量水平和能力的数学表述和反映,通过一系列的比较、分析、运算,阐述建设工程质量能力和水平,通过评价,为监督机构进行能否竣工备案登记科学决策提供决策支持,也为公众和用户认识建设工程质量水平提供可靠的解释性参考。

④时间性

建设工程质量竣工备案评价的时间特征体现在两个方面:一方面是评价的时间界定是以业主提交竣工备案报告当日起,在规定期限内(7天),对建设工程项目是否具备竣工备案登记的条件做出综合性的评价;另一方面是评价指标中的规定标准是指现行规定的标准,具有时间性,不同时代,随着技术进步和建设水平的整体提高,其标准规定会赋予新的时代特征的要求,体现时代建设水平,反映时代质量能力需求。

⑤综合性

建设工程质量能力受多阶段、多因素影响,是所有建设主体各建设阶段建设活动的物化劳动和活劳动结果的总和,反映建设工程满足安全、使用、经济、美观等特性的综合要求的能力,建设工程质量竣工备案评价指标体系涵盖了产品质量、物质质量、行为质量等五个方面,是综合因素评价的结果,这有效地反映了建设工程质量形成过程的本质特征和建设工程质量政府全过程、全面、全方位监督的要求,是全过程、多因素的竣工备案评价,综合反映建设工程质量能力和水平。经过综合分析、测评、评价、运算,最后给出建设工程质量水平的等级,它是基于监督人员全面掌握建设工程质量形成过程的基础上,赋值于监督人员实践经验的主观综合判断,是代表政府对建设工程项目是否准予投入使用的决策判断,具有执法的权威性和解释说明的可靠性。

8.2.6 评价组织与评价运行机制

（1）评价组织

监督机构选定专家小组与监督小组评价相结合，以监督小组基于亲身监督实践的评价为基础，实行有选择的二级评价组织机构，对于监督小组评价结果属于合格以上的隶属度之和≥80%的，完全确定具备备案登记资格，对于监督小组评价结果属于不合格的，即合格以上的隶属度之和<70%的，完全确定不具备备案登记资格，这两种情况均实行一次评价制度。对于监督小组评价结果为≥70%且<80%的，为不完全确定备案登记资格，由监督机构指派包括项目监督工程师在内的3~5人专家小组，通过复审、复验进行二次评价，二次评价结果属于合格以上的隶属度≥70%，准予备案，若<70%，不准予备案登记。

（2）评价人员

评价人员由两部分组成，以监督小组为中心的一次评价人员，由项目监督工程师为主评人的、包括两名监督人员的3人组成，并赋予主评人评分值较大的权重，体现监督工程师负责制在评价中的地位和责任，一般可采用（0.5，0.25，0.25）的权重系数。以包括项目监督工程师在内的专家小组复审评价，即二次评价，一般可有3~5名专家，采用等权重系数考虑每位专家的赋值，充分体现每位专家的独立性和群体决策特征。评价人员的基本要求有两个：一是专业化，评价人员应由具有丰富工程实践经验的专业人士组成，熟悉评价指标体系和评价方法，能够较准确地把握评价准则和评价的尺度，精通评价程序和过程，评价工作认真负责；二是亲身参与建设工程项目质量监督的全过程，体现评价的客观、公正和真实可靠性。

（3）评价依据

评价的依据包括三个方面：一是限定在已确立的评价指标体系基础上的评价；二是建立在专家讨论基础上的已拟定的评价细则分值的基础上的尺度把握；三是各种因素评价以当地当时建设水平、建设环境为基本条件，满足标准的时代要求和特征。

（4）评价制度和运行机制

①评价的原则

一是综合评价的原则。就是全面考虑评价指标体系和全过程质量行为的综合因素，综合考虑各个监督人员的主观判断，实行群体决策评价。

二是以人为本的原则。评价的过程要充分发挥人的能动性，体现人的智慧和意志；评价的因素要把主体质量行为中的人的质量行为作为重点，以人的工作高质量和质量监督管理体系的高效运转保证建设工程质量的有效实现。

三是客观公正的原则。评价的过程和结果都必须充分体现客观公正性，只有客观公正的评价才能真正树立起政府监督的权威性，才能有效实施执法监督，确保建设工程质量。客观公正性的特征要求评价人员以监督实践积累为依据，以客观事实和有关法律、法规和强制性标准为准绳，以独立的执法监督为评价的前提，不能把个人的偏见带到评价过程中，再就是充分发挥群体决策、共同评价的评价原则，尽量减少和避免评价中的极端个人主义和偏见。

四是时间界定的原则。这和评价的时间性特征密切相连，在规定的时间期限内进行评价，依据现时的评价准则和标准把握评价准则和尺度。

五是简捷实用的原则。这主要指评价指标体系的建立既要全面反映拟评定内容的实质，又要简要概括，具有广泛的代表性，评价的方法既要科学准确，又要方便使用，便于操作，便于评价人员掌握。

②完善评价制度

规范评价程序，制定评价人员的职责，规定评价的时间和期限，建立评价公示制度，开展评价人员定期培训制度，完善评价人员对评价结果的签字负责制度，规范评价人员考核制度，等等。

③评价手段计算机化

利用计算机实现评价过程计算是保证评价准确性和客观公正性、减少评价计算过程烦琐手工劳动的重要手段，也是保证评价方法适用性和可操作性的前提条件，通过计算机程序把评价计算过程实现自动化，减少人工计算的误差和偏差，避免人为因素随意更改评价结果的可能性，提高评价的效率和评价的有效性。

④评价运行机制

建设工程质量竣工备案评价涉及竣工工程能否投入使用的关键决策，准确地把握尺度和准则是有效维护国家和公正建设工程质量利益，公正保护建设主体质量利益的关键环节，因此，对于评价结果介于能否备案登记的边界区域，实现二次复审评价制度，对于确定性的评价结果实现监督小组评定制度，既充分体现实践第一线监督人员的监督权力，又能保证评价结果的客观公正性，以一次评价为基础，实行二次复审评价制度，是一种有效的评价运行机制。

建设工程质量政府监督管理的核心是评价，建设工程质量竣工备案评价是有效实现政府监督管理评价功能，可靠履行备案监督责任的有效方法。通过综合评价，准确把握准予备案登记的条件和准则，实现建设工程质量政府监督管理的目的——有效地维护建设工程质量的国家和公众利益，确保建设工程安全使用和环境质量。综合评价的过程是体现政府监督管理以过程监督和体系监督为主，通过质量行为过程的规范和质量保证体系的健全与有效运转，有效地实现建设工程质量能力和标准，提高建设工程质量的整体水平，全过程监督和综合评价的过程也是建设工程质量政府监督机构和监督人员高效服务于建设工程实施的过程，在维护国家和建设工程质量利益不受损失的前提下，促进各方主体规范建设行为，健全质量体系，增强质量意识，提高质量能力，公正地调节参建各主体的建设工程质量利益，减少质量不合格、不具备备案条件给建设工程各主体带来的质量利益损失，在服务于国家和公众的同时，更好地服务于建设全过程，服务于建设各主体，通过监督评价实现良性互动，促进建设工程质量水平整体提高。

竣工备案评价不等于质量等级的核验，它是独立公正的第三方执法监督的综合评价，是对质量水平和能力的总体把握，承担质量监督责任，质量等级核验则是质量责任主体的质量评定行为，直接承担质量行为责任；竣工备案评价不仅是履行登记程序，是监督机构在质量监督全过程的基础上对质量水平和能力的综合分析评价；竣工备案评价不是为了关卡建设主体，而是有效履行监督机构监督职责的一种有效的手段和方式；竣工备案评价的关键环节是建立科学合理的评价体系和评价的详细准则之上的，并给评价指标赋予合理的取值范围，减少评价过程中的人为因素的影响，以有效地实现竣工备案评价的目标，全面准确地把握建设工程质量水平，确保建设工程的使用安全和环境质量。

8.3 工程质量竣工备案综合评价案例应用分析

8.3.1 案例背景

某监督机构根据拟监督建设工程项目实施能力评价结果和项目本质特征，选定由1名监督工程师负责的三人监督小组，对某项目实施全过程质量监督，经过一年半实施建设后，由项目业主组织相关人员进行了竣工备案验收，并按规定要求向监督小组报送了竣工备案相关资料，申请竣工备案登记。

项目监督工程师接到业主报送的竣工备案资料后，组织监督人员，在审查资料的基础上，结合一年半监督实践记载，对该项目是否具备备案条件进行模糊综合评价。

8.3.2 评价实施过程

监督机构根据该项目类别和特征,已经积累了该类工程进行二级模糊综合评价的权重系数,分别为 $A = (0.15, 0.25, 0.15, 0.25, 0.2)$;$A_1 = (0.4, 0.4, 0.2)$,$A_2 = (0.3, 0.3, 0.2, 0.2)$,$A_3 = (0.3, 0.3, 0.4)$,$A_4 = (0.3, 0.2, 0.2, 0.3)$,$A_5 = (0.4, 0.3, 0.3)$。

根据监督项目监督工程师负责制的原则,监督三人小组评价权重因子为 $a = (0.5, 0.25, 0.25)$,则评价结果为 $r_{ij} = 0.5 r_{ij1} + 0.25 r_{ij2} + 0.25 r_{ij3}$,其中 r_{ij1} 表示监督工程师对评价指标 U_{ij} 隶属于评语集的评价结果,r_{ij2},r_{ij3} 分别代表其他两位监督员对评价指标 U_{ij} 隶属于评语集的评价结果,r_{ij} 表示监督小组最终对评价指标 U_{ij} 隶属于评语集的评价结果。根据三个人各次对 U_{ij} 的评价,计算得监督小组评价结果为:

$$r_{11} = (0.4, 0.4, 0.2, 0), \quad r_{12} = (0.3, 0.5, 0.1, 0.1),$$
$$r_{13} = (0.2, 0.4, 0.3, 0.1); \quad r_{21} = (0.2, 0.4, 0.4, 0),$$
$$r_{22} = (0.3, 0.4, 0.2, 0.1), \quad r_{23} = (0.4, 0.4, 0.2, 0),$$
$$r_{24} = (0.3, 0.4, 0.2, 0.1); \quad r_{31} = (0.2, 0.2, 0.4, 0.2),$$
$$r_{32} = (0.3, 0.4, 0.2, 0.1), \quad r_{33} = (0.2, 0.3, 0.3, 0.2);$$
$$r_{41} = (0.2, 0.3, 0.4, 0.1), \quad r_{42} = (0.1, 0.3, 0.4, 0.2),$$
$$r_{43} = (0.1, 0.4, 0.3, 0.2), \quad r_{44} = (0.2, 0.4, 0.3, 0.1);$$
$$r_{51} = (0.3, 0.4, 0.2, 0.1), \quad r_{52} = (0.2, 0.3, 0.4, 0.1),$$
$$r_{53} = (0.1, 0.3, 0.4, 0.2)。$$

则一级模糊综合评价的单因素评判矩阵分别为:

$$R_1 = \begin{bmatrix} r_{11} \\ r_{12} \\ r_{13} \end{bmatrix} = \begin{bmatrix} 0.4 & 0.4 & 0.2 & 0 \\ 0.3 & 0.5 & 0.1 & 0.1 \\ 0.2 & 0.4 & 0.3 & 0.1 \end{bmatrix} \quad R_2 = \begin{bmatrix} r_{21} \\ r_{22} \\ r_{23} \\ r_{24} \end{bmatrix} = \begin{bmatrix} 0.2 & 0.4 & 0.4 & 0 \\ 0.3 & 0.4 & 0.2 & 0.1 \\ 0.4 & 0.4 & 0.2 & 0 \\ 0.3 & 0.4 & 0.2 & 0.1 \end{bmatrix}$$

$$R_3 = \begin{bmatrix} r_{31} \\ r_{32} \\ r_{33} \end{bmatrix} = \begin{bmatrix} 0.2 & 0.2 & 0.4 & 0.2 \\ 0.3 & 0.4 & 0.2 & 0.1 \\ 0.2 & 0.3 & 0.3 & 0.2 \end{bmatrix} \quad R_4 = \begin{bmatrix} r_{41} \\ r_{42} \\ r_{43} \\ r_{44} \end{bmatrix} = \begin{bmatrix} 0.2 & 0.3 & 0.4 & 0.1 \\ 0.1 & 0.3 & 0.4 & 0.2 \\ 0.1 & 0.4 & 0.3 & 0.2 \\ 0.2 & 0.4 & 0.3 & 0.1 \end{bmatrix}$$

$$R_5 = \begin{bmatrix} r_{51} \\ r_{52} \\ r_{53} \end{bmatrix} = \begin{bmatrix} 0.3 & 0.4 & 0.2 & 0.1 \\ 0.2 & 0.3 & 0.4 & 0.1 \\ 0.1 & 0.3 & 0.4 & 0.2 \end{bmatrix}$$

经模糊合成计算，一级模糊综合评价结果分别为：

$$B_1 = A_1 \cdot R_1 = (0.4, 0.4, 0.2) \begin{bmatrix} 0.4 & 0.4 & 0.2 & 0 \\ 0.3 & 0.5 & 0.1 & 0.1 \\ 0.2 & 0.4 & 0.3 & 0.1 \end{bmatrix} = (0.32, 0.44, 0.18, 0.06)$$

$$B_2 = A_2 \cdot R_2 = (0.3, 0.3, 0.2, 0.2) \begin{bmatrix} 0.2 & 0.4 & 0.4 & 0 \\ 0.3 & 0.4 & 0.2 & 0.1 \\ 0.4 & 0.4 & 0.2 & 0 \\ 0.3 & 0.4 & 0.2 & 0.1 \end{bmatrix} = (0.29, 0.4, 0.26, 0.05)$$

$$B_3 = A_3 \cdot R_3 = (0.3, 0.3, 0.4) \begin{bmatrix} 0.2 & 0.2 & 0.4 & 0.2 \\ 0.3 & 0.4 & 0.2 & 0.1 \\ 0.2 & 0.3 & 0.3 & 0.2 \end{bmatrix} = (0.23, 0.3, 0.3, 0.17)$$

$$B_4 = A_4 \cdot R_4 = (0.3, 0.2, 0.2, 0.3) \begin{bmatrix} 0.2 & 0.3 & 0.4 & 0.1 \\ 0.1 & 0.3 & 0.4 & 0.2 \\ 0.1 & 0.4 & 0.3 & 0.2 \\ 0.2 & 0.4 & 0.3 & 0.1 \end{bmatrix} = (0.16, 0.35, 0.35, 0.14)$$

$$B_5 = A_5 \cdot R_5 = (0.4, 0.3, 0.3) \begin{bmatrix} 0.3 & 0.4 & 0.2 & 0.1 \\ 0.2 & 0.3 & 0.4 & 0.1 \\ 0.1 & 0.3 & 0.4 & 0.2 \end{bmatrix} = (0.21, 0.34, 0.32, 0.13)$$

则二级模糊综合评价的单因素评判矩阵别为：

$$R = \begin{bmatrix} B_1 \\ B_2 \\ B_3 \\ B_4 \\ B_5 \end{bmatrix} = \begin{bmatrix} 0.32 & 0.44 & 0.18 & 0.06 \\ 0.29 & 0.4 & 0.26 & 0.05 \\ 0.23 & 0.3 & 0.3 & 0.17 \\ 0.16 & 0.35 & 0.35 & 0.14 \\ 0.21 & 0.34 & 0.32 & 0.13 \end{bmatrix}$$

经模糊合成计算，二级模糊综合评价结果为：

$$B = A \cdot R = (0.15, 0.25, 0.15, 0.25, 0.2) \begin{bmatrix} 0.32 & 0.44 & 0.18 & 0.06 \\ 0.29 & 0.4 & 0.26 & 0.05 \\ 0.23 & 0.3 & 0.3 & 0.17 \\ 0.16 & 0.35 & 0.35 & 0.14 \\ 0.21 & 0.34 & 0.32 & 0.13 \end{bmatrix}$$

$$= (0.237, 0.3665, 0.2885, 0.108)$$

8.3.3 评价结论

由于

$$b_2 = \sum_{k=1}^{2} b_k = 0.237 + 0.3665 = 0.6035 < 70\%$$

$$b_3 = \sum_{k=1}^{3} b_k = 0.237 + 0.3665 + 0.2885 = 0.892 > 70\%$$

因此，监督小组对此项目竣工备案评价结果为合格等级。又因为 $b_3 > 80\%$，则该项目无须进行二次评价，可依据监督小组的评价结果，确定该项目具有竣工备案条件，按照有关规定，履行竣工备案签字手续，准予竣工备案登记，并在规定期限内通知项目业主。

第 9 章 总结与展望

9.1 工程质量政府监督管理评价必要性再认识

建设工程质量政府监督管理以保证建设工程安全使用和环境质量为根本目的，对于推动建筑技术进步、维护建设工程质量的国家和公众利益起着不可替代的作用。实现建设工程质量政府监督管理有效性的前提是建设主体质量行为的规范化和质量保证体系的良性运转，提高建设工程质量政府监督管理效率的保证条件是建筑市场健康发育、有序竞争，社会监督管理体系健全、发达。建设工程质量不是监督出来的，是建设主体建设活动的结果。形成以建设工程质量政府监督管理为最高层次的三大监督管理体系，即建设主体质量保证体系、社会监督保证体系和政府监督管理体系。整合力量、联机互动，是推进建设工程质量水平不断提高的基础。提高建设工程质量政府监督的有效性，实现监督决策的科学性，就必须提供监督决策的科学依据，即实施建设工程质量政府监督管理评价。监督与行业管理分开，区域委托与项目委托相结合，在限制性制度条件下实现有限合理竞争是推进我国现阶段监督市场规范运行的有效机制。为了适应我国建设工程质量政府监督改革的需要，政府质量监督管理评价必须从行业管理与监督业务两个层次全面实施科学评价。

9.2 政府质量监督管理评价研究内容总结

9.2.1 监督行业管理评价

监督行业管理评价包括三个方面，一是行业群体的管理评价，主要是对监督机构绩效的评价；二是监督行业市场行为评价，主要是对招标委托项目的招标评价；三是监督市场要素评价，即对监督人员的业绩考核综合评价。监督工作的有效性离不开监督市场规范有序地运行，加强监督市场的行业管理正是本书提出的监督与管理分开的有效市场管理的主要内容。监督的过程需要量化，同样对于市场的行业管理也离不开量化。基于有效评价的激励与约束机制设计是以监督机构绩效评价为前提的，最大限度地优化配置监督市场资源，是基于以招标投标为主要形式的有效市场竞争机制为基础的，这就是政府质量监督总站的监督管理两个主要职能：监督市场管理职能和基于监督评价的激励职能。监督机构绩效评价把监督行为、监督工作业绩、监督人员、监督团队、监督装备和外部监督六个方面作为评价的综合指标体系，采用灰色评价过程对监督机构绩效进行综合评价，在评价的基础上提出了奖励与惩罚的构想，起到以评促改、全面提高的作用。提高建设工程质量政府监督有效性的核心在于质量监督人员科学有效的执法监督，加强对质量监督人员的管理，充分调动监督人员质量监督工作的积极性与能动性，才能保证质量监督的效率与效果，基于质量监督人员的有效激励，需要对其进行业绩考核评价，质量监督人员业绩考核评价把知识结构与培训、品德素质与能力、监督工作行为、工作态度与业绩、外部认可与评价作为综合评价的主要指标，采用模糊综合评价方法对质量监督人员业绩考核进行量化评价，构建质量监督人员激励机制，促进质量监督人员素质和水平整体提高，以监督者的监督工作行为规范、权威执法，保证质量监督过程的科学有效，全面维护国家与公众质量利益。实现监督市场化、监督机构社会化的有效机制就是公开、公平、公正、有序地市场竞争机制的引入，对于建设工程质量政府监督实施项目招标投标制度，是利用市场机制优化监督资源配置的重要措施，招标投标制度有效性的关键在于招标评价的科学性，基于群体决策层次分析法进行招标评价，可以把建设主管部门评委的偏好与项目所在地的特征和专家的监督管理经验有效地反映出来，提高评标决策的科学性，促进建筑市场良性发育。

9.2.2 监督业务实施评价

监督业务实施评价按照阶段施工划分为施工前、施工中和竣工后评价，包括项目质量实施能力评价，施工阶段主要分部质量监督评价，竣工备案综合评价。提出了建设工程质量实施能力综合评价方法，对施工前建设工程质量水平进行预测评价控制，把建设项目本身特征、项目设计保证能力、建设主体能力和建设项目所在地环境因素全面纳入评价指标体系，综合评价建设工程项目实施建设能力。这一过程可以更全面地认识建设主体，规范建设主体质量行为，强化设计质量的监督管理，有的放矢地制定监督规划，有效实现政府质量监督"以人为本"、事前控制的管理思想。施工阶段主要分部工程质量监督评价，基于投入产出理论分析质量形成过程，对主要分部工程的质量从质量行为、质量投入、质量形成过程、质量产出结果和质量监督检查五个方面实施监督评价，是强化过程质量监督的有效手段。主要分部工程监督的重点是地基基础、主体结构和环境质量，其评价的内容是以建设主体质量行为、质量实际投入监督、质量实施过程监督、质量产出结果监督和现场监督抽查五个方面形成的综合评价体系，专家打分法与层次分析法相结合实现其评价过程的量化。政府监督的核心是评价，在重点内容和质量行为监督的基础上，通过建设工程质量竣工备案综合评价全面落实竣工备案制度，在竣工备案评价中将建设工程产品质量评价、物质基础质量评价和监督过程评价相结合，全面评价竣工工程项目质量水平。同时为了有效履行监督职责和制度，提出了二次评价的设想，即以项目监督工程师为主的监督小组评价和监督机构专家评价。充分体现建设工程质量监督工程师负责制和监督机构法人负责制，确保竣工备案登记基础依据的科学性和准确性。实施能力评价、主要分部工程质量监督评价和竣工备案评价是监督机构监督工作过程中的量化过程，是实现监督工作有效性和科学性的基础。

9.3 有待完善研究的内容

建设工程质量政府监督管理是多层次、多阶段的决策管理过程，监督管理决策离不开监督管理评价。不论是在国外，还是在国内，对建设工程质量政府监督管理系统地理论研究，都处于起步阶段，这与建筑行业基于实践经验的管理特征密切相关的。全面系统地开展建设工程质量政府监督评价理论研究，应该说还有很多问题需要进一步探讨。比如，定性与定量相结合开展监督和管理两个层面的评价研究，从指标体系的建立、评价方法的改善、评标过程的有序运行都有待于在实践中不断摸索、改进、完善；评价指标体系与评价方法确定之后，如何更方便地应用于监督管理实践，科学详尽的评价细则需要在实践应用中来确定、改进与完善，建立政府质量监督管理信息平台，用计算机手段实现监督管理评价的信息化与现代化的工具需要进一步开发，建设工程质量政府监督管理评价理论还需要在监督工作实践基础上不断积累总结，使其理论方法得到实践的检验和完善。

9.4 工程质量政府监督管理发展展望

综观国内外建设工程质量政府监督管理实践，建设工程质量政府监督机构社会化、专业化是必然趋势，有效的市场竞争机制是优化监督市场资源的根本途径，科学的激励与约束机制是调动各个阶层建设工程质量监督管理工作积极性和能动性重要措施，包括建设主体保证建设工程质量管理的积极性，质量监督执法从业机构和从业人员监督管理的积极性。完善的法制体系和制度建设是规范各阶层质量行为和监督管理行为的基础，随着建设市场国际化、建设主体多元化，我国建设工程质量政府监督管理，要根据知识经济时代的要求，不断进行深化改革，有效地保证我国建设工程质量国家和公众的根本利益，促进建设工程质量整体水平不断提高。

后　　记

　　2000 年是我国建设工程质量政府监督深化改革年，天津市建委根据政府质量监督管理改革实践提出了课题研究的需求，从此我介入建设工程质量政府监督管理领域研究。经过 3 年之久的研究，出版《建设工程质量政府监督管理》著作 1 部。2007～2008 年，基于 6 年研究基础平台，申报完成了建设部软科学研究项目"建设工程质量政府监督评价理论与实践研究"，以此为核心就形成了即将出版的这本著作。在此，衷心感谢所有为我从事该领域研究提供指导、支持与帮助的组织、专家、同事和朋友。

　　感谢天津大学管理学院刘应宗教授和郑丕谔教授为开拓建设工程质量政府监督管理领域研究的无私指导；感谢天津市城乡建设与交通委员会李全喜主任、李兴唐副总工、原天津市建设工程质量政府监督管理总站马田站长提出管理改革实践需求和实践应用指导；感谢住房和城乡建设部工程质量安全监管司吴慧娟副司长和美国加州政府交通厅高级工程师段炼博士对我们从事项目研究提供大量资料和研究指导；感谢天津市建设工程质量政府监督管理总站郝恩海站长、雷立争副站长、山西晋正建设工程项目管理有限公司郭汉刚总经理对项目研究的大力支持与建议。

　　感谢住房和城乡建设部建筑节能与科技司、天津市城乡建设与交通委员会科技教育处为组织项目鉴定所付出的辛劳；感谢项目鉴定专家刘应宗教授、张中一正高工、胡德均总工、李健教授、陈敬武教授、杜子平教授和穆卫才正高工对完善项目研究提出的宝贵建议。

　　感谢天津工程师范学院郝海副教授对本书评价量化方法提出的修改建议；感谢天津大学韩永进教授、张毅民教授和王希然老师给予研究工作的帮助与支持；对参考借鉴的包括参考文献在内的各位专家、教授、学者的观点，发表论文过程得到的编辑和专家的诚恳指正，深表致谢。

　　感谢天津城市建设学院副院长王建廷教授、科研处处长费学宁教授、管理工程系董肇君教授等给予项目研究的支持与帮助；感谢项目组郭伟、王凯、马辉、李芬芳、王世通、踪程等全体成员共同参与研究工作。

　　最后，衷心感谢中国建材工业出版社编辑为本书出版精心策划、细心校对所付出的努力。

作者

2010 年 6 月

参考文献

[1] 郭汉丁．建设工程质量政府监督管理［M］．北京：化学工业出版社，2004．
[2] 郭永银．招投标行为管理与政府质量监督［J］．中国科技信息，2008，（2）：280~281．
[3] 梁宝建，张要岭．新形势下我国政府质量监督模式探讨［J］．中国高新技术企业，2007（03）．
[4] 郭汉刚．招投标行为管理与政府质量监督［J］．基建优化，2005，（1）：71~73．
[5] 张春英．关于实施政府对工程质量监督的几点体会［J］，陕西建筑，2007，（11）：56~57．
[6] 姜凯．关于进一步深化政府对建设工程质量监督管理模式改革的探讨［J］．工程质量，2007，（1）：1~3．
[7] 赵甜甜，古晋川．国内外政府对建设工程质量的监督管理探讨［J］．科协论坛（下半月），2007，（7）：72~73．
[8] 魏扬顺，任夫全，刘长垠，秦水潮，杨立新．加强水利工程质量监督政府职能［J］．河南水利，2006，（9）：26~27．
[9] 高小平．论现行政府工程质量监督［J］．山西建筑，2004，（2）：128~129．
[10] 薛江炜．论建筑工程质量管理工作的监督重点和监督方式［J］．山西建筑，2004，（7）：123~124．
[11] 薛守贵．现阶段政府工程质量监督管理体系存在问题的探讨［J］．安徽建筑，2004，（4）：38~39．
[12] 乔俊峰．强化政府监督职能控制公路工程质量［J］．内蒙古公路与运输，2003，（2）：43~44．
[13] 李建章．完善政府工程质量监管之我见［J］．建筑，2006，（6）：29．
[14] 金德钧．迎接二十一世纪工程质量监督工作新的挑战［J］．工程质量，2001，（1）：2~5．
[15] 徐波．在全国工程质量监督工作座谈会开幕式上的讲话，2000．
[16] 徐波．认清形势，努力做好工程质量监督工作［J］．工程质量，2001，（2）：4~6．
[17] 王素卿．在全国建筑市场与工程质量安全管理工作会议上的讲话，2003．
[18] 金德钧．住宅工程质量必须高度重视［J］．工程质量，2001，（3）：3~4．
[19] 金德钧．在全国建设工程质量安全与行业发展工作会议上的讲话．
[20] 郭汉丁，刘应宗．我国建设工程质量政府监督制度沿革［J］．工程质量，2002，（4）：7~9．
[21] 刘应宗，郭汉丁，孟俊娜．建设工程质量政府监督工作的转变［J］．建筑经济，2002，（2）：17~19．
[22] 郭汉丁，刘应宗．论政府建设工程质量监督改革，建筑［J］．2002，（1）：12~15．

[23] 郭汉丁,刘应宗. 发达国家建设工程质量政府监督管理的特征与启示[J]. 建筑管理现代化,2005,(5):5~8.

[24] 郑一军. 在全国工程质量安全监督工作会议上的讲话,2002.

[25] 俞正声. 突出重点,狠抓落实,进一步开展整顿规范建筑市场秩序工作[J]. 工程质量,2001,(5):2~6.

[26] 俞正声. 加强能力建设,改进各项工作[J]. 工程质量,2001,11:3~6.

[27] 金德钧. 大胆探索深化改革努力开创建筑管理工作新局面[J]. 工程质量,2001,(4):2~7.

[28] 徐波. 明确工作目标强化执法力度不断提高工程质量监管水平[J]. 工程质量,2002,(1):2~6.

[29] 徐波. 突出管理体制创新构筑与市场经济体制相适应的工程质量监督保证机制[J]. 工程质量,2001,(6):2~5.

[30] 徐波. 深化改革与时俱进 把握时代发展脉搏[J]. 工程质量,2002,(6):2~5.

[31] 徐波. 解放思想与时俱进 认真做好质监机构的改革工作[J]. 工程质量,2002,(8):2~5.

[32] 郭汉丁,刘应宗. 发达国家建设工程质量管理体制特征研究[J]. 西北工业大学学报,2004,(4):52~56.

[33] Robert P. Elliott, Quality Assurance: Top Management's Tool for Construction Quality, Transportation Research Record, NO. 1310. 1991, 17~19.

[34] Jim ernzen and Tom Feeney, Contractor-Led Quality Control and Quality Assurance Plus Design-Build, Journal of the Transportation Research Board, NO. 1813, construction, 2002, 253~259.

[35] Robert K. Hughes and Samir A. Ahmed, Highway Construction Quality Management's in Oklahoma, Transportation Research Record, NO. 1310. 1991, 20~26.

[36] Robert P. Elliott, Quality Assurance: Specification Development and Implementation, Transportation Research Record, NO. 1310. 1991, 27~33.

[37] Brian M. Killingsworth and Chuck S. Hughes. Issues Related to Use of Contractor Quality Control Data in Acceptance Decision and Payment. Journal of the Transportation Research Board. NO. 1813, construction, 2002, 249~252.

[38] American Society of Civil Engineers 1801 Alexander Bell Drive Reston, Virginia 20191-4400, Manuals and reports on engineering practice No. 73, Quality in the Constructed project, A guide for owners, Designers, and constructors (second edition), 1~251.

[39] Donn E. Hancger and Sean E. Lambert, Quality-Based Prequalification of Contractors, Journal of the Transportation Research Board, NO. 1813, construction, 2002, 260~274.

[40] Donath Mrawira, Jeff Rankin, and A. John Christian, Quality Management System for a Highway Megaproject, Journal of the Transportation Research Board, NO. 1813, construction, 2002, 275~284.

[41] Battikha, M. Information Models for Quality Management Automation. Proc., Canadian Society for Civil Engineering. Victoria, British Columbia, Canada, 2001.

[42] 清华大学. 各国建设管理体制比较研究, 1999.

[43] 同济大学. 国际建筑业管理体制法制和机制的研究, 1999.

[44] 孟宪海. 德国建设管理体制的特点及研究 [J]. 建筑经济, 1999, (6): 40~43.

[45] 徐友全. 国际建筑业管理体制、法制和机制的研究 [J]. 建筑经济, 1999, (7): 3~5.

[46] 孟宪海. 法国建设管理体制的特点及其研究 [J]. 建筑经济, 1999, (7): 6~9.

[47] 孟宪海. 美国建设管理体制的特点及其研究 [J]. 建筑经济, 1999, (8): 34~37.

[48] 胡建文. 香港工程建设和建筑业管理体制的若干特点 [J]. 建筑经济, 1998, (9): 28~31.

[49] 孟宪海. 日本建设管理体制的特点及其研究 [J]. 建筑经济, 1999, (9): 37~40.

[50] 建设部建筑管理司. 美国、法国、新加坡、香港政府对工程质量的管理, 1999.

[51] 郭汉丁, 刘应宗. 论建设工程质量政府监督的本质特征 [J]. 工程质量, 2002, (9): 5~7.

[52] 郭汉丁, 刘应宗, 王丹. 住宅工程质量的政府监督. 建筑 [J]. 2002, (6): 22~24.

[53] 郭汉丁, 刘应宗. 地基基础质量政府监督的内容 [J]. 建筑, 2002, (11): 15~16.

[54] 郭汉丁, 刘应宗. 地基基础工程质量的政府监督管理 [J]. 天津大学学报, 2003, 5 (2): 148~151.

[55] 郭汉丁, 刘应宗. 建设工程环境质量政府监督管理的探讨 [J]. 华中科技大学学报 (城市科学版), 2004, (4): 34~38.

[56] 郭汉丁, 刘应宗. 地基基础工程质量问题及其特征分析 [J]. 建筑, 2003, (4): 21~23.

[57] 王素卿, 赵宏彦. 英德两国工程质量安全监督管理考察报告 [J]. 工程质量, 2003, (1): 2~5.

[58] 全国建设工程质量监督工程师培训教材编写委员会, 工程质量监督概论等五本教材 [M]. 北京: 中国建筑工业出版社, 2001.

[59] 周朝琦, 侯龙文. 质量经营 [M]. 北京: 经济管理出版社, 2000.

[60] 张矩. 浅谈工程建设监理人员应具备的主要素质 [J]. 工程质量, 2002, (6): 26~27.

[61] 薛万东. 工程质量监督指南(上)[M]. 北京: 中国石化出版社, 2001, 19~32.

[62] 吴隽, 薛立. 灰色评价方法在电子商务经济增长中的应用研究 [J]. 中国软科学, 2002, (5:) 106~108.

[63] 郭汉丁, 张印贤, 郭汉刚, 崔子丰. 建设工程质量政府监督管理研究综述 [J]. 建筑经济, 2008, (4): 46~49.

[64] 郭汉丁, 郭汉刚, 崔子丰. 国内外建设工程质量政府监督管理理论与实践分析 [J]. 项目管理技术, 2008, (1): 13~17.

[65] 郭汉丁,张印贤,马辉,李芬芳.构架建设工程质量政府监督管理评价体系[A].转型社会进程中的工程管理——第二届中国工程管理论坛论文集[C].长沙:中南大学出版社,2008,30~33.

[66] 郭汉丁,王凯.政府质量监督机构绩效评价体系的探讨[J].电子科技大学学报(社科版),2006,(1):26~28,92.

[67] 郭汉丁,刘应宗,郝海.政府质量监督机构绩效考核灰色评价方法.武汉理工大学学报(交通科学与工程版),2005,29(2):288~291.

[68] 郭汉丁,刘应宗.建设工程质量政府监督项目招标评价体系研究[J].科学管理研究(综合版),2005,(1):62~64.

[69] 张印贤.基于群体决策监督项目招标评价改进层次分析法[J].基建优化,2006,27(3):19~21.

[70] 张印贤,郭汉丁.政府监督下建设主体群体学习行为特征分析[J].基建优化,2007,(1):9~11.

[71] 郭汉丁,郭汉刚.论建设工程招标行为的政府监督管理.基建优化[J].2007,(4):1~3,69.

[72] 郭汉丁,刘应宗.建设工程项目实施能力评价研究[J].武汉科技大学学报(社会科学版),2005,(3):8~12,16.

[73] 郭汉丁,王凯.工程质量实施能力多级模糊综合评价法[J].基建优化,2006,27(1):6~8.

[74] 郭汉丁.建设工程项目竣工备案评价体系研究[J].长安大学学报(社会科学版),2006,(2):16~23.

[75] 郭汉丁.建设工程项目竣工备案评价机制研究[J].重庆大学学报(社会科学版),2006,(1):48~52.

[76] 郭汉丁.建设工程项目竣工备案二次二级模糊综合评价方法[J].青岛大学学报(工程技术版),2005,(6):69~73.

[77] 郭汉丁,张印贤,郝海,王凯.建设工程竣工备案共谋行为博弈分析,中国工程管理回顾与展望——首届工程管理论坛论文集锦,中国建筑工业出版社,2007,7:360~363.

[78] 张印贤,郭汉丁,郭汉刚等.施工阶段主要分部工程质量政府监督评价方法,重庆工学院学报(社会科学),2009,(8)57~62.

[79] 张印贤,郭汉丁,雷立争.建设工程质量政府监督人员绩效考核评价与激励,建筑经济,2008,(11):26~28.

[80] 张印贤,郭汉丁.建设工程质量政府监督人员绩效考核评价方法,重庆工学院学报,2009,23(1):18~21.

[81] 郭汉丁,张印贤等.施工阶段主要分部工程质量政府监督评价探析,项目管理技术,2009,(3):13~17.

[82] 张印贤,郭汉丁等.施工阶段主要分部工程质量政府监督评价方法,重庆工学院学

报, 2009, (8).

[83] 郭汉丁. 建设工程质量政府监督管理机制研究. 华东交通科技大学学报, 2005, 22 (6): 44~47.

[84] 郭汉丁. 论建设工程质量政府监督管理总站职能. 昆明理工大学学报, 2005, (5): 166~169.

[85] 郭汉丁. 论建设工程质量政府监督管理组织体系建设. 长安大学学报（建筑与环境科学版), 2004, 21 (3): 70~73.

[86] 郭汉丁. 论建设工程质量政府阶段监督管理. 长安大学学报（建筑与环境科学版), 2004, 21 (4): 1~3.

[87] 陈树芝, 钱艺柏. 公共行政改革进程中建设工程质量监督的创新实践与思考 [J]. 建筑施工, 2009, 31 (3): 227~229.

[88] 万建民, 吴雪松. 江苏南通: 转变监督方式, 实行差别化管理 [J]. 建筑, 2008, (9): 29~30.

[89] 潘延平. 实现全方位、全过程、全覆盖的工程质量监督管理 [J]. 上海城市发展, 2008, (5): 39~41.

[90] 朱强, 曹雅娟. 创新监管模式, 提高工程质量监督成效 [J]. 建筑施工, 2009, 31 (3): 230~232.

[91] 洪也. 建筑工程质量监督领域信息化建设研究 [J]. 建筑科学, 2007, (22): 74~76.

[92] 郭汉丁. 建设工程主体结构质量问题特征及其分析. 重庆建筑大学学报, 2005, 27 (3): 111~115.

[93] GUO Handing, LIU Yingzong, WANG Dan. Government Supervision over Residence Project Quality, The international conference on modern industrial engineering and engineering management in new century, August 10~12, 2001 Tianjin China.

[94] LIU Ying-zong, GUO Handing, WANG Dan. The Transformation of Government Supervision Over Construction Engineering Quality in China, Proceedings of 2002 international conference on management science & engineering, October 22~24, 2002, Moscow, Russia.

[95] 郭汉丁, 刘应宗. 建设工程环境质量及其问题特征分析, 重庆建筑大学学报, 2004, 26, 26 (1): 106~109.

[96] 张亚莉, 杨乃定. 企业人力资源风险模糊综合评价方法研究 [J]. 管理工程学报, 2002, 16 (1): 18~20.

[97] 顾培亮. 系统分析与协调 [M]. 天津: 天津大学出版社, 1998.

[98] 王金秀. "政府式" 委托代理理论模型的构建 [J]. 管理世界, 2002, 1: 139~140.

[99] 王艳, 黄学军. 工程建设监理的博弈分析 [J]. 中南工业大学学报, 2001 (专辑): 176~178.

[100] 梅红, 宋晓平, 吴建南. 国外大学评价的多元化选择——以应用层级分类法和 DEA 方法为例的研究 [J]. 中国高教研究, 2008 (04), 37~40.

[101] 贺美利, 周勇. 我国土地利用规划实施评价的研究现状 [J]. 国土资源科技管理, 2008 (02), 41~44.

[102] 吴育华, 卢静. 城市环境保护工作效率评价 [J]. 天津大学学报 (社会科学版), 2006 (04), 245~249.

[103] 时希杰, 吴育华, 方志刚. 高校图书馆核心竞争力评价研究 [J]. 情报科学, 2005 (09), 1331~1335.

[104] 杨健. 监理企业质量管理体系有效性研究 [J]. 建设监理, 2008 (3), 18~21.

[105] 谢语权, 孙鑫, 唐姝娟. 理想化评价技术的弹性分析 [J]. 统计与决策, 2008 (6), 149~150.

[106] 肖振红, 胡运权. 基于集对分析理论的目标企业综合评价 [J]. 统计与决策, 2008 (6), 183~185.

[107] 李建, 胡海青, 张道宏, 常伟. 环保企业绩效评价体系构建及模糊综合评判 [J]. 统计与决策, 2008 (6), 186~188.

[108] 张卫华. 多指标综合评价质量问题的初探 [J]. 统计与决策, 2004 (12), 126~127.

[109] 张润红, 雷选沛. 住户满意度的评价与管理 [J]. 统计与决策, 2005 (04S), 41~42.

[110] 许俊杰, 宋仁霞. 构建资源节约型社会的评价体系 [J]. 统计研究, 2008 (3), 108~109.

[111] 杨敬锋, 薛月菊, 胡月明, 陈志民, 陈强. 基于精简模糊分类关联规则的分组模糊判决方法 [J]. 系统工程理论与实践, 2008 (3), 139~143.

[112] 刘炜. 组织知识管理绩效的灰色多层综合评价方法 [J]. 情报杂志, 2008 (3), 14~16.

[113] 肖仲云. 目前我国上市公司内部控制评价存在的主要问题与对策 [J], 商场现代化, 2008 (8), 93~94.

[114] 殷修湖. 运用坐标法考核评价领导班子政绩 [J]. 领导科学, 2008 (6), 26~27.

[115] 肖兆权. 建立科学的干部综合考核评价体系 [J]. 领导科学, 2008 (6), 32~33.

[116] 徐惠民. 大连市人口素质评价指标体系的构建 [J]. 辽宁师范大学学报 (自然科学版), 2008 (1), 114~117.

[117] 周桂芳. 普通高校国有资产绩效评价体系构建研究 [J]. 中州学刊, 2008 (2), 69~71.

[118] 王孟钧, 王艳. 建筑市场激励机制的博弈分析 [J]. 武汉理工大学学报, 2001, 23 (4): 78~80.

[119] Zhou Mi, Miaoming Wang, Agency Cost and the Crisis of China's Soe, China Economic Review, 2000: 297~317.

[120] 刘嘉焜. 应用随机过程 [M]. 北京: 科学出版社, 2000.

[121] 张铁男, 李晶蕾. 对多级模糊综合评价方法的应用研究 [J]. 哈尔滨工程大学学

报，2002，23（3）：132~135.

[122] 陈作昌. 工程项目建设环境影响因素分析及其控制措施［J］. 重庆建筑大学学报，2002，2：93~97.

[123] 郑小晴，潘晓丽. 试论建设项目的可持续性［J］. 重庆建筑大学学报，2002，2：83~87.

[124] 裘秀群，陈夏. 影响建筑业可持续发展的相关因素分析［J］. 建筑经济，2001，3：16~18.

[125] 竹隰生，陈汝均. 建设项目可持续发展评价及其应用模式研究［J］. 重庆建筑大学学报，2002，2：74~78.

[126] 潘启树，徐若冰，李煜华等. 科学论文质量的模糊综合评价模型研究［J］. 哈尔滨工业大学学报，2001，33（5）：612~616.

[127] 梁爽，毕继红，刘津明. 建筑工程质量等级的模糊综合评判法［J］. 天津大学学报，2001，34（5）：664~669.

[128] 扬杰，方俐洛，凌文辁. 对绩效评价的若干基本问题的思考［J］. 中国管理科学，2000，8（4）：74~79.

[129] Philippe Bontems. Jean-Marc Bourgeon. Creating countervailing incentives through the choice of instruments，Joumal of Public Economics，2000，76：181~202.

[130] 张丽. 建设市场主体之间的委托代理关系［J］. 工程经济，2001，6：33~35.

[131] D. M. Kilgour，N. Okada，A. Nishikori，Load Control Regulation of Water Pollution：An Analysis Using Game Theory，Journal of Environmental Management，1998，27：179~198.

[132] H. Peyton Young. Individual learning and social rationality，European Economic Review，1998，42：651~663.

[133] 韦惠兰，刘若雨. 工程技术项目社会影响评价研究［J］. 兰州大学学报，2002，30（3）：116~119.

[134] Osborne M. An Introduction to Game Theory. Oxford：Oxford University Press. 1999.

[135] 郭汉丁，郑丕谔. 城市居住区规划设计质量的 AHP 评价［J］. 工程建设与设计，2003，2：43~44.

[136] 郝丽萍，梁春艳，谭庆美等. 招标工程评标方法及应用研究［J］. 天津大学学报，2001，34（4）：515~519.

[137] Smith-GR，State Dot Management Techniques For Materials And Construction Acceptance. Nchrp Synthesis of Highway Practice. 1998. （263）：57.

[138] 唐绪兵. 非对称信息条件下的政府规制［J］. 财经理论与实践，2003，1：33~35.

[139] Gary R. Smith，Ph. D.，P. E. Lowa State University，National Cooperative Highway Research Program，Synthesis of Highway Practice 263，State DOT Management Techniques for Materials and Construction Acceptance，National Academy Press Washington，D. C. 1998，1~46.

[140] 赵健. 房屋工程竣工验收备案工作贯穿工程质量监督的全过程 [J]. 建筑与预算, 2001, 5: 23~24.

[141] 肖大中, 杜观超. 政府质量监督体制改革 [J]. 建筑, 2001, 2: 10~11.

[142] 何伯洲, 周显峰, 谭大璐. 转变工程质量监督机构工作机制的研究 [J]. 哈尔滨建筑大学学报, 2002, 35 (3): 101~104.

[143] Rankin, J., and J. Oosterom. Total Quality Management: Implementation for a Design-Build-Operate Megaproject. Proc., Canadian Society for Civil Engineering Annual Conference, Ottawa, Ontario, Canada, 1995, 399~408.

[144] 郭汉丁, 郑丕谔. 系统分析方法在建设工程管理决策中的应用 [J]. 重庆建筑大学学报, 2002, 24 (6): 72~76.

[145] 廉悦东. 德国建筑工程质量 [J]. 建筑经济, 1999, 9: 11~13.

[146] 刘连新. 工程质量体系的建立与国际接轨之刍议 [J]. 建筑经济, 1999, 6: 19~20.

[147] 徐友全. 工业发达国家的工程咨询 [J]. 建筑经济, 1999, 10: 22~25.

[148] Arditi, David, Gunaydin, Total quality management in the Construction process International Journal of Project Management Vol. 15, Issue, 4, Auguest 1997, 235~243.

[149] 王俊豪. 政府管制经济学导论 [M]. 北京: 商务印书馆, 2001.

[150] 姚兵. 认真学习贯彻"三个代表"的重要思想, 整顿规范建筑市场, 确保工程质量 [J]. 中国质量, 2002, 3: 4~7.

[151] Ofori, George, Gang, Gu, Briffett, Clive, Implementing environmental management systems in Construction: Lessons from quality systems, Building and Enviroment Vol. 37, Issue, 12, December, 2002, 1397~1407.

[152] 孟宪海. 论政府监督 [J]. 建筑经济, 1999, 10: 7~10.

[153] 贺昌元, 杨玉江. 适应市场经济条件下的政府工程质量监督管理体系 [J]. 工程质量, 2001, 1: 15~17.

[154] Abdel-Razek-RH, Quality Improvement In Egypt: Methodology And Implementation. Journal of Construction Engineering and Management. 1998/09. 124 (5): 354~360.

[155] Special Provisions Modifying Section 106, Control of Materials, New Mexico State Highway and Transportation Department, January 24, 1996.

[156] 穆宗石. 住宅工程质量控制手段和措施 [M]. 北京: 中国建筑工业出版社, 2000, 1~6, 197~200.

[157] 张飞涟, 王孟钧, 周继祖等. 运用博弈对策理论进行工程项目质量控制 [J]. 长沙铁道学院学报, 2000, 18 (2): 27~30.

[158] 周显峰, 何伯洲, 谭大璐. 物业管理超前介入与工程质量监督管理 [J]. 哈尔滨工业大学学报, 2002, 34 (1): 75~78.

[159] 崔安定, 赵远亮. 风险投资项目决策的模糊综合评价 [J]. 科学管理研究, 2000, 20 (5): 24~26.

参考文献

[160] Battikha, M., and A. Russell. Construction Quality Management- Present and Future. Canadian Journal of Civil engineering, Vol. 25, No. 3, 1998, 401~411.

[161] 石仁委,陈方华,句红霞. 工程质量监督与评价的探索 [J]. 石油工业技术监督, 2002, 18 (7): 15~17.

[162] Rankin, J., (A) J. Christian, and (B) Lundrigan. A Quality management Tool for a Public-Private-Partnership Highway Project. Proc., 8th Inter national Conference on Civil and Structural Engineering Computing. Civil- Comp Press, Stirling, Scotland, 2001, 11~12.

[163] Rankin, J., (A) J. Christian, (B) Lundrigan, and (D) Mrawira. A Quality Management Tool for a Public-Private Partnership Highway Project. Proc., Canadian Society for Civil Engineering Annual Conference, Victoria. British Columbia, Canada, 2001.

[164] 吴鼎贤. 建筑工程现代管理量化与优化方法 [M]. 北京:地震出版社, 1999.

[165] 巢来春,胡其昌. 论模糊综合评价在企业 CS 测量中的应用 [J]. 数量经济技术经济研究, 2001, 8: 112~114.

[166] 郭存芝,凌亢,刘容华. 证券投资风险评估的 AHP 结构模型研究 [J]. 数量经济技术经济研究, 2000, 8: 28~30.

[167] R. M. Weed, Development of Multicharacteristic Acceptance Procedures for Rigid pavement. In Transportation Research Record 885, TRB, National Research Council, Washington, D. C., 1983, 25~35.

[168] Final Rule, 23 CRF 637, Quality Assurance Procedures for Construction, Federal Register: June 29, 1995, Vol. 60, No. 125.

[169] Tuggle, D. R., FHWA Demonstration Project No. 89, Quality Management and a National Quality Initiative, Transportation Research Record 1340, National Research Council, Washington, D. C., 1992, 56~60.

[170] 吴永林,高洪深,林晓言. 企业技术创新能力的多级模糊综合评价 [J]. 数量经济技术经济研究, 2002, 3: 53~56.

[171] 周春喜. 企业国际竞争力模糊综合评判 [J]. 数量经济技术经济研究, 2002, 3: 57~60.

[172] 阮连法,温海珍. 模糊综合评价在工程投标报价中的应用 [J]. 建筑经济, 2000, 2: 32~35.

[173] Weed, R. M., "The proof is in the pavement," Civil Engineering, American Society of Civil Engineers, August 1993, 67~69.

[174] Committee on Management of Quality Assurance, Transportation Research Circular, No. 457, Glossary of Highway Quality assurance Terms, Transportation Research Board, National Research Council, April 1996.

[175] Smith, N. L., Jr., NCHRP Synthesis 102: Material Certification and Material Certification Effectiveness, Transportation Research Board, National Research Council, National

Academy Press, 1983.

[176] Elliot, Robert P., Quality Assurance: Top management's Tool for Constryction Quality, Transportation Research Record 1310, Transportation Research Board, National Research Council, National Academy Press, 1991, 17~19.

[177] Collins, B. B., NCHRP Synthesis 120: Professional Resource Management and Forecasting, Transportation Research Board, National Research Council, National Academy Press, 1985.

[178] 赵春昶, 陶丽, 潘瑞. 模糊综合评价在管理决策中的应用 [J]. 沈阳建筑工程学院学报, 2001, 17 (4): 318~320.

[179] 高辉, 李慧民. 模糊综合评价方法在工程质量风险分析中的应用 [J]. 西安科技学院学报, 2002, 22 (1): 21~23.

[180] Gauss, G. A., Latham J-P, The on-site quality control of armourstone during Construction of a rock revetment in South Devon. UK International Journal of Rock Mechanics and Mining Sciences & Geomechanics Abstracts Vol. 33, Issue: 4, June 5, 1996, 177A-178A.

[181] Low Sui Pheng, Chuvessiriporn, chairat, Ancient Thai battlefield strategic principles: Lessons for leadership quacities in construction project management, International Journal of Project Management Vol. 15, Issue: 3, June, 1997, 133~140.

[182] Benson, P. E., "Comparison of End Result and Method Specifications for Managing Quality," Transportation Research Record 1491, Transportation Research Board, National Research Council, National Academy Press, 1995, 3~10.

[183] Tracey Nitz, Lan Holland, Does Eirvironmental Impuct Assessment Facilitafe Environmental Management Activities? Journal of Environmental Assessment Policy and Management. Vol. 2, No. 1, March 2000.

[184] Efthimis 1. zagorianakos. A case Study on Policy-Strategic Environmental Assessment Journal of Environmental Assessment Policy and Management, Vol. 3, No. 2, June 2001.

[185] Rory Sullivan, Hugh Vvyndham, Effectivee Environmental Management, Journal of Environmental Assessment Policy and Management, Vol. 3, No. 2, June 2001.

[186] Mondher Belldlah, Zhen Wu, A model for Market Closure and International Portfolio Management within Incomplete information, International Journal of Theoretical and Applied Finance, Vol. 5, No. 5, August 2002.

[187] Philip James, Stuart Donadson, Action for Sustainability, Journal of Environmental Assessment Policy and Management, Vol. 3, No. 3, September 2001.

[188] Thomas Fetz, Michael Oberguggenberger, Simon Pittschmann, Applications of Possibility and Evidence Theory in Civil Engineering, International Journal of Uncertainty, Fuzziness and Knowledge-Based systems, Vol. 8, No. 3, June 2000.

[189] Jens H. Jahnke, Andrew Walenstein, Evaluating Theories for managing Imperfect Knowledge in Human-Centric Database Reengineering Environments, International Journal of

Software Engineering and Knowledge Engineering, Vol. 12, No. 1, February 2002.

[190] McCabe-B; AbouRizk-S; Gavin-J, Time of Sampling Strategies for Asphalt Pavement Quality Assurance. Journal of Construction Engineering and Management. 2002/01. 128 (1): 85~89.

[191] 郭若虚, 质量与可持续发展, 北京: 中国计量出版社, 2001.

[192] St-Martin-J, Harvey-JT, Long-F, Lee-E-B, Long-Life Rehabilitation Design and Construction: I-710 Freeway, Long Beach, California. Transportation Research Circular. 2001/12. (503): 50~65.

[193] Koehn-E, Ahmmed-M, Quality Of Building Construction Materials (Cement) In Developing Countries. Journal of Architectural Engineering. 2001/06. 7 (2): 44~50.

[194] Jaafari-A, Construction Business Competitiveness And Global Benchmarking. Journal of Management in Engineering. 2000/11. 16 (6): 43~53.

[195] Kini-DU, Global Project Management-Not Business As Usual. Journal of Management in Engineering. 2000/11. 16 (6): 29~33.

[196] Samuels-AF, Quantified Checklists For Construction Inspection Examination. Transportation Research Record. 2000. (1712): 177~184.

[197] Jahren-CT, Federle-MO, Implementation Of Quality Improvement For Transportation Construction Administration. Journal of Management in Engineering. 1999/11. 15(6): 56~65.

[198] Williams-DK, Managing The Megaproject. Civil Engineering. 1999/10. 69 (10): 48~51.

[199] Alhozaimy-AM; Al-Negheimish-AI, Introducing And Managing Quality Scheme For Rmc Industry In Saudi Arabia. Journal of Construction Engineering and Management. 1999/07. 125 (4): 249~255.

[200] Arditi-D, Gunaydin-HM, Perceptions Of Process Quality In Building Projects. Journal of Management in Engineering. 1999/03. 15 (2): 43~53.

[201] Arditi-D; Gunaydin-HM, Factors That Affect Process Quality In The Life Cycle Of Building Projects. Journal of Construction Engineering and Management. 1998/05. 124 (3): 194~203.

[202] Qaasim-HA, Design Quality Of Multiphase Capital Programs. Conference Title: Proceedings of the 1996 Rapid Transit Conference of the American Public Transit Association. Location: Atlanta, Georgia. Sponsored by: American Public Transit Association. Held: 19960602 - 19960606. 1996. 272~279.

[203] Anil Arya, John Fellingham, Jonathan Glover: Teams, repeated tasks and implicit incentives. Journal of Accounting & Economics, 1997, 23.

[204] Benish-E, Weigel-J, A Contractor's Approach To Implementing Process Control. Conference Title: Asphalt Paving Technology 1994. Location: St. Louis, Held: 19940321 - 19940323. Missouri. Sponsored by: Association of Asphalt Paving Technologists. 1994/03. 63: 619~631.

[205] Samuels-AF, Construction Facilities Audit: Quality System-Performance Control. Journal of Management in Engineering. 1994/07. 10 (4): 60~65.

[206] O'Connor-JT, Chmaytelli-A, Hugo-F, Analysis Of Highway Project Construction Claims. Journal of Performance of Constructed Facilities. 1993/08. 7 (3): 170~180.

[207] Afferton-KC, Freidenrich-J, Weed-RM, Managing Quality: Time For A National Policy. Transportation Research Record. 1992. (1340): 3~39.

[208] Samuels-AF, Bruder-MJ, Construction Representative: Scheduling And Cost Management. Journal of Construction Engineering and Management. 1996/09. 122 (3): 281~290.

[209] Elliott-RP, Quality Assurance: Top Management's Tool For Construction Quality. Transportation Research Record. 1991. (1310): 17~19.

[210] Ahmet Öztaş, Serra S. Güzelsoy, Mehmet Tekinkuş. Development of quality matrix to measure the effectiveness of quality management systems in Turkish construction industry, Building and Environment, 2007, 42 (3): 1219~1228.

[211] Andi, Takayuki Minato. Design documents quality in the Japanese construction industry: factors influencing and impacts on construction process, International Journal of Project Management, 2003, 21 (7): 537~546.

[212] Low, Sui Pheng; Tan, Willie. Public policies for managing construction quality: the grand strategy of Singapore, Construction Management & Economics, 1996, 14 (4): 295~309.

[213] W. Johnson, James. Construction Quality Assurance under Change Conditions, Journal of Architectural Engineering, 2000, 6 (4): 103~108.

[214] Muenchmeyer, Gerhard P…Construction Quality Assurance, Quality Control For Trenchless Technologies, Construction, 2005, 60 (5): 49~54.

[215] YQ Yang, SQ Wang, M Dulaimi, SP Low. A fuzzy quality function deployment system for buildable design decision-makings, Automation in construction, 2003, (8): 381~393.

[216] David Arditi, Dong-eun Lee. Assessing the corporate service quality performance of design-build contractors using quality function deployment, construction management and economics, 2003, 21 (6): 175~185.

[217] Abdul Rahim, Abdul Hamid, Bachan Singh, Wan Zulkifli, Wan Yusof, Andrain King Tzee Yang. Integration of safety, health, environment and quality (SHEQ) management system in construction: A REVIEW, Jurnal Kejuruteraan Awam, 2004, 16 (1): 24~37.

[218] P Collier, M Corbett, B Lundrigan. Quality performance in a design-build mega-project, 55th Annual Quality Congress, NC, 2001, P1~11.

[219] Ali Jaafari. Construction business competitiveness and global benchmarking, Journal of management in engineering, 2000, (7): 43~53.

[220] Robert P. Elliott, Quality Assurance: Top Management's Tool for Construction Quality, Transportation Research Record, NO. 1310. 1991, p17~19.

[221] Jim ernzen and Tom Feeney, Contractor-Led Quality Control and Quality Assurance Plus Design-Build, Journal of the Transportation Research Board, NO. 1813, construction, 2002, p253~259.

[222] Robert K. Hughes and Samir A. Ahmed, Highway Construction Quality Management's in Oklahoma, Transportation Research Record, NO. 1310. 1991, p20~26.

[223] Robert P. Elliott, Quality Assurance: Specification Development and Implementation, Transportation Research Record, NO. 1310. 1991, p27~33.

[224] Brian M. Killingsworth and Chuck S. Hughes. Issues Related to Use of Contractor Quality Control Data in Acceptance Decision and Payment. Journal of the Transportation Research Board. NO. 1813, construction, 2002, p249~252.

[225] D. M. Kilgour, N. Okada, A. Nishikori, Load Control Regulation of Water Pollution: An Analysis Using Game Theory, Journal of Environmental Management, 1998, (27): 179~198.

[226] Zheng Jun-lun, Yin hong. Incentive mechanism design for public good provision: pric cap regulation and optinal regulation. Wuhan University Journal of Natural Sciences, 2005, 10 (5): 817~822.

[227] 钟德强, 仲伟. 委托授权下企业横向兼并效应与激励机制研究 [J]. 管理科学学报, 2007, 10 (6): 1~12.

[228] 王要武, 王峰等. DEA方法在项目评价及优化中的应用 [J]. 土木工程学报, 2007, 40 (1): 95~98.

[229] 贺金凤, 李齐超等. 基于投入与产出的质量管理有效性研究 [J]. 科学与科学技术管理, 2005, (12): 146~150.

[230] 吴学峰. 关于建设工程质量政府监督管理模式的创新思考 [J]. 四川建筑, 2005, 25 (4): 137, 139.

[231] 周勇. 中外工程质量管理中政府监督作用的对比研究 [J]. 建筑施工, 2006, 28 (4): 320~321, 324.

[232] 王刚. 我国工程质量监督制度的经济分析 [J]. 建筑经济, 2008, (9): 19~21.

[233] 王凯全, 应惠亚. 建筑工程质量监督的博弈分析 [J]. 中国安全生产科学技术, 2007, 3 (4): 60~63.

[234] 汪黎明. 当前工程质量监督工作中若干问题 [J]. 工程质量, 2005, (3): 24~26.

[235] 高泉, 袁欣平. 工程质量监督中的博弈策略 [J]. 建筑, 2008, (11): 25~27.

[236] 何凌. 论工程质量监督机构对工程质量的责任 [J]. 工程质量, 2005, (1): 3~7.

[237] 蔡健. 社会主义市场经济运作过程中建设工程质量监督模式 [J]. 工程质量, 2005, (3): 18~21.

[238] 陈雪峰. 工程质量监督管理存在的问题 [J]. 四川建材, 2007, (3): 51~52.

[239] 王文铮,董松. 新型建设工程质量执法模式探讨 [J]. 工程质量, 2006, (4): 5~7.
[240] 王鉴非. 建筑工程竣工验收备案的法律性质 [J]. 建筑, 2007, (2): 55~58.
[241] 周东泉,吕艳辉. 我国工程质量监督制度的体制性缺失及对策思考 [J]. 工程质量, 2005, (4): 11~14.
[242] 吴增杰,中美建设工程风险管理体系比较研究 [J]. 建筑经济, 1999, 1: 24~26.